“泉州师范学院桐江学术丛书出版基金”资助出版

泉州河长制：理论与实践

黄江昆　著

中国纺织出版社有限公司

内 容 提 要

本书从河长制的政策背景与历史沿革开始，介绍泉州河长制政策绩效评估、河流与湖泊健康评估以及河长制组织体制与管理培训体系等，再通过借鉴其他地方的河长制、流域河长制的管理、治理经验等，形成泉州特色的河长制工作机制。

本书可作为河长制管理培训教材使用，也可以作为水利行业从业者的参考书使用。

图书在版编目（CIP）数据

泉州河长制：理论与实践/黄江昆著. --北京：中国纺织出版社有限公司，2024. 12. -- ISBN 978-7-5229-2289-8

Ⅰ. TV882. 857. 3

中国国家版本馆 CIP 数据核字第 2024CU5143 号

QUANZHOU HEZHANGZHI：LILUN YU SHIJIAN

责任编辑：苗　苗　　责任校对：高　涵　　责任印制：王艳丽

中国纺织出版社有限公司出版发行

地址：北京市朝阳区百子湾东里 A407 号楼　邮政编码：100124

销售电话：010—67004422　传真：010—87155801

http://www.c-textilep.com

中国纺织出版社天猫旗舰店

官方微博 http://weibo.com/2119887771

北京华联印刷有限公司印刷　各地新华书店经销

2024 年 12 月第 1 版第 1 次印刷

开本：787×1092　1/16　印张：14. 75

字数：312 千字　定价：68. 00 元

前　言

党的十八大以来，以习近平同志为核心的党中央对生态文明建设做出了一系列部署，2016 年 12 月，中共中央办公厅、国务院办公厅印发了《关于全面推行河长制的意见》，明确提出全面建立省、市、县、乡四级河长体系，各级河长负责组织领导相应河湖的管理和保护工作，让“每条河流都有河长”，构建完善水治理体系的长效机制。

泉州市作为全国水资源综合管理试点城市，河流众多，流域总长有 5400 千米，2014 年开始试行河长制，建立以“各级政府主要领导作为河流管理保护第一责任人”为核心的管河治河制度；2017 年，在总结以往治水、护水经验的基础上，在全省率先全面实行河长制。至 2024 年 8 月，泉州市共有河长 1060 名，河道专管员 1039 名，“乡愁河长”1014 名，“人大代表河长”102 名，“政协委员河长”61 名。如何使各级河长从“有名有责”到“有能有效”，帮助他们尽快进入角色，专业化地开展河湖科学管护工作是一个重要的课题。

泉州师范学院作为一所地方高校，如何发挥人才优势，借助学校多年来深耕继续教育领域的经验方法，以学科专业为支撑，尝试构建一个集培训、研究、治理于一体的办学模式，为河长们开展专业化培训，增强履职尽责的能力，在河流保护治理中为地方政府做出贡献，是笔者当时分管继续教育工作时一直在思考的问题。2019 年，笔者与泉州市河长办公室提出合作成立泉州河长学院的初步想法，得到他们的积极响应，双方开始了紧锣密鼓的筹备。

我们组建团队对泉州河长制工作进行实地考察、需求分析，组织专家开展专题研讨论证。河长素质提升与工作业绩之间的关系密不可分，故而对河长的培训要始终坚持应用导向、理实一体。团队对河长培训目标需求、课程体系等展开有益探索，并最终确定了培训目标，设计并验证培训课程。

2019 年 11 月 26 日，泉州市河长制办公室与泉州师范学院签署共建泉州河长学院协议，福建省首家河长学院——泉州河长学院正式成立。笔者因工作关系，有幸成为泉州河长学院首任院长。第一期河长培训也在那天开班，培训课程包括政策解读、理论引领与实践实务课三大模块，力求通过多角度教学，全方位提升河长的理论素养、业务水平和创新能力。《经济日报》《泉州晚报》、泉州电视台、光明网、新浪网、泉州网、东南网等多家新闻媒体对此进行了报道。

凭借泉州河长学院——集教育培训、河湖管护、政策宣传、课题研究、师资建设、技术推广的综合平台，河长培训质量与层次持续提高，项目实施以来已经开展了 8 期培训，培训各级河长 300 多人，河湖治理履职能力大幅提高，在推进河长制工作中取得了良好的成绩，获得政府和社会高度认可。2020 年，泉州市因为河长制工作推进力度大、河湖管理保护成效明显获得国务院的表彰。在培训的同时，泉州河长学院也联合开展多项课题研究，为构建泉州市科学治水体系和长效机制献计献策，发挥智库作用，取得了很好的效果。为了及时总结泉州河长学院近五年培训的经验，作者对培训课程进行了系统梳理总结，并形成了初步的成果《泉州河长制：理论与实践》一书。

全书共十四章，内容涵盖了河长制的政策背景、理论基础、实施发展及其长效治理机制，旨在全面探讨河长制在泉州的实践与成效。第一至二章重点阐述河长制的政策背景与理论框架，结合美丽中国建设和水生态文明要求提升的时代背景，分析河长制的政策内涵与理论基础，同时回顾了从古代河流治理的萌芽到现代河长制推广的历史沿革。第三至五章聚焦泉州市河长制的具体实施过程，分析泉州河流的基本情况，阐述河长制在泉州的具体实践模式及其取得的成效，并通过详细评估探讨其政策绩效。第六至九章探讨了河长制下泉州河流和湖泊的生态健康评估体系，重点分析智慧系统如何赋能河长制，提升水生态系统的监测和管理效率，为水资源管理提供技术支持。第十至十三章从法律框架与区域协作的角度，分析河长制的法治化进程及流域协同治理中的纵横管理问题，并通过对不同地区经验的比较，提出进一步完善河长制的法治保障与区域合作策略。最后，第十四章探讨了泉州河长制的长效治理机制建设，详细介绍联动机制、责任落实机制、资金保障机制和社会公众参与机制的构建与完善，展望河长制在泉州未来持续发展的方向。本书力求为读者提供一个系统、全面的视角，帮助读者深入理解河长制的内涵与实践，为相关工作的开展提供一定的指导。

本书得到了泉州市水利局、泉州市河长办公室以及各县市水利部门的大力支持，他们提供的充分调研条件和丰富实践资料，使本书得以比较全面、系统地反映新周期泉州市河长工作的实践状况。本书的出版得到了泉州师范学院桐江学术丛书出版基金资助。林克涛博士、蔡明江博士和任慧涛博士负责了材料搜集和资料整理等工作。邓惺炜、李煌炜、林敏玲、张诗雅和郑志杰等研究生，也为本书写作投入了很大的精力。在此一并向上述单位和个人表示衷心的感谢！当然，囿于时间和学缘基础的限制，书中或有论证浅显和偏颇之处，恳请关心泉州水利事业的同仁不吝赐教。

青山不改，绿水长流。作为一项新的办学尝试，衷心希望泉州河长学院不断适应河湖管理保护的新要求，通过教育培训、科研支持、实践交流和政策咨询等多方面工作，为区域河湖长制工作提供强有力的支持和保障，也希望以此为契机，先行先试，为各地的河长学院建设发展创造可借鉴可推广的泉州经验。

作　者

2024 年 8 月

目 录

第一章

政策背景与理论内涵

第一节　政策背景

一、水域生态系统困境

河流作为自然界的关键要素之一，其在人类生活和生物圈健康中具有无法估量的价值。为农业、工业和居民日常生活提供水资源只是其众多职能之一，其同时发挥着航运、观光及养殖行业基础设施的作用。作为生物圈的关键组成部分，水域生态系统在全球物质循环中扮演着重要的角色，有效迁移和分解了一定比例的营养盐和污染物。然而，社会的进步和人类与自然的互动不断增加，人类活动对河流及其生态系统产生了广泛的负面影响，尤其是工业革命后，水资源的大量使用导致河水流动量的下降，工业废弃物的排放又让河流污染问题凸显。具体表现为：堤坝建设、河岸固定和湖泊篱墙等人为活动影响了自然水域；污染物质导致河水质量下降；超量取水导致河流无法满足生态环境需求；湖泊、河流滩地的人为开发使水域面积不断缩小；破坏上游森林导致水土保持力度下降，湖泊、河流出现退化现象；河流水库中引入外来生物，导致本土生物种群消失和生态系统退化；水利工程给生态系统带来了压力。总的来看，我国当前所面临的河流问题主要可以总结为以下几个方面，如表 1-1 所示。

表 1-1　河流问题统计

问题	实例
水质状况堪忧	2021 年，长江、黄河、珠江、松花江、淮河、海河、辽河七大流域及西北诸河、西南诸河和浙闽片河流水质优良（Ⅰ—Ⅲ类）断面比例为 87%，劣质（Ⅴ类）断面比例为 0.9%。海河和松花江流域为轻度污染（2021 年中国生态环境状况公报）
洪涝灾害频发	2022 年 5 月下旬至 6 月上中旬，我国华南地区遭遇 1961 年以来第二强的“龙舟水”。6 月，福建、江西、湖南多地遭遇多轮强降雨，累计雨量大、降雨落区重叠、受灾范围广，多条河流发生超历史洪水（应急管理部发布 2022 年全国十大自然灾害）
干旱导致河流断流	2022 年，四川发生“6·20”干旱灾害，共造成除攀枝花外 20 市（州）138 县（市、区）761.6 万人次受灾；农作物受灾面积 52.2 万公顷；直接经济损失 48 亿元，为近 10 年以来最多。多地出现河水断流，供电中断情况（四川省应急管理厅发布 2022 年全省自然灾害基本情况）
水土流失问题严峻	从全国看，2021 年全国水土流失面积 267.42 万平方千米，占国土面积（未含香港、澳门和台湾）的 27.96%（王浩，2021）。水土流失情况虽有一定好转，但水土流失面积依然很大，问题依然严峻

长久以来，水环境污染是国家环保工作的重点对象。王书明、张彦通过研究历年《全国环境统计公报》发现，2001~2007 年环境污染和破坏事故中的水污染比例居高不下。事实上，水环境污染是我国主要的环境安全挑战，严重影响了社会公平的实现。然而，在

2016 年全国全面推行“河长制”以后，通过严格的水资源管理制度，我国成功提高水资源利用效率和水功能区水质标准，水资源的管理和保护成效明显提升。

二、古代河长治理制度效用

河长制作为我国河湖管理中的一个创新机制，其原型可以追溯到中国古代的实践。虽然在过去它并未形成一套科学严谨的框架，但那些富有公心、积极投身治水事业的古代河长，用他们的工作成果，为当前河长制的实施积累了丰富的经验。

中国自古就非常重视农业，水资源的管理与社会经济的发展密不可分。在我国治水的历史进程中，许多地方官员身兼河长职责，他们致力于防洪抗旱，取得了许多成果。这些古代流域治理的成果及工作经验，对我国治水制度和治水观念的发展作出了不可磨灭的贡献。防洪工作是中国古代流域治理的首要任务。古籍《山海经・海内经》记载，夏朝时期，洪水肆虐，群众受水患之苦，鲧虽然治水未获全面成功，但他可以被看作我国最早的治水河长。之后，大禹在鲧的基础上改革治水方式，经过 13 年的坚持，成功治理了黄河流域的水患，解决了民众的困苦，大禹的治水精神深入人心。

除了防洪外，如何利用水资源发展农业也是古代官员需要处理的问题，因此，发展农田水利成为古代河长的另一个重要职责。唐朝的姜师度修建了大量的水利工程，成功解决了农田灌溉问题。到了宋朝，王安石在变法时颁布了我国最初的农田水利法《农田水利约束》，并建立了专门负责淤田工作的“淤田司”。杭州刺史苏轼曾疏浚西湖，并筑成了著名的“苏堤”。

兴修运河，解决交通运输困难，发展水运经济，也是古代河长们的重要职责。在《中国运河志》中记录，春秋战国时期，楚国孙叔敖开凿了我国最早的运河——荆汉运河与巢肥运河。隋朝时期，在过去运河的基础上整修扩大，将永济渠、通济渠、邗沟与江南河四条主干河道凿通，使大运河得以贯通南北。元代时期，时任都水监的郭守敬负责全国的水利和运河事务，会通河和通惠河修建完成后贯通了杭州至北京的水路，可以说郭守敬是京杭大运河建设的总设计师。

随着中国古代河长数量和职能的发展丰富，相应的管理体制也在逐渐完善。明朝时期，知县刘光复到任诸暨后，深入实地考察，开创性地提出实施河长制管理水利，强调治水除了要采取工程措施，更需要落实人的责任。中国古代河长的职能经历了防洪、灌溉、水运、治污的变迁，负责河流管理的机构与河长官职等级不尽相同，所形成的河湖管理制度和理念对如今河长制的推行具有指导和借鉴意义。

三、美丽中国建设加快推进

党的十八大以来，党中央把生态文明建设摆在全局工作的突出位置，全方位、全地域、全过程加强生态环境保护，实现了由重点整治到系统治理、由被动应对到主动作为、由全球环境治理参与者到引领者、由实践探索到科学理论指导的重大转变，美丽中国建设迈出重大步伐。当前，我国经济社会发展已进入加快绿色化、低碳化的高质量发展阶段，生态文明建设仍处于压力叠加、负重前行的关键期，生态环境保护结构性、根源性、趋势性压力尚未根本缓解，经济社会发展绿色转型内生动力不足，生态环境质量稳中向好的基础还不牢固，部分区域生态系统退化趋势尚未根本扭转，美丽中国建设任务依然艰巨。迈向全面建成社会主义现代化国家新征程，需要保持加强生态文明建设的战略定力，坚定不移走生产发展、生活富裕、生态良好的文明发展道路，加快建设天蓝、地绿、水清的美好家园。

四、水生态文明建设要求不断提升

近年来，我国政府发布了一系列的文件，如《水污染防治行动计划》和《关于全面推行河长制的意见》，将水资源作为硬性限制，水生态保护修复作为红线控制，通过实施水资源工程建设、水利行业强监管等措施，满足人民群众对防洪安全、水资源安全、健康水生态的需求，促进流域生态保护，实现人水和谐的幸福河湖目标。2023 年，经国务院批准，中华人民共和国生态环境部、国家发展和改革委员会、中华人民共和国财政部、中华人民共和国水利部、国家林业和草原局等部门联合发布了《重点流域水生态环境保护规划》，确定了“十四五”时期重点流域水生态环境保护的目标任务，提出了具体的任务部署。该规划全面贯彻了党的二十大精神，落实了党中央、国务院的决策部署，立足山、水、林、田、湖、草、沙一体化保护和系统治理的理念，统筹治理水资源、水环境、水生态，持续改善水生态环境质量，满足人民日益增长的美好生活需要。

第二节　理论内涵

一、河长制的基本概念

“河长制”是首长负责制延伸至流域环境治理领域的管理模式，是通过合理规划水域范围并建立河长体系，明确各层级的河长人员对责任流域进行治理以及督促当地政府和相应主管部门履行法定职责的体制机制，“河长”等河湖管理的责任人由党政主要领导担任，以此依照法律法规落实地方的主体责任，通过集中地方资源力量，实现水资源、水岸线、水污染、水环境全方位整治的“一站式”打包。推广创新“河长制”能够有效改善现有水资源、水环境多部门管理杂糅的窘境，防止管理地域分割、无人负责的管理漏洞。“河长制”实现了水环境治理在行政层级中的提升，鲜明地表达了政府重视环保、强化责任的坚定立场，推进民间治水的主动性与积极性的强化，有助于提高河湖治理的行政效率，有助于真正凝聚全社会知水、用水、治水的良好共识，为真正实现人与自然和谐共生提供制度层面的保障。

二、河长制的理论基础

河长制是在水资源管理问题压力下产生的一种管理制度，该制度以一系列核心理论作为支撑，继而发展出一套有效的治理机制。理论基础包括水循环理论、水资源合理配置理论、水资源可持续利用理论和水资源高效利用理论等，它们均关乎水资源的形成、保护、合理使用和高效利用。此外，河湖健康理论也为理解和描述河湖的生态状况提供了社会属性的视角。

河长制的实施将涵盖多行业和多部门，调动各方共同参与，实现全方位的管理。特别是整体性治理理论，强调了对河湖健康的全方位关注和维护。同时，多中心治理理论帮助其理解政府政策对河长制的影响，以及河长制如何实现协同治理。协同治理理论进一步指出了引入社会组织，完善治理主体多元化对于保证流域治理能力的重要性。

学者们已将各种理论应用于河长制的研究。例如，任敏从协同的角度分析河长制，他提出河长制应看作一种由权限推动的等级协同模式。颜海娜重点研究了河长制在基层实施的难点，并提出需要强化协同治理理念。王书明和蔡萌萌的研究则从新制度经济学的角度揭示了河长制的优势和缺点，并指出河长制是基于路径依赖的制度创新。沈满洪则从制度经济学的角度分析了河长制的收益和成本，他强调了河长制的环境绩效、社会绩效和经济绩效。阚琳则从新公共服务理论的角度提出河长制考核问题，他认为新公共服务理论有利于构建一个多元化考核主体的河长制考核机制，提高政府公信力。

（一）波特假说

根据波特的观点，环境规定可以激发经济增长，它推动企业进行技术创新。通常情况下，当企业面临严格的环境规定，它们可以选择增加治理污染的支出以规避政府的处罚，或者采用绿色技术创新以减少污染。虽然这两种策略都需要企业增加投入，但是后者可以提升企业的生产效率和竞争力，从长期看具有较大益处。

因此，作为新颖的水资源管理方案，河长制通过任命行政区域的首要负责人为水资源管理的主要责任人，这可以在短时间内提升地方环境监管力度。该政策能够使政府在管理水环境污染和推动经济增长之间做到协调。政府具有在信息获取上的先天优势，这为企业在进行技术创新和引进新技术等方面提供了所需信息。同时，恰当的水环境管理能迫使企业改善生产技术，并鼓励企业进行更深层次的创新。这种创新会提高企业的生产效率，从而抵消治理水污染所带来的成本并提升企业的盈利能力。总体而言，河长制政策可以有效促进城市经济发展和创新水平。

（二）“污染天堂”假说

“污染庇护”理论指出，在贸易自由化的环境中，以最大利润为目标的污染密集型企业可能会从环境监管严格的国家或地区迁移到环境规制较弱的地方。这样，规制较弱的地方将成为这些污染企业的“庇护所”。

河长制政策将水质治理权责下放至地方政府，不同地区的政策执行力度和具体措施可能因地区经济发展程度和其他因素而有所差异。举例来说，经济发展健全的地区可能更加注重环境治理，而经济发展欠缺的地区可能会优先关注经济增长。此外，与水质污染轻微的地区相比，水质污染严重的地区可能会强化对水环境的治理措施。这些差异可能会导致“污染庇护”现象，即污染企业转移到环境规制力度较弱的地方，使之成为污染的庇护地。

（三）环境分权理论

来自环境联邦主义理念的环境分权理论将环境视作公共财富。它强调环境保护是政府的基础职责之一，但主张环境管理职责从中央政府移至地方政府。该理论主张，下放环境管理权有助于地区环境治理的效果。主要理由包括：首先，各区域的地理、技术和污染程度因素导致其环境治理成本差异，根据成本—收益分析，各区域的最佳策略各不相同，中央政府的统一规定会导致某些区域福利损失；其次，环境分权原则设定地方政府为环境治理的主体，使环境治理的权责明确，有利于解决环境污染的外部性问题。

河长制政策的制定原则是中央政府监督，地方政府为环境治理目标、政策及治理途径的主要推动者，通过任命河长下放环境治理权力，实质上是一种环境分权。河长作为本地区的党和政府领导，对本地区的环境污染状况有充分了解，在政策执行过程中具有自然的信息优势，能够使各地方根据自身实际快速调整政策，降低水污染治理的政策成本。河长制政策明确地方政府在水污染治理方面的权责，将其纳入地方政府的绩效考核系统，促使地方政府在政策制定过程中会更多地考虑环境问题，有效防止地方政府过于追求经济增长而导致生态环境破坏的现象，推动地区经济发展模式从重视数量转向重视质量。

在河长制政策的框架下，地方政府作为环境治理的主要负责人，需要将环境治理放在与经济发展同等的行政任务层面上，无形中增加了地方政府对水环境治理的重视。同时，地方政府实施更严格的水环境规制政策，可以淘汰污染企业，鼓励企业进行绿色技术创新，推动地区实现产业升级，有利于地区经济发展模式的快速转型，推动国家经济的高质量发展。

（四）可持续发展理论

在 1987 年发布的《布伦特兰报告》中，可持续发展被定义为既满足当前人类的需要，又不妨碍后代人满足需求能力的发展，包括经济增长、社会进步以及生态环境保护。其关键原理是公平性、持久性和全面性。社会发展过程中始终存在着自然资源逐渐减少与社会需求日益增加的矛盾，如果不能在两者之间达到平衡，将对未来社会发展产生重大影响。因此，寻求一条可持续发展的道路变得至关重要，尤其在当前全球生态环境日趋恶化，资源日益紧张的环境下，实行可持续发展战略的紧迫性更加明显。

中国也面临着相同的挑战，由于早期发展阶段过度追求经济增长，并牺牲了环境，我国当前的环境污染问题仍然严峻。因此，为实现社会健康发展，中国必须改变发展模式。1997 年，中共十五大首次将可持续发展战略确定为我国现代化建设的必经之路，并向这一目标持续迈进。我国在 2021 年首次提出碳达峰、碳中和的计划和目标，展现了中国正在寻求自身可持续发展道路的意愿。河长制政策应用了可持续发展的观念，通过改变治理方式以法律方式规制水污染，这不仅可以激发政府转变治理理念、提升治理效率，也可促进企业进行科技创新，提高生产效率，进而全方位提升经济增长的质量。

（五）制度变迁理论

制度变迁的根本原因是现存的制度不能满足人们当前的需求，当经济主体认为作出一项决策的预期收益大于成本，制度变迁就会自然产生。诺斯认为制度变迁分为两种类型，主要区别在于变迁的主体不同，新制度经济学将制度看作一种公共物品，结合产权理论分析，可以发现产权结构在一定程度上能够推动制度变迁。在长期的历史进程中，经济学家发现制度对经济发展有着重要的影响，因此，最终决定把制度因素纳入解释经济增长中来。

河长制政策最早诞生于地方政府水污染治理实践活动之中，出现的根本原因也是当前的水环境治理政策无法满足当地实际治水需求，它的机制设计同以往的水污染治理政策有本质的区别，属于一项自下而上的诱致性制度变迁政策，但自 2016 年起，在看到其良好的治理效果后，我国便发布《关于全面推行河长制的意见》，河长制政策就属于强制性制度变迁。在河湖治理过程中，不仅需要付出大量的治理费用和时间成本，也需要技术的帮助，河长制政策不再将河湖治理的责任模糊地归结为地方政府，而是交由具体的河长负责，有效缩短了政府部门之间的协调费用，避免推诿现象的产生，有效提高了政策执行效率；另一方面，随着技术的进步，像河长制政策这样的统一管理模式更有利于信息的集成与传递。

三、河长制的运行机理

河长制代表中国对复杂水问题的治理制度的创新，其运行特点主要体现在四个方面：

首先，确定了水资源管理的行政责任，并明确了对河湖问题的管理责任。虽然《中华人民共和国环境保护法》（以下简称《环境保护法》）规定，地方政府应对所在区域的环境质量负责，但在实际治理中存在考核标准模糊、责任承担者不明确的问题。河长制正是为了解决这一问题，确定地方党政领导人为河湖的“河长”，以提高治理效率。其次，实行了“一河一策”。由于中国水域面积大，多部门参与治理，导致数据和报告统一困难。河长制要求不同部门协同治理，根据实际问题制定具体方案，有利于问题的有效、及时解决。再次，明确了绩效评估标准，推动公众参与。绩效评估标准对河长达没达标进行区别对待，未达标者应承担责任。同时，公示牌的设置让公众可以行使监督权。最后，建立信息共享制度，河长制能在实施中更公开透明。设立工作督查体系和监督机制，加强对河长制治理行为的有效监管。强调党的同责性，所以成立对环境建设有责任的各级政府单位，为河长制的全面落实奠定了基础。

总的来说，河长制通过权力的高度集中，明确责任主体和具体职责，最大程度地实现治理目标，对水污染治理工作起到了积极推动作用。同时，党的组织部门、纪委等的加入，也促进了问责制度的权威性和专业性（图 1-1）。

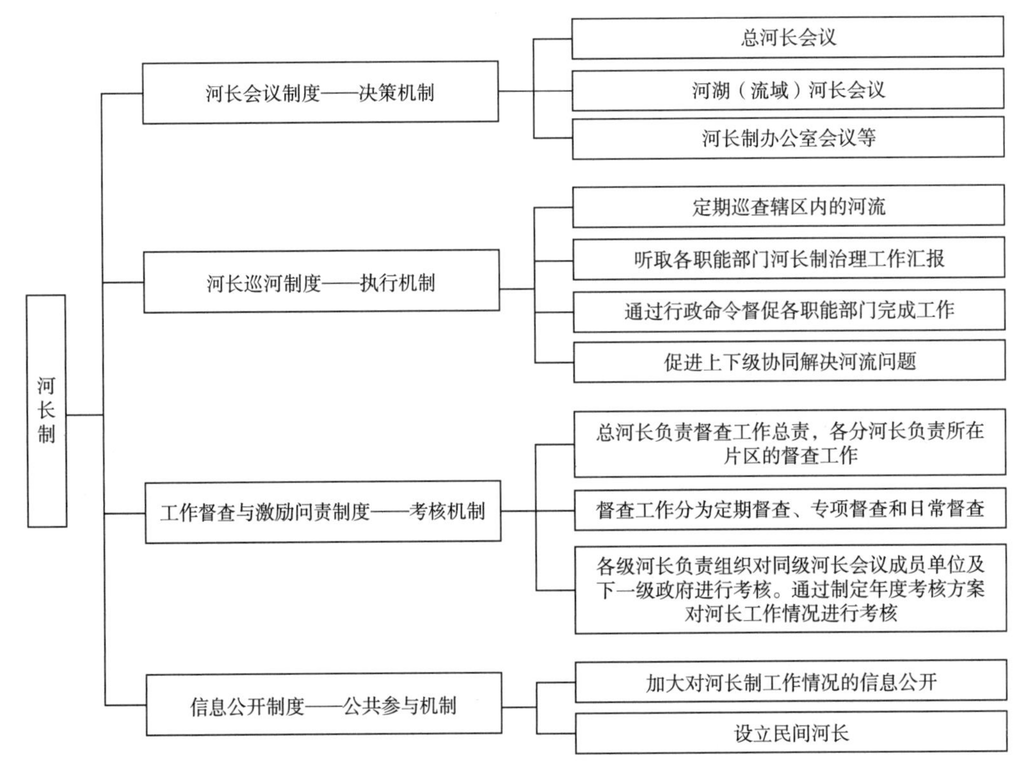

图 1-1　河长制运行机理

（一）河长会议制度——决策机制

河长会议制度是由总河长会议、河湖（流域）河长会议及河长制办公室会议三部分组成。

总河长会议由第一河长或总河长主持，一般每年至少召开一次，研究及决议主要水系的基本策略、基本制度和基本计划，解答与主要河流系统运行有关的关键性和复杂性问题，协调各部门和地区之间的主要矛盾，并为河长制度的年度工作进行布局。

河湖（流域）河长会议由各级河（水库）长主持，一般每年至少召开一次。主要职责包括研究河流和湖泊（流域）的管理目标、推广举措、配套支持系统，以及解决关键和复杂的水体管理问题。

河长制办公室会议由河长办公室主任召集，根据实际需要决定召开时间。主要研究要提交给市政府河长会议审议的事项，制订各项工作计划、评估问责和奖惩制度，研究和协调河长制运作中的问题。

由于协同水体管理涉及众多部门，在各级河长的组织领导下，通过设置会议机制，使河长制治理目标得以分配到各职能部门和地方，发挥各部门的职能和专业优势，并明确和量化各级河长总体目标和具体任务。通过此会议机制，促成上下级、同级部门间的信息传递和工作沟通畅通，解决部门间职能分割、各行其是，以及治理目标和措施不一致的问题。从协同治理角度来看，水环境共治共管的目标得以实现。

（二）河长巡河制度——执行机制

河长由地方党政领导担任，实施了严格的地方管理制度。各级河长定期对自己管理的河流进行巡查。巡查的重点内容包括河流、湖泊及河岸的卫生状况，统计河流的水量和水质，了解河湖水环境的治理与生态修复进度，检查防洪减灾工作的落实情况，以及水污染防治工作的实施情况。同时，巡查过程中也会查看之前的巡查、投诉举报或下级河长报告的重大或难处理问题的解决情况。此外，河长还会听取各部门关于河长制治理工作的汇报，并讨论各部门反馈的需要协调解决的重难点问题。通过这种巡河制度，河长了解管辖河段的排污口、河道清洁、工农业污染源等情况，为制定相应的政策措施提供依据。此外，通过行政命令，河长还会督促各职能部门对水污染的重难点问题进行系统协作，共同解决，有助于提早发现、处理河湖问题。

（三）工作督查与激励问责制度——考核机制

总河长负督查工作总责，各分河长负责所在片区的督查工作。在全面贯彻河长制度领导小组的领导下，河长办公室负责片区整体的组织协调以及督查问责工作，将河湖（流域）进行再次划分片区，组建由领导小组各成员单位负责人挂帅的督查组，重点督查各片区全面推行河长制工作的情况。如有必要，河长可以商请市委和市政府相关部门人员进行督查，也可以邀请人大代表和政协委员参加考察。审查的重点将根据年度目标进行相应调整，主要着眼于实现畅江、清水、堤防、绿化、风景秀丽的总体目标，着眼于核查河长的工作计划落实情况，运行组织体系情况，实施“一河一策”制度的推进情况，河道水质环境情况等。督查工作分为定期督查、专项督查和日常督查。定期督查是对主要河网运行的全面检查，巡查问题涵盖了河流治理的全部内容。它每六个月举行一次，即在每年中旬和每年末各举行一次。专项督查主要对特殊任务以及专项行动的完成落实情况进行专门性督查，具有特定性和针对性。日常督查主要是对公众投诉、媒体曝光、监察检查中发现的河流和湖泊的一般管理和保护问题进行日常检查。同时，为确保河长制工作落实，还制定了河长制考核问责和激励制度。一般由各级河长办公室负责组织对同级河长会议成员单位及下一级政府进行考核。通过制定年度考核方案，对各单位河长制履职情况、工作任务落实情况、治理成效等进行量化和差异化考核，并将考核结果纳入各单位年度绩效考评中，作为地方党政领导综合评价的重要依据。针对河长制的激励措施，对水环境治理工作任务、措施落实到位的单位、个人予以通报表扬及奖励。

督查与激励问责制度为河长制治理工作落地提供了有效保障，对治理不力的河长实行一票否决。各级河长、各职能部门在问责高压态势下，能通力合作，落实各自的治理任务，实现河道的协同治理。

（四）信息公开制度——公共参与机制

河长制工作情况信息是公开的。政府门户网站建立有河湖管理保护信息发布平台，通过网站、电视、微信公众号和其他媒体向社会公布河长名单。将各河道河长制公示牌悬挂在河道两岸的醒目位置，阐明河长的职责、河流概况和河流质量目标及监督投诉电话，接受企业和群众的监督。

为拓宽公众参与渠道，江苏、浙江、天津等地区都设立了民间河长，通过民间河长对河道进行监督管理，并对河长、各职能部门工作进行评价，从而提高群众参与感，推动政社合作治水，实现水环境的多元共治。

总的来看，我国已建立了由省、市、县（区）、乡镇和村居组成的五级河长制，从纵向、横向将上下级、各部门协调联动起来，并在河长制的四项创新举措下，在一定程度上破解了治水领域权责不清，部门之间互相推诿、各自为政的局面。通过河长会议制度，明确了各项工作的责任主体和具体分工，协调解决了部门间、地区间的治水冲突；通过督查、激励问责制度，对各级政府、各部门进行差异化的考核评估，同时在考核制度中，可以引入人大代表、政协委员、群众、第三方机构等，考核结果作为对党政班子绩效考核的重要依据，对于那些水质恶化的不作为者，必须严格执行“一票否决”制度，并对其失职造成的环境损害严格按照法律和法规追究责任。在信息公开制度的作用下，进一步推进多元主体共同参与。

四、河长制的重要意义

河长制是建设生态文明的重要步骤。习近平总书记在主持十八届中央政治局第六次集体学习会议的时候，明确提出：“只有实行最严格的制度、最严密的法制，才能为生态文明建设提供可靠的保障。”习近平总书记强调要实质性完善经济社会发展评价机制，将资源消耗、环境损害、生态效益等生态文明建设状况的指标纳入经济社会发展评价体制中，成为推动生态文明建设的重要导向和约束。要加强生态文明宣传教育，增强全民节约意识、环保意识、生态意识，营造人人都爱护生态环境的良好风尚。

全面推行河长制，是推进生态文明建设的必要要求，是解决我国复杂水问题的有效方法，是保护河湖健康生命的根本方法，是保障国家水安全的制度创新，是我国中央政府进行重大改革的举措。中央全面深化改革委员会第二十八次会议审议通过了《关于全面推行河长制的意见》。河长制将水生态环境保护和治理并入地方首长的业绩考核内容中，并实行一票否决制，使以往那种只关注经济发展不关心环境保护，甚至以牺牲环境为代价换取经济发展的做法和模式没有生存空间。

河长制是中共中央和中国政府关注民生的具体表现。良好的生态环境是人和社会持续发展的基础。环境问题实质上是民生问题，涉及人民群众的生活环境问题，包括能否喝到清洁的水。

河长制是可持续发展战略的组织保障。在河长制的试行和探索过程中，学者和相关部门发现原有的制度设置可能存在长效性不足的问题。因此，在《关于全面推行河长制的意见》中，将河长办公室建设提到重要的地位。河长办公室的设立，可以有效避免在实施河长制过程中，由于地区首长人事变动等原因导致相关政策、治理工程和实施方案的变动，保持政策的延续性、水环境治理和生态保护的有效性。中华人民共和国水利部等部门表示，河长制的建立和落实情况要纳入正在进行的中央环保督查，全国人民代表大会常务委员会、中国人民政治协商会议全国委员会等专业委员会也积极参与组织专项督查，促进河长制的落实。在全国江河湖泊全面推行河长制，构建责任明确、协调有序、监管严格、保护有力的河湖管理保护机制，为维护河湖健康生命、实现河湖功能永续利用提供制度保障。在全国人民代表大会环境与资源保护委员会“认真贯彻习近平总书记重要指示精神、深入推进环境资源保护工作”的座谈会上，副委员长沈跃跃明确提出：“要推进河长制强化流域管理等生态文明制度改革，切实保障国家和区域生态安全。”

五、河长制的基本原则

坚持生态优先、绿色发展。牢固树立尊重自然、顺应自然、保护自然的理念，处理好河湖管理保护与开发利用的关系，强化规划约束，促进河湖休养生息、维护河湖生态功能，致力于实现人与水资源的和谐共存，以科学的方法推动生态、经济、社会的协调发展。

坚持党政领导、部门联动。建立健全以党政领导负责制为核心的责任体系，明确各级河长职责，强化工作措施，协调各方力量，形成一级抓一级、层层抓落实的工作格局。

坚持问题导向、因地制宜。立足不同地区不同河湖实际，统筹上下游、左右岸，实行一河一策、一湖一策，解决好河湖管理保护的突出问题。根据各地的水资源条件，水环境状况和经济社会的发展状况，形成各自的水生态文明建设模式。

坚持强化监督、严格考核。依法治水管水，建立健全河湖管理保护监督考核和责任追究制度，拓展公众参与渠道，营造全社会共同关心和保护河湖的良好氛围。

参考文献

[1] 唐涛，蔡庆华，刘建康. 河流生态系统健康及其评价[J]. 应用生态学报，2002（9）：1191-1194.

[2] 庞锐. 采纳与内化：多重制度压力如何影响河长制创新扩散——基于省级政府的定向配对事件史分析[J]. 公共管理学报，2023，20（2）：25-37，165-166.

[3] 刘聚涛，胡芳，许新发，等. 生态文明背景下生态流域综合治理规划编制探索[J]. 中国水利，2020（23）：24-26，17.

[4] 李星池，盖志毅. 河长制及其发展研究述评[J]. 内蒙古水利，2021（7）：53-55.

［5］颜海娜，曾栋．河长制水环境治理创新的困境与反思——基于协同治理的视角［J］．北京行政学院学报，2019（2）：7-17.
［6］王书明，蔡萌萌．基于新制度经济学视角的河长制评析［J］．中国人口·资源与环境，2011，21（9）：8-13.
［7］成程，李惟韬，彭杰．地区环境治理与中国城市经济增长质量——来自河长制实施的经验证据［J］．经济问题，2022（5）：99-110.
［8］刘智鸿．关于深化河长制制度的思考［J］环境保护，2017（9）：14-16.
［9］刘晓星，陈乐．河长制：破解中国水污染治理困局［J］．环境保护，2009（9）：14-16.
［10］张嘉涛．江苏河长制的实践与启示［J］．中国水利，2010（12）：13-15.
［11］中共中央办公厅，国务院办公厅．中共中央办公厅　国务院办公厅印发《关于全面推行河长制的意见》［J］．水利建设与管理，2017（2）：4-5.
［12］甘筱青，徐自奋．河长制的由来、理论基础、探索与实践［J］．时代主人，2017（5）：28-30.

第二章

河长制的历史沿革与发展内容

河长制在我国的发展经历了三个关键阶段。第一阶段，2007～2010年，河长制开始在全国部分地区呈点状进行扩散，无锡市治理水环境的成效得到了一些地区的认可，这些地区纷纷对河长制进行了学习和模仿。在这个阶段，14个城市跨越江苏、贵州、云南等8个省份开始实施河长制。第二个阶段，2011～2014年，采用河长制的地区从最初的8个省份、14个城市扩大到了覆盖15个省份（含直辖市）的62个城市。最后一个阶段，2015～2017年，河长制在全国范围内得到了普及实施。2016年12月，中共中央办公厅颁布了《关于全面推行河长制的意见》，标志着河长制从地方自主探索上升为国家层面的政策设计。在此后的2017年6月，十二届全国人大常委会第二十八次会议通过了对《中华人民共和国水污染防治法》的修订，河长制以此获得了法律层面的正式地位。

第一节　历史沿革

一、萌芽形成期

在2003年10月，河长制首次在中国浙江省湖州市长兴县的一份公文中被提及。长兴县在这次推进国家卫生城市计划的过程中，为保证职责制度的有效执行，于各个责任区域指定负责人，并取得显著的成效。随即该县于同年对两条主要河流启动试点工作，明确规定县政府相关部门负责人担任河长，其主要职责为保持河道的清洁以及管理违章建筑。2005年，在观察到试点的佳绩后，长兴县决定将河长制推广至乡村，并且从主干河道扩展至支流，与此同时，河长的职能也增加了农业源污染治理等工作。

河长制在2007年无锡太湖的蓝藻污染事件中引起广泛关注。为提高水资源保护的效果，无锡市于2008年开始全面实施河长制，将水质监测结果纳入各级政府主要负责人的工作考核中。无锡市于2008年在全市范围内完善和推广河长制，建立了从市到乡村的四级河长责任体系，并对河长制的组织框架、规章制度以及河长的职责、考核机制等作出了详细规定。

二、试点推广期

借鉴无锡太湖水环境治理的成功经验，全国各地进一步完善相关政策并推广河长制，一些省份取得显著的成就。湖州市长兴县，率先通过了“五水共治”，即解决污水、防范洪水、排除涝水、保障供水、实行节水的综合治理方式。至2013年底，浙江省达到省、市、县、乡四级河长制全覆盖，形成五级联动的河长制体系，共设立五万多名各级河长。

江西省作为全国的生态先行示范区，始终将水生态保护作为经济社会发展的战略重点。从2015年开始全面实施河长制，明确工作目标、主要任务和工作职责。该省的河长制工作分为五个方面：推进试点、污染治理、专项整治、能力提升和宣传推广。在全省范围内共设立7名省级河长，88名市级河长，上万名县、乡、村级河长。江西省不断强化生态文明建设，已成为全国实施河长制的样板。

三、深化施行期

党的十八大将生态文明建设与经济、政治、文化和社会建设并列，习近平总书记在十八届中共中央政治局的集体学习中强调了这一观念。国内外的专家学者广泛开展一系列的河湖水质和水生态评估研究，包括河湖健康程度、清洁度和美丽程度的评定。为了实现这一目标，中共中央、国务院在2015年发布了《关于加快推进生态文明建设的意见》，明确了水生态保护、水环境污染防治等内容。

在2016年10月，中央全面深化改革委员会批准全面推行河长制的文件，标志着中国确定全面推行河（湖）长制的规划和时间表。2016年12月，中共中央办公厅和国务院办公厅共同发布《关于全面推行河长制的意见》，在全国范围内正式推行河长制。这一制度为我国的水安全提供了重要的保障，极大地推动了生态文明建设的进程。根据这一规划，全国各地在2018年底前必须全面建立河长制（湖长制）。2019年，“湖长制”已全面建成，并逐步融入河长制体系。目前，全国各地已全面建立河（湖）长制，约有30万名基层河（湖）长，他们每年对河湖进行的巡查已超过600万人次。

在推行河长制的过程中，相关政府、机构制定了相关标准的主要指标内容及主要评价指标，如表2-1所示。

表2-1　相关标准的主要指标内容及主要评价指标

序号	年份	适用区域	标准名称	主要指标内容	主要评价指标
1	1993	全国	《生活饮用水水源水质标准》（CJ 3020）	共计三十四项常规水质指标	常规水质指标
2	2006	全国	《生活饮用水卫生标准》（GB 5749—2006）	将细菌、藻类含量作为限定指标评价水生态安全	微生物指标、毒理指标、感官性状和一般化学指标、放射性指标
3	2007	全国	《饮用水水源地安全评价技术导则》	水量、一般污染物监测、湖泊水库的富营养状态、地下水、城市饮用水安全	水量、常规水质指标
4	2014	全国	《湖泊生态安全调查与评估技术指南》	从社会经济影响、水生态健康、生态服务功能、调控管理四个方面设置一个目标层、四个方案层、十八个因素层和四十四个指标层指标，反映湖泊生态安全	人口密度、人口增长率、水利工程影响指数、综合营养指数等

续表

序号	年份	适用区域	标准名称	主要指标内容	主要评价指标
5	2015	全国	《全国重要饮用水水源地安全保障评估指南》	水量保障、水质保障、监控保障、管理保障	水量指标、常规水质指标、监控管理
6	2015	全国	《集中式饮用水水源地规范化建设环境保护技术要求》	饮用水水源水量与水质、饮用水水源保护区建设整治、监控能力、风险防控能力与应急能力、管理措施	水量、常规水质指标、饮用水水源地风险应急、管理等
7	2017	辽宁省	《辽宁省河湖（库）健康评价导则》	从水文水资源、物理结构、水质、水生物、社会属性反映河湖健康	流量过程变异程度、生态流量满足程度、溶解氧状况
8	2017	山东省	《生态河道评价标准》	从水文水资源、生物状况、环境状况、社会服务功能、管理状况反映生态河道健康	地表水资源开发利用率，水生植物群落状况、人文景观价值
9	2020	全国	《河湖健康评估技术导则》	水文、物理结构、化学、生物、社会服务功能	生物完整性侧重单个物种，未考虑多营养级；化学完整性侧重常规水质指标
10	2020	全国	《河湖健康技术指南（试行）》	从盆、水、生物、社会服务功能四个准则层分别构建了河流（十九个指标）和湖泊（二十个指标）两套指标	河湖自身和社会服务功能健康，未考虑多营养级；化学完整性侧重常规水质指标
11	2020	苏州市	《河湖健康评价规范》	从河流健康指数和湖泊健康指数反映湖泊健康	岸坡稳定性、湖滨带植被覆盖率、景观舒适度
12	2021	浙江省	《浙江省河湖健康及水生态健康评价指南（试行）》	水文、水质、形态、生物、社会服务和河湖管理六个类别反映河湖健康	基本生态流量满足程度、流量过程变异程度、岸线生态性指数、水鸟状况指数
13	2021	江苏省	《河湖健康评价规范》（DB 3205/T 1016—2021）	从河流健康指数和湖泊健康指数反映湖泊健康	岸坡稳定性、湖滨带植被覆盖率、湖水交换能力、水功能达标率
14	2021	莆田市	《莆田市幸福河湖评定管理办法（试行）》	从持久安全、资源优配、健康生态、环境宜居、先进文化、绿色富民、管理智慧七个方面反映幸福河湖	防洪排涝能力、河湖流畅性、水质达标、水量保障、河床生态等

续表

序号	年份	适用区域	标准名称	主要指标内容	主要评价指标
15	2021	天津市	《河湖健康评估技术导则》	从水文水资源、物理结构、水质水环境、生物、社会服务功能反映河湖健康	水资源开发利用率、生态水位满足程度、河库岸带稳定性
16	2021	江西省	《河湖（水库）健康评价导则》	水文、物理结构、化学、生物、社会服务功能	河岸带状况、溶解氧状况；化学完整性侧重常规水质指标
17	2022	福建省	《河湖（库）健康评价规范》	从生态状况和社会功能完整性反映河湖（库）健康	水文水资源完整性、物理结构完整性、化学完整性、生物完整性、社会服务功能完整性
18	2023	河北省	《河北省幸福河湖评价办法（试行）》	从行洪通道畅通、河湖水域岸线管控、河湖水体保护、河湖生态复苏、河湖文化传承、河湖管护、公众满意度七个方面反映幸福河湖	堤防工程达标情况、岸坡稳定性、岸线生态建设、水质稳定达标、湖长制落实
19	2023	广东省	《广东省河湖健康评价导则》	从盆、水、生物、社会服务功能反映河湖健康	河流纵向连通指数、生态流量、水生植物群状况
20	2023	福建省	《福建省地方标准幸福河湖评价导则》DB 35/T 2113—2023	安全河湖、健康河湖、生态河湖、美丽河湖、和谐河湖五个一级指标，十个二级指标和若干个三级指标	注重河湖与人之间的关系

第二节　发展内容

一、水域基本生态环境优化

（一）促进河流和水域的生态绿化工作

河长制依据“一河一长，一河一策”的管理模式，为每一条河流配置专责的管理者，负责河流环境的保护和管理。河长们通过执行针对性、地域性的环保项目，助力环境修复和整治工作，优化河湖及周边水系的生态状况。可能的方案包括扩展绿地等，促进河湖岸边生态环境的改良，维持水土、防止水土流失等，助力河湖生态环境的持续进步，确切反映了河长制在推动生态文明建设中的重要作用。

（二）整治河流沿岸的违规设施建设

河流和周边水域内的水利电力设施对生态环境、本地水源保护及洪水防范等产生深远影响，而这些都直接涉及人民的生命财产。河长制的推行使对环境存在潜在威胁的水电设施得到了清除，同时要求暂停建设过程中的项目。对于取水式水电工程，下游地区增设洪水释放设施，同时对水库坝区域存在的安全问题进行修复和强化，以此提升当地水电工程的整体性能。

（三）打击河流及相关水域两岸的非法开采活动

河流及其岸边的开采活动，如采矿、采砂及堆砂等，对河流的生态环境和相关地质环境都产生显著的影响。无序的开采行为可能会破坏地质环境，进而引发诸如河道阻塞、改道，以及引起泥石流、山体滑坡等地质灾害，降低河流对自然灾害的防御能力。实施河长制后，许多地区开始对河流及其相关水域的人类活动进行专项规范，禁止无证采砂，禁止在河道禁止区内进行采砂工作，对采沙坑进行修复，并在特定的河道和地段处理采砂场。同时，削减采砂作业，并在脆弱地区采取植树造林和播种草种的方式，从而在一定程度上改善河道和相关水域的生态环境。

（四）治理河流及相关水域的水污染问题

水环境治理的一项关键措施便是环境污染的预防和纠正，它对河流及相关水域的水质和居民的生活产生深远影响。实施河长制后，显著的进展体现在推动水污染治理的工作上。举例来说，很多地方的河长挺身而出，引领关系人员和社区共同开展清洁河流，设立专门的垃圾处理工厂，调整地区污水排放系统。在强化污水处理设施的建设和运营方面，河长们禁止工业废水和生活污水不经过处理直接排放到河流和周边水域，同时禁止对水源地的植被进行清除和生态破坏。同时，河长们联合市场部门，积极地推行更加环保的产品生产方式，发展生态农业和生态养殖，控制化肥和农药的用量，采取生物工程方法处理河流及其周边水域的污水、臭水，有效地推进了当地的水质治理工作。

（五）强化河道及附近水域的疏浚工作

河流不仅是本地的主水源，同时还在城市的供水、水资源调控、灌溉、航运、养殖及发电等方面具有核心作用。河道的设计与运行将直接影响到当地的防洪工作和河流及周边水域的功能发挥。在实施河长制之后，相当多的河长已经对辖区内的河流和水域展开了深入的研究和审查，他们结合专家建议，对河道的合理性、效用性以及潜在的风险和改进措施进行了全面的评估。河长们积极开展河道疏通工作，并对不合理的河道进行了调整，极大地提升了河流及其周围水域的服务能力。这项行动有效地推动了水资源的高效利用并为推进地区可持续发展创造了有利条件。

（六）提升水环境、水资源、水生态的信息化管理水平

我国拥有众多的河流和广阔的水域，其影响广泛，传统的人工测量、计算和巡查手段已经无法满足现实的管理需求。因此，在实行河长制后，国家加大了对河流及其相关水域管理的重视，并激励各地使用更先进的管理工具提高河流的管理质量。许多地方在河长的领导下，开始加快水资源、环境和生态信息化建设的速度，包括建立信息监控平台，引入高级的信息管理系统等。通过这些措施，他们能全面、实时地监控河流及其周边水域的流量、水质，以及水文信息、水电站的运行状态、水库的管理状况、防洪排洪预警系统、抗旱预警系统、河流主支流保护状况等。信息化的管理体系为流域内相关的工作提供了数据支持和科学依据，推动河流及其附近的水环境管理逐渐实现信息化、科学化和高效化。

二、水域整体生态系统协调发展

以山、水、林、田、湖、草为一体的生态系统涵盖了河流，而其污染源主要在岸边。河湖治理需要采取系统化的思考方式，调整控制洪水与山地、森林、农田、草地的关系，强化耕地、森林、草地、湿地、河湖等生态空间的使用管理，均衡实现河湖的资源、生态和经济潜能。河长制试图突破传统的治理观念，在上游与下游、左岸与右岸以及各个行政区域和行业间进行整体规划，加强山、水、林、田、湖、草系统治理，实现多目标治理，达到综合治理效果。

为全面推动河长制，《关于全面推行河长制的意见》规定了水资源保护、河湖河岸治理保护、水污染防治、水环境治理、水生态修复、执法监管六大治理目标任务。各地方政府根据自身的河湖水情，设定治理目标，甚至通过建立河长制升级版，衍生更多的目标任务，并设定阶段性总目标。为落实这些治理目标，各地方政府采取了一系列具有针对性和整体性的治理措施，把河长制有效地纳入政府的各项关键工作中。河长们将河长制与环保督查整改、土地矿产执法检查行动、国土绿化、美丽乡村建设、乡村振兴等重大战略相结合，强力推动减排、强化库存、固化堤坝，以及实行节水、开放源头等方面的综合措施。这一系列的措施充分体现了地方政府在实施河长制度的积极努力，对于推进当地的生态环境改善和可持续发展作出了巨大贡献。

三、跨区域、流域协同治理体系构建

（一）建立完善由流域管理机构牵头的跨省河长协作制度

在全面实施河长制的流域，流域管理机构发挥协调和监督作用，特别是在横跨多个省份的流域协调中。首先，通过法律明确流域管理机构的职责和角色。考虑我国的环境治理体系基于各级政府的属地责任，流域管理机构主要充当协调者和监管者的角色，即在不代替各级党委政府履行流域治理主体责任的前提下，主导推动流域治理的公共平台建设，监

督各级政府和相关部门执行统一的流域规划和政策，协调流域内涉及的省、市间的利益冲突等。国家通过修订《中华人民共和国水法》或制定专门的流域管理法为流域管理机构有效履行这些职责提供法律依据。其次，建立高级联席会议制度。在全面实行河长制后，省级河长在跨省流域的协调中起着关键作用。他们代表所在区段参与跨省流域协调，并积极吸收其意见和建议，这不仅可以增强流域管理机构的权威性，还能促进跨省流域的整体治理。因此，建议设立由流域管理机构牵头，中华人民共和国水利部、中华人民共和国生态环境部等国家部委和流域内相关省、市河长参加的高级联席会议制度。最后，通过信息共享，强化流域管理机构与流域生态环境监督管理局的整合。

（二）重视跨部门协作的程序性机制建设

对于复杂的流域治理，尤其是涉及多个部门的责任分配问题，结构性的协作机制往往难以达到理想的效果。因此，应将重点从静态的组织结构调整转向动态的流程管理。初步的步骤包括进一步推广信息共享，建立全面、前瞻性的数据交换平台，将各级河长、河长制办公室、有关职能部门以及公众等所有相关人员和组织纳入其中，确保涉及河流状态、河道巡查、企业排污、治理进展、监测数据、执法处罚等所有需共享的信息能够全面覆盖。借助信息技术手段消除组织边界，增进相互理解和信任，促进跨部门之间的合作。同时，建立一套完善的综合执法机制。实施河长制的关键在于实现综合执法。对于省、市级别的管理，可通过河长办公室的协调，推动多部门联合执法。基层政府在推进基层综合行政执法改革的同时，也可以尝试将水利、土地、生态环境、林业等部门的行政处罚权合并，组建生态综合执法局，实现“一局多能”的联合执法模式。此外，积极推动建立问题清单、任务清单、责任清单、“一事一办”工作清单等管理工具，提升部门履职意识。

（三）在河长制中引入市场协调补充机制

当前，区域之间的利益刺激和协调方面存在明显的短板，这正是流域管理中的一大挑战。因此，需要有效地引入市场导向机制，以激活流域管理的内在动力。科斯理论指出，如果财产权边界明确，且交易成本微乎其微，市场机制便可有效解决外部性问题。流域生态环境作为准公共产品，其财产权边界的定义困难，客观上增加了市场机制的应用难度。但这并不意味着市场机制不能发挥作用。实施河长制后，河长成为所在流域的首要责任人，有利于摆脱“九龙治水”模式下责任模糊的情况，从而明确了产权边界和治理主体。因此，河长可以代表所在流域单位，与其他河长就跨区域断面的水质与水量考核目标达成协议，建立横向的生态补偿机制。在这一过程中，上级政府和河长可以发挥指导、协调、支持和监督的作用。需要注意的是，这种由一对一谈判协商来达成协议的方式比较适用于中小型流域。对于涉及多个行政区的流域，一对一谈判会造成较大的交易成本，且可能无法实现流域总体的最优选择，可以考虑设立流域绿色发展基金，来有效地协调流域内各方的利益关系及建立持续的资金机制。对于流域绿色发展基金的筹集，可考虑来自中央财政的纵向转移支付、各地方政府根据“共同但有区别的责任”原则，通过谈判协商确定承担的比例，以及社会资金的调动和激励，还有未达成水量水质考核目标的地方政府的罚款等方式。在基金运营方面，引入市场主体共建流域投资公司，实施共商、共建、共享，并采用市场化运作方式，以推动流域治理的一体化。

四、环境治理社会参与度不断提升

根据我国国情和河情，通过构建整体性治理机制，将我国显著的制度优势转化为强大的河湖治理效能，将国家制度与治理体系相结合，实现河湖集中统一治理。挖掘传统社会资本，构建社会网络，将政府力量与非政府力量整合起来，引导非政府力量协调参与流域生态环境治理。

（一）上移宏观规划协调权限，“自上而下”高位推动治理

为改变我国流域生态环境所面临的“碎片化”问题并加强政府各部门间的联动，建立一个可统筹协调的权威机构变得尤为重要。在理想的情况下，水务治理机构应能以整个流域为单元，全面管理流域水务治理的各方面，避免地方政府的干涉，以确保水体的物理、化学和生物性质的完整性。中央政府能够视流域为一个整体并统筹所有的水务治理因素，而且可以减少地方政府的干预，这就是权威机构的身份。因此，提高治理权限，将流域视为一个完整的单元，并在现有的河长制度基础上，建立全国性的流域协调机构，赋予其协调、规划区域发展和资源调配的权力，全面管理重要问题、重要项目和重点区域，强化业务指导、监督和考核，以实现全流域的统一规划、执行、监督和评估。具体来说，舍弃按行政区划设立流域管理机构的方式，成立一个跨区域的河湖指导委员会，作为流域的最高协调管理机构，这是一个官方机构，直属国务院办公厅，负责指导我国的省际流域的生态环境管理。每个流域都设立一位总河长，由跨区域河湖指导委员会授权，负责整个流域的生态环境统筹、规划和协调，推动区域之间的信息共享、共同决策和监督、协同联合执法。我国的七大一级流域和跨省区域流域由国务院办公厅的跨区域河湖指导委员会指导和授权，总河长负责具体的协调和统筹，其他省内区域性流域的生态环境由各流域内不同行政区的最高级别政府统筹和协调。通过建立以流域为单位的、以流域治理为主、以地域治理为辅的综合治理机制，充分发挥国家强大的制度优势，集中统一河湖治理权，实现真正的流域一体化生态环境治理。

（二）下移微观治理重心，“自下而上”多元参与治理

流域生态环境作为公共商品，根据奥斯特罗姆的观点，当市场和政府面临困难时，可以借助社会机制来实施多元治理。因此，有必要打破依赖行政力量的习惯，激发市场和社会的协同作用，通过政府授权，把治理中心移到更低的层面，实施多元化、分权化和整体化治理，构建横跨区域、部门和各参与主体的合作机制，形成由政府领导、企业为主体、公众参与的协同治理结构，并建立平等的、多中心的组织治理网络。政府作为规划者、引领者、投资者和监督者，与企业、公众、社会和非政府组织建立合作关系，共同参与决策、投资、监督和评估等治理事务。

为适应治理重心向下移动，需要主动改革和重组流域生态环境治理组织。将现有的流域协调机构与河长制相接，设立总河长（如长江总河长）统筹管理流域所有河湖，并综合治理水利、水污染、水生态等问题。总河长下设议事成员，由省级党政主要负责人、技术人员、企业代表、居民代表和非政府组织代表组成。为维护流域生态环境治理的完整性，打破行政障碍，设立分段河长，一同统筹管理其支流及河湖。设立议事成员，议事成员由相关行政区的主要负责人、技术人员、企业代表、居民代表和非政府组织等组成。通过这些成员联系各自的力量，提高公众参与度，发掘民间社会资本，建立政府、企业和社会共同治理的关系，特别是让利益相关者参与流域生态环境的决策、监督和评估等，通过税收调整、专项转移支付、生态补偿等多元化政策引导，提升企业和社会参与的内在动力和能力，推动流域生态环境从底层向上的治理。通过革新流域生态环境治理机构，将治理重心下移，改变按行政区划设定河长的做法，实现纵向层级的平面治理，利用大数据信息平台，降低河湖层级间的交易成本。在横向层面上，推动地方政府的合作，推进政府、企业和社会的协商共治，实现整体多中心网格化治理。

参考文献

[1] 高家军．纵向嵌入式治理：“河长制”引领流域生态补偿的实现机制研究[J]．地方治理研究，2021（1）：54-67，80.

[2] 潘田明．浙江省全面推行河长制和“五水共治”[J]．水利发展研究，2014（10）：35.

[3] 李轶．河长制的历史沿革、功能变迁与发展保障[J]．环境保护，2017，45（16）：7-10.

[4] 舒亮亮，何小赛．基层河湖长制工作实践与思考[J]．水利技术监督，2022（7）：104-107，115.

[5] 陈涛．不变体制变机制：河长制的起源及其发轫机制研究[J]．河北学刊，2021，41（6）：169-177.

[6] 朱熹．无锡市建立河长制十年成效回顾[J]．水资源开发与管理，2018（4）：16-22，59.

[7] 景跃进，陈明明，肖滨．当代中国政府与政治[M]．北京：中国人民大学出版社，2016.

[8] 姚毅臣，黄瑚，谢颂华．江西省河长制湖长制工作实践与成效[J]．中国水利，2018（22）：31-35.

[9] 蔚静雯，宋锟，王赟．河长制在水环境治理中的效用探究[J]．工程技术研究，2019（21）：245-246.

[10] 贾先文．我国流域生态环境治理制度探索与机制改良——以河长制为例[J]．江淮论

坛，2021（1）：62-67.

[11] 曹新富，周建国．河长制促进流域良治：何以可能与何以可为[J]. 江海学刊，2019（6）：139-148.

[12] 张捷，谌莹．河长制再设计：行政问责与横向生态补偿[J]. 财经智库，2018，3（2）：67-83，141-142.

[13] 贾秀飞，叶鸿蔚．环境政治视阈下生态文明建设的逻辑探析[J]. 重庆社会科学，2019（2）：76-83.

[14] 毛寿龙，栗伊萱．河长制下水环境治理的制度困境及其优化路径[J]. 行政管理改革，2023（3）：25-32.

第三章

地域河长制政策演进：以泉州为例

第一节　泉州市流域水生态环境基本概况

一、泉州市水系基本概况

泉州市的水文网络丰富多样，主要大型河流包括晋江、洛阳江、闽江水系下的大樟溪和尤溪的部分支流，以及九龙江北溪支流。沿海地区则以短小而独立入海的溪流为主。

晋江，位于福建省泉州市，是泉州市流域最大的河流，也是福建省内排名仅次于闽江、九龙江的第三大江。它起源于福建省中部的戴云山，从源头到入海口的全长为182km，流域面积为5629km^2。晋江的上游主要有两大支流：东溪和西溪。东溪从永春县锦斗镇云路村发源，流域面积为1917km^2，全长120km。西溪从安溪县感德乡桃舟村发源，流域面积为3101km^2，全长145km。两条支流在南安市丰州镇井兜村的双溪口汇流成为晋江，最终在丰泽区浔埔村汇入海洋。

洛阳江，是泉州市的第二大河流，也是泉州的“母亲河”之一。这条河的源头位于罗溪朴鼎山的南麓，它流经河市、马甲、双阳、万安、洛阳等乡镇，最终在后渚港汇入泉州湾。整条河流全长42km，流域面积为387km^2。洛阳江主要流经洛江区。

闽江流域主要有两大支流：大樟溪和尤溪。其中，大樟溪汇入闽江的溪流（如浐溪、涌溪、双芹溪、梓溪、蕉溪、雷潭溪）流域面积为1558km^2；尤溪汇入闽江的溪流（如大张溪、贵滨溪、小尤溪），流域面积为363km^2。这些流域主要位于德化县。

九龙江的北溪支流（如福前溪、祥华溪、龙涓溪、举溪、白荇溪）在泉州市内的流域面积为1172km^2。这些流域主要位于安溪县的西部和南部。

独立入海的水系主要集中在东部沿海地区。在东北部，主要有泉港区、惠安县的坝头溪、林辋溪等小河流所形成的小流域；在东南部，则主要有石井江、梧垵溪等小河流所形成的小流域。

二、泉州市流域水生态环境基本现状

（一）饮用水源地状况

泉州市共有6处城市级集中式饮用水源地，其中5处正在使用，1处作为备用。在2015~2020年，晋江主流、北高干渠、南高干渠、洛阳江—黄塘溪和泗洲水库这5个正在使用的水源地，其水质均达到了Ⅲ类水质标准。此外，在县级的水源地方面，包括安溪县城关水厂、德化县第二水厂、菱溪水库、美林水厂和永春县第三自来水厂等五个水源地（不包括洛阳江—黄塘溪水源地）在同一时期的水质达标率也均为100%。另外，全市共有 18 个农村千吨万人饮用水源地。

从水质变化的情况来看，河流型水源地的水质基本保持稳定，但湖库型的水源地受到入库中的生活和农业面源排放的影响，含有的氮、磷等营养指标相对较高，普遍存在富营养化的风险。具体来说，南安市诗山镇的民主水库和台商投资（台投）区张坂镇的美峰水库水源地的总磷浓度超出了Ⅳ类水质标准；洛江区马甲镇的后坂水库、南安市溪美街道的后桥水库、南安市水头镇的石壁水库以及惠安县涂寨镇的互助水库水源地的总氮浓度超出了Ⅳ—Ⅴ类水质的标准。

（二）水环境状况

从“十三五”期间来看，泉州市的主要河流水环境状况保持稳定的大体趋势。晋江流域的 13 个国家控制断面以及闽江流域的 1 个跨市国家控制断面，其Ⅰ—Ⅲ类水质比例均达到了 100%。值得一提的是，闽江流域的永泰横龙断面的水质从Ⅱ类提升至Ⅰ类。然而，晋江流域 13 个国控断面、省控断面的Ⅰ—Ⅱ类水质比例在 2015 年的 76.9%降到了 2020 年的 46.2%，降幅较大（表 3-1）。

这种Ⅰ—Ⅱ类水质比例的下降主要是由于安溪清溪桥、安溪罗内桥、南安霞东桥、石砻丰州桥和浮桥等 6 个断面的总磷浓度增加，这导致了其水质综合评价从Ⅱ类降至Ⅲ类。例如，南安霞东桥断面的水质在 2017 年已经从Ⅱ类降至Ⅲ类，并未在接下来的四年内达到预定的考核目标。

在“十四五”期间，晋江流域新增永春、云贵、下镇和尾厝 4 个国家控断面，因此在达标水质方面的压力，特别是保持Ⅰ—Ⅱ类水质的压力进一步增长。

从 2015~2018 年，泉州市的 25 个国家级水功能区的水质满足标准的比例稍有下滑，2015 年的达标率为 80%，到 2018 年时降为 76%。2018 年时，国宝、凤洋、尾厝、蓬壶、永春和泉州大桥等地未能达到预期的水功能需求（表 3-2）。注意，由于 2019~2020 年水功能区仅针对高锰酸盐指数和氨氮进行了测试，因此与前几年的数据无法进行完全对比。

表 3-1 2015~2020 年国家、省控制断面水质情况

序号	河流	断面名称	水质目标	2015 年	2016 年	2017 年	2018 年	2019 年	2020 年	超标项目（倍）
1	闽江	永泰横龙	Ⅱ	Ⅱ	Ⅱ	Ⅱ	Ⅱ	Ⅱ	Ⅰ	—
2	晋江	德化初溪桥	Ⅰ	Ⅱ	Ⅰ	Ⅱ	Ⅱ	Ⅰ	Ⅰ	2015 年溶解氧、总磷（0.15） 2017 年总磷（0.09） 2018 年总磷（0.08）
3	晋江	德化冷水坑桥	Ⅱ	Ⅱ	Ⅱ	Ⅱ	Ⅱ	Ⅱ	Ⅱ	—
4	晋江	永春呈祥	Ⅰ	Ⅱ	Ⅰ	Ⅰ	Ⅰ	Ⅰ	Ⅰ	2015 年总磷（1.09）
5	晋江	永春东关桥	Ⅱ	Ⅱ	Ⅱ	Ⅱ	Ⅲ	Ⅲ	Ⅱ	2018 年总磷（0.10） 2019 年总磷（0.41）

续表

序号	河流	断面名称	水质目标	2015 年	2016 年	2017 年	2018 年	2019 年	2020 年	超标项目（倍）
6	晋江	南安港龙桥	Ⅱ	Ⅲ	Ⅱ	Ⅱ	Ⅱ	Ⅱ	Ⅱ	2015 年溶解氧
7	晋江	南安康美桥	Ⅲ	Ⅲ	Ⅱ	Ⅲ	Ⅲ	Ⅲ	Ⅲ	—
8	晋江	山美水库库心	Ⅲ	Ⅱ	Ⅱ	Ⅱ	Ⅲ	Ⅲ	Ⅱ	—
9	晋江	安溪桃舟	Ⅰ	Ⅰ	Ⅰ	Ⅰ	Ⅰ	Ⅰ	Ⅰ	—
10	晋江	安溪清溪桥	Ⅲ	Ⅱ	Ⅱ	Ⅲ	Ⅲ	Ⅲ	Ⅲ	—
11	晋江	安溪罗内桥	Ⅲ	Ⅱ	Ⅱ	Ⅲ	Ⅲ	Ⅲ	Ⅲ	—
12	晋江	南安霞东桥	Ⅱ	Ⅱ	Ⅱ	Ⅲ	Ⅲ	Ⅲ	Ⅲ	2017 年总磷（0.19） 2018 年总磷（0.50）
13	晋江	石砻丰州桥	Ⅲ	Ⅱ	Ⅲ	Ⅲ	Ⅲ	Ⅲ	Ⅲ	2019 年总磷（0.44） 2020 年总磷（0.19）
14	晋江	浮桥	Ⅲ	Ⅱ	Ⅲ	Ⅲ	Ⅲ	Ⅲ	Ⅲ	—
15	晋江	浔埔	Ⅲ	Ⅲ	Ⅲ	Ⅲ	Ⅲ	Ⅲ	Ⅲ	—

注 1. 表中序号 2、3、4、6、7、9、10 为国控断面，序号 1、5、11、12、13、14 为省控断面。

2. 德化初溪桥断面位于龙门滩引调水工程上游，“十三五”期间归入晋江流域统计，“十四五”期间按实际流域归属闽江流域。

表 3-2　2015~2020 年水功能区断面水质情况

序号	一级水功能区名称	一级水功能区名称	监测断面名称	水质目标	2015 年	2016 年	2017 年	2018 年	2019 年	2020 年
1	浐溪德化源头水保护区		国宝	Ⅰ	Ⅱ	Ⅱ	Ⅱ	Ⅱ	Ⅱ	Ⅰ
2	浐溪德化开发利用区	浐溪德化县饮用、农业用水区	相坋水库	Ⅱ—Ⅲ	Ⅱ	Ⅱ	Ⅱ	Ⅰ	Ⅱ	Ⅰ
3	浐溪德化开发利用区	浐溪德化工业、农业、景观用水区	凤洋	Ⅲ	Ⅲ	Ⅲ	Ⅴ	Ⅴ	Ⅲ	Ⅳ
4	浐溪德化缓冲区		尾厝	Ⅲ	Ⅴ	Ⅲ	Ⅴ	Ⅴ	Ⅲ	Ⅴ
5	浐溪龙门滩（一级）水库德化保护区		龙门滩一级	Ⅱ—Ⅲ	Ⅱ	Ⅱ	Ⅱ	Ⅱ	Ⅱ	Ⅱ
6	浐溪德化保留区		水口	Ⅱ	Ⅱ	Ⅱ	Ⅱ	Ⅱ	Ⅰ	Ⅱ
7	桃溪永春保留区		蓬壶	Ⅱ	Ⅲ	Ⅲ	Ⅲ	Ⅳ	Ⅱ	Ⅱ
8	桃溪永春开发利用区	桃溪永春工业、景观、农业水区	永春	Ⅲ	Ⅳ	Ⅳ	Ⅳ	Ⅳ	Ⅱ	Ⅲ

续表

序号	一级水功能区名称	二级水功能区名称	监测断面名称	水质目标	2015年	2016年	2017年	2018年	2019年	2020年
9	桃溪永春缓冲区		山美水库	Ⅲ	Ⅲ	Ⅲ	Ⅲ	Ⅲ	Ⅱ	Ⅱ
10	东溪山美水库保护区		山美坝上	Ⅱ—Ⅲ	Ⅱ	Ⅱ	Ⅰ	Ⅱ	Ⅰ	Ⅰ
11	东溪南安开发利用区	东溪南安饮用水、农业用水区	洪濑	Ⅱ—Ⅲ	Ⅲ	Ⅲ	Ⅲ	Ⅱ	Ⅲ	Ⅱ
12	东溪南安开发利用区	东溪南安饮用水、农业用水区	玉叶	Ⅱ—Ⅲ	Ⅲ	Ⅲ	Ⅲ	Ⅱ	Ⅲ	Ⅱ
13	东溪南安开发利用区	东溪南安金鸡拦河闸过渡区	井兜	Ⅲ	Ⅲ	Ⅲ	Ⅲ	Ⅲ	Ⅱ	Ⅱ
14	晋江干流泉州开发利用区	晋江干流金鸡拦河闸饮用水源区	石砻	Ⅱ—Ⅲ	Ⅱ	Ⅲ	Ⅲ	Ⅱ	Ⅱ	Ⅱ
15	晋江干流泉州开发利用区	晋江干流泉州市区工业、农业、景观用水区	泉州大桥	Ⅲ	Ⅳ	Ⅲ	Ⅳ	Ⅳ	Ⅲ	Ⅲ
16	岐兜溪永春源头水保护区		云贵	Ⅱ	Ⅱ	Ⅱ	Ⅰ	Ⅰ	Ⅰ	Ⅱ
17	西溪永春保留区		下镇	Ⅱ—Ⅲ	Ⅱ	Ⅱ	Ⅱ	Ⅱ	Ⅱ	Ⅱ
18	西溪安溪、南安开发利用区	西溪安溪工业、农业用水区	元口	Ⅲ	Ⅱ	Ⅱ	Ⅱ	Ⅱ	Ⅱ	Ⅱ
19	西溪安溪、南安开发利用区	西溪安溪过渡区	蓬洲桥	Ⅲ	Ⅱ	Ⅱ	Ⅱ	Ⅱ	Ⅱ	Ⅱ
20	西溪安溪、南安开发利用区	西溪安溪饮用水、农业用水区	吾都	Ⅱ—Ⅲ	Ⅱ	Ⅱ	Ⅱ	Ⅱ	Ⅱ	Ⅱ
21	西溪安溪、南安开发利用区	西溪安溪城区工业、景观用水区	安溪	Ⅲ	Ⅲ	Ⅲ	Ⅲ	Ⅲ	Ⅲ	Ⅲ
22	西溪安溪、南安开发利用区	西溪南安仑苍镇过渡区	经兜	Ⅲ	Ⅲ	Ⅱ	Ⅲ	Ⅲ	Ⅱ	Ⅲ
23	西溪安溪、南安开发利用区	西溪南安仑苍镇饮用水源区	仑苍	Ⅱ—Ⅲ	Ⅱ	Ⅱ	Ⅲ	Ⅲ	Ⅲ	Ⅲ
24	西溪安溪、南安开发利用区	西溪南安工业、景观用水区	南安	Ⅲ	Ⅱ	Ⅱ	Ⅲ	Ⅲ	Ⅲ	Ⅲ
25	西溪安溪、南安开发利用区	西溪南安过渡区	霞西	Ⅲ	Ⅲ	Ⅱ	Ⅲ	Ⅲ	Ⅲ	Ⅲ

注　1. 2019~2020 年仅用高锰酸盐指数、氨氮评价。

2. 水功能区水质按照监测指标年均值评价。

在同一时间段内，小流域的水质有明显的提升，Ⅰ—Ⅲ类水质的比例从72.9%提高至93.1%，上涨了20.2%。具体来说，Ⅰ—Ⅱ类水质的比例也有所提升，从39%上升至47.4%，增长了8.4%。Ⅳ类及以下的水质断面显著减少，Ⅴ类小流域已经全部消除。

2020年，有4个断面的水质未达到Ⅲ类，分别位于蓬莱溪口、乌边港桥、峰崎桥和安平桥。同时，有2个断面的水质未达到考核目标，即蓬莱溪口和乌边港桥。对比2016年，2020年有28个断面的水质有所提升，但也有7个断面的水质有所下降。这些下滑的地点包括蓬莱溪口、湖洋水电站桥、里口大桥、福田乡下游、内枋村上游、后深溪口和清白村桥。这些地点的水质未达标或下降，主要是由于总磷的影响。

（三）水资源状况

在2020年，泉州市的地表水资源量达到了$52.53\times10^8m^3$，而地下水资源量为$20.14\times10^8m^3$，总水资源量为$72.67\times10^8m^3$，人均水资源量为$600m^3$。该年度，泉州市的供水总量为$28.305\times10^8m^3$，而实际用水量为$27.497\times10^8m^3$。

关于用水量的具体情况，农业用水量占总用水量的38.43%，约为$10.567\times10^8m^3$；工业用水量占总用水量的30.26%，约为$8.32\times10^8m^3$；城镇公共用水量占总用水量的7.11%，约为$1.956\times10^8m^3$；居民生活用水量占总用水量的15.42%，约为$4.241\times10^8m^3$；生态环境用水量占总用水量的8.78%，约为$2.413\times10^8m^3$。

根据泉州市的“三条红线”管控指标以及《泉州市实行最严格水资源管理制度实施方案》的规定，到2020年，各个县区的水资源承载力都没有超出限制（表3-3）。

表3-3　2020年水资源承载能力现状评价情况

分区名称	鲤城	丰泽	洛江	泉港	惠安	台投	晋江	石狮	南安	安溪	永春	德化
2020年用水总量管控指标（10^8m^3）	1.55	2.30	0.78	1.76	2.38	1.09	7.69	2.72	5.81	4.60	3.03	2.30
2020年实际用水量（10^8m^3）	1.09	1.48	0.51	1.12	2.07	0.763	5.70	1.77	4.81	3.99	1.91	2.28
评价结果	不超载	不超载	不超载	不超载	不超载	不超载	不超载	不超载	不超载	不超载	不超载	不超载

针对泉州市的水生态流量，晋江及其主要的控制节点和断面、石砻，被全国和福建省水资源综合规划所确定为生态需水目标的河湖水系。根据监测数据，年平均的下泄流量满足生态流量的保障需求，且日平均流量的保障率为100%。

对于最小下泄流量的保障，2017年全市共有746个农村水电站。至2020年10月，市内共有110个水电站被撤销，41个被报废，17个处于休眠状态；578个在运的水电站都已完成下泄流量的核定、整改方案的编制、泄流设施的改造、在线监控设备的安装，且全面接入省环保平台。对于已联网的水电站，其基本信息完整，下泄流量监控数据的完整率和达标率持续提升。2020年12月18日，福建省水利厅提交了申请行业审查。2021年1月至6月，水电站的下泄流量数据合格率为83%，超过了福建省水利厅80%的要求。

在河流断流或干涸情况方面，2019年枯水期，通过遥感解译，共有13个断面的河流出现断流或干涸，这些河流主要位于流域上游的源头地区。

（四）水生态状况

福建省的水利部门对省内河流进行健康评估后得出，泉州市的大樟溪、九龙江北溪、晋江干流、西溪、东溪、林辋溪和石井江等14个流域的生态状况良好或优秀。另外，龙津溪、东溪、九十九溪和洛阳江等5条河流也被评为健康。

在富营养化的情况下，山美水库和惠安水库的富营养指数均为中营养级别。其富营养化指数和叶绿素浓度都有波动，尤其是总氮浓度一直处于较高水平。特别是自2018年开始施行湖库连通工程，阶段性调节山美水库的水位，使水库生态系统需要重新建立和修复。

在湿地保护方面，泉州市共有四处湿地被列为福建省一级的重要湿地，分别为福建永春桃溪国家湿地公园、泉州湾河口湿地省级自然保护区、深沪湾海底古森林遗迹国家级自然保护区和湖洋溪黑脊倒刺鲃国家级水产种质资源保护区，总共占地面积为10435公顷。近年来，这些湿地的保护面积并未减少。

（五）水环境风险状况

根据福建省海洋渔业局进行的河流底泥监测，2015～2017年，晋江金鸡闸地区的铜、铅、镉、汞、砷浓度已经超过了《土壤环境质量农用地土壤污染风险管控标准（试行）》设定的 $6.5<pH\leq 7.5$ 的评价标准。特别是在这三年中，镉浓度均有超标现象。

在环境风险企业方面，泉州市共有976家，主要位于浔埔控制单元的沿海地区。这些企业中，有19家被认为具有重大风险，175家具有较大风险，676家为一般风险，还有106家尚未定级。

第二节　泉州河长制缘起、成效与模式

一、泉州河长制缘起与模式

泉州，名字源于水，因水而发展，借水而成气象万千。自河长制实施以来，泉州一直在积极推动生态文明建设，为达成建设美丽幸福河湖的目标，各种改革措施持续推进。由于在河长制实践中取得的显著成就，泉州市在2021年受到了国务院的称赞和鼓励。

为了实现河湖治理的规范化，泉州市在推行河长制之初就已经建立了完整的组织体系，构建了三级五层双河长的组织体系，该体系由市委、市政府主要领导担任的河长、区域河长办公室、流域河长办公室及河道专管员构成。无论在区域还是流域，都有专人负责，覆盖范围广泛。为了能更好地切实推进工作，该市首创“泉州河长学院”，对乡镇基层河长进行常态化培训。市、县、乡层级的河长及湖长，以及河道专管员共同参与管理，助力整改河湖乱象。通过创新驱动，泉州市构建了独特的协调推进机制、严格监管的督导检查机制、科学严密的监测监控机制、协调配合的执法联动机制、奖惩分明的考核评比机制，以及共建共享的宣传引导机制。

此外，泉州市广泛采用科技手段对河流进行严密监控，包括利用 App、视频监控系统和无人机等多种工具进行巡河，在强化河流管理、执法监督等方面取得了显著成效。

二、泉州河长制成效

在推进水利管理方面，泉州市始终遵循“法制化、社会化、信息化、标准化”的创新方针。法制化体现在公检法机关驻河长办工作室的设立，社会化体现在依托第三方管护湖库和河道的新模式，信息化体现在泉州智慧河长指挥平台的建设以及水质监测网络的运用，标准化则贯穿于规章制度、技术手段的运用以及河流的管理之中。在这方面，泉州市的做法已经得到了中央全面深化改革委员会办公室和水利部的肯定。

在治理方面，泉州市始终实事求是。颁发河长令、流域河长令，开展碧水清河专项行动，对重大河湖问题进行切实地治理。整合涉水部门资金，进行系统治理，不断加强考核和问责，确保治理工作的落实。

从数据上看，泉州市在水文管理成效方面取得了明显的进步。2020 年，主要流域国控、省控水质断面Ⅰ—Ⅲ类水质比例达 100%，小流域Ⅰ—Ⅲ类水质比例达 93.1%，较 2017 年提高了 13.4%。至 2022 年，泉州市主要流域的Ⅰ—Ⅲ类水质比例依旧保持 100%的好成绩，小流域考核断面的Ⅰ—Ⅲ类水质比例也达到了 94.7%，使其县级以上饮用水水源地的Ⅲ类水质达标率保持在 100%。

总的来说，借助河长制，泉州市的水资源配置、水生态修复和水环境治理等方面的工作全面提速。治理措施已经稳步推进，尤其是生态敏感区、水源保护区，以及不稳定的国控、省控断面的“碧水清河”专项行动。

第三节　泉州市“清新流域”的历程、实践与政策响应

一、泉州市实施河长制的机制建设

河长制在泉州市的实施源于 2017 年 2 月 28 日中共泉州市委办公室、泉州市人民政府办公室发出的《泉州市全面推行河长制实施方案的通知》（以下简称《通知》）。《通知》的发布，使泉州市正式进入推行河长制的新时期，并设定了明确的责任和考核体系。

《通知》确立了高效、集中及统一的管理策略，即党与政府共同负责，要求地方政府

在参考市级河长办公室设置的基础上，相应设立自己的河长制办公室，并明确具体的责任人。《通知》也强调了全流域的治理机制，要求各级党政机关将自身视为水资源的责任主体，并制订全面的水资源综合治理计划。

为了调动各方的积极性，激励他们尽责履职，实施方案确立了奖优惩差的考核体系。设立河流考核断面，实行监测月报制，对连续两年水质达标率不足的地方进行通报批评，若连续三年仍未达标则警告，五年内仍未改善，则采取免职处理。加大问责力度，实行奖惩分明的政策。

依照《通知》所述，泉州市长作为泉州市河长，负责全市 267 条河流的全面管理。市、县、乡各级政府相应设立了河长办公室，并有专员负责落实。此外，泉州市还在全省范围内首先实行湖长制，截至 2017 年，全市已设有 759 名河长、197 名湖长及 1410 名河道专管员。到了 2019 年，泉州市的三级河（湖）长在全年共进行了 32438 次巡河（湖）行动，成功解决了 10846 个问题，为生态保护作出了实实在在的贡献。

二、泉州市“清新流域”的实践特色

泉州市在全面推进河长制的过程中，独树一帜地探索出一套独特的水治理方法，并于 2017 年开始构建“清新流域”。统一协调与处理项目资金，协同各部门合力，以实施系统性治理，营造各有特色、清纯自然、野趣无穷的生态流域示范。

“清新流域”的建设注重加强流域的系统治理。泉州市以山、水、林、田、湖、草等为综合统筹单元，充分考虑了流域上下游、两岸及周边的自然生态因素，协调解决水资源、水环境、水生态、水景观、水经济等问题，实现“望得见山、看得见水、记得住乡愁”的水生态景观效果。为了推动“清新流域”的建设，县级政府被确认为规划主体，乡镇成为具体的建设主体。根据“统一规划、分项设计、分步实施、及时验收”的原则，围绕污染控制、水土保持、造林绿化、居住环境、美丽乡村、现代农业、休闲旅游等方向，有序行动，改善关键河段和敏感区域的环境。

“清新流域”建设的成功发展有赖于河长制平台的形成。市河长办公室和市水利部门把多个部门聚集起来，建立“清新流域”建设工作联席会议制度，并且定期召开现场会、推进会、对接会，达到推进项目建设的目的。依据“渠道不变、责任不变、统筹集中、各计其功、成果共享”的原则，整合各部门分散的资金，引入社会资金，实现了流域的系统治理和配套设施建设的有机结合，同时也实现了流域管理与环境保护、公共基础设施建设、林业发展、农业综合发展、旅游发展等多重结合。

执行期间，坚持避免单打独斗、避免大拆大建、避免人工破坏、避免设计施工脱节、避免表面工程和避免监督脱节的“六个避免”原则，保证“清新流域”建设的科学性、实质性和持久性。融合新技术、新工艺、新材料，打造生态型堤防，构建生态廊道，连通水系统，提升防洪排涝能力。

以安平桥水文化遗产为榜样，大盈溪着力打造安平桥湿地公园并建设水文化展示廊道；寿溪进行清理整治，明确河流生态空间，实施生态疏浚，打造生态保护廊道；老港溪致力于改善河流水质，修复河流生态，建设七星湿地公园，形成湿地保护廊道；溪东溪以人水和谐为目标，结合两岸农田，构建田园观光廊道。如今，已经成功创建了26个“清新流域”样板工程，开发了乡村绿色经济，为当地居民创造了新的经济增长点，成功实现了“清新流域、生态两岸、富美乡村”的目标。

“清新流域”样板工程不仅使泉州水生态文明建设更具立体感和可感知性，同时发挥了示范带动作用。通过改善流域水质、提升绿化面积、优化周边环境，唤起了乡村绿水青山、田园野趣的生态美景。这一过程将沉睡的资源转化为可持续发展的资本，为村民带来实实在在的经济效益，成为深受群众欢迎的民心工程，引领整个流域朝着建设美丽、幸福河湖的目标稳步迈进。

三、泉州市“清新流域”的实践内容与政策响应

（一）晋江市九十九溪

以河长制为引领，晋江市专注于水安全、水生态、水景观和水文化。通过紧密联结水的脉络，投入资金，坚决维持“全民共治、全域系统治、全过程有效治、全智能配合治”的治理模式，为九十九溪生态流域综合治理付出了努力。双溪内坑右汉段、田园风光区段等一系列示范河段的打造，都得益于这一构想的实施。

在治理方法上，晋江市坚持以流域作为管理的单元。组建由副市长担任河长的团队，由1个市直联系保障部门、8个专职工作组及8个街镇组成，共134人的治水团队全力以赴。河长带头以现场指挥方式进行工作，流域河长办公室起到了总体统筹的作用。通过志愿者、民间河长进行不定期的巡河，各方力量形成合力，共同提高了九十九溪流域的水质。

在规划方面，晋江市启动了长期规划系统治理模式，编制了《晋江市九十九溪流域综合整治概念性规划》（以下简称《规划》）。《规划》以“都市浪潮前的城中央田园”为核心，以九十九溪主流为滨水生态走廊，多条九十九溪支流形成滨水景观生态带和亲水空间，实现“一体、一廊、多带、多节点”的总体治水目标，分期分批实施。

在具体行动上，晋江市以项目为治水手段，通过“清淤疏浚、整顿河道、控污治污、截污纳管、绿化景观”等方式，整治水体污染，畅通水的循环，优化水环境。全流域范围内的规划建设致力于推动沿线美丽乡村和田园风光的建设，画出了“水清、河畅、岸绿、景美”的生态图景。

在解决问题方面，晋江市始终以问题为导向，不断地探索河湖治理的新方案，以提升治水能力。应用机器人溯源、无人机巡查、电子监视和云平台共治，确保全流域的大保护和大治理。

（二）惠安县黄塘溪

黄塘溪是惠安县的生育之河、生命之河，也是财富积累之河。本着维护溪流原本生态

的原则，惠安县实施了河道清淤、岸边绿化及闸坝修整等行动，重视水利防洪和供水安全的功能，并采取“河长制+产业混合”和“民间资本+政府导向投资”的模式，创建黄塘溪“清新流域”。

历经多年，惠安县依照“城市因水而生、依水而兴、以水而荣”的箴言，坚守系统思考，以黄塘溪的水生态为风标，紧握兴水“金钥匙”，促进乡村复兴。2021 年，惠安县助推“山线”乡村复兴与文旅混合发展，建设了沿线黄塘溪的“田园风光+乡村复兴”项目，依靠沿线绿水青山的优良资源，发掘乡村发展的内在动力，进一步释放生态回报，推进乡村的产业复兴。2022 年，持续推动黄塘溪黄塘段的安全生态水系，以及黄塘溪内山段、蓝田段综合治理工程的建设。

黄塘溪“清新流域”的建设实现了有独特的自然弯曲河岸线，有深潭、浅滩、泛滩、漫滩，有天然的砂石、水草、河心洲（岛），有长年流动的水且水质达到水功能区保护标准，有丰富的水生动植物且拥有生物多样性，有安全、生态的防洪设施，有野趣、乡愁，有划定岸线蓝线、推行河长制、实施河道监管制度等“八有”。

如今在黄塘溪畔，一系列如葵花休闲农业生态园、花田小镇、聚龙生态采摘园等项目扎根且发展繁荣，一幅生机勃勃的乡村新景象逐步展开。乡村产业振兴的通道不断完善升级，释放生态效益，让广大百姓获益。

（三）台商投资区百崎湖

在泉州市台商投资区，以流域整合保护和部分建设为基准，对百崎湖流域上游与下游、左岸与右岸进行统筹规划，启动河滩地复原、河床优化、农村污水治理、畜禽养殖污染控制和美丽乡村建设等工程，创造了百崎湖“清新流域”。

台商投资区成立百崎湖流域河长办公室，构筑了流域协调治理平台，形成健全的季度会商、信息交流、督办问责等工作机制，增强了流域河长职能，致力于创建兼具河长调度、综合管理、技术研究、宣传展示等多功能的跨区域协作平台。同时，开展了百崎湖流域智慧水利建设，提高了流域水情测报和智能调度的能力，为推动百崎湖细致治理提供了智慧决策支撑。

通过改善水体、建造设施等方式，投资区建造了占地 1069 亩的海丝艺术公园，塑造了占地 4600 多亩集生态、可达、亲民、经济于一体的百崎湖生态连绵带，增强了城市的纳水能力和雨季蓄洪能力，减轻了下游排洪的压力。

2022 年 5 月，投资区颁布了第一号总河（湖）长令，实行“安水、碧水、活水”的三大行动，以百崎湖流域河长办公室为抓手，全方位清除禁养区违规水产养殖，深入推行河湖“清四乱”（清理乱占、乱采、乱堆、乱建）的规范化常态，建立水污染治理的典范，大力实施活水项目，通过“一定二清三到位”（确定专人，明确职责和范围，确保巡查清洁、问题督办、信息共享）打造了水源保护防线。

（四）德化县雷峰镇蕉溪

德化县雷峰镇以实施“保障三师、工程三大、模式三新”为指导，创建“清新富美，润养蕉溪”的“清新流域”示范工程。

“保障三师”是指增强组织、制度和资金保障。水利部门党组、雷峰镇党委及各村党支部协同开展“四级联创”，发挥基层党组织的作用，确保征地拆迁、项目建设等工作顺利开展。党务、村务信息公开，议事协商等制度全面推行，将“清新流域”综合治理纳入村规民约。整合各种农水资金，以保障“清新流域”项目的建设。

雷峰镇重点打造水质升级、防洪保障以及景观美化“工程三大”，以提升蕉溪两岸风貌。领导蕉溪水质提升工程、农业污染治理工程以及高品质农田建设工程的实施，采取渔稻养殖系统，确保蕉溪水质达到Ⅱ类标准。建设防洪工程，进行流域两岸森林景观带建设，为村民打造休闲公园。完成蕉溪安全生态水系建设及蕉溪流域环境整治，包括生态保护、生态修复、生态护岸、生态景观工程等。

通过开创监管、运营及发展“模式三新”，雷峰镇全力推动沿线村庄优美富饶。将“清新流域”日常监管纳入河长制的重点督办督查事项，建立涉河问题台账，实现“源头找出、责任追赶”。镇政府牵头成立公司，蕉溪流域村庄以资源入股，创建“春看樱，夏看竹，秋赏稻，冬泡汤”的旅游特色线路，助力乡村复兴。重点发展旅游，吸引陶瓷文化主题小镇及潘祠百花园等旅游项目的投资建设，拉动经济增长。

“清新流域”建设是泉州市积极响应习近平总书记“节约优先、空间均衡、系统治理、两手发力”治水理念的创新实践，也是乡村振兴战略的有力引领。自 2018 年起，泉州市水利局以流域治理为龙头，以“两山理论”为指导，牵头开展三年“清新流域”建设行动。坚持全流域统筹、系统保护、上下联动、要素协调、关键突出、分步实施、共享持久的原则，通过高起点规划、高标准实施、高质量发展，集中力量打造“清新流域”样板工程。目前，已基本建成 26 个项目，累计完成投资 10.9 亿元，超额完成了三年行动建设目标。

以水为引，综合施策。“清新流域”建设以水质改善为基本目标，采取问题导向的思维模式，因河制宜，以流域河长“一支笔”的方式，整合各职能部门资源，对流域内的重要水系、重点河段、敏感区域等进行系统整治和修复，实现源头预防、过程管控、末端治理。适时引入投资，发展旅游业，创新乡村产业，进而实现农民增收、乡村振兴的目标。打好生态牌，做活“水文章”，“清新流域”三年行动开启了泉州流域治理的新篇章。

第四节　泉州“清新流域”高质量建设与发展的路径

一、推动河长制 2.0 升级

政府需构建完善的法规机制及激励制度，借助多种途径对企业及社会执行行为进行引领。对于商家，借助经济诱因及道德激励策略，推动其参与治理工作，并为其改革产品制造过程中的污染源提供技术援助，最大程度地减轻流域环节的污染压力。对于工作，应用宣传教育策略、奖励等手段来有效提升公众参与保护流域事业的活跃度。提高流域管理中的信息透明度和公众参与制度，将违法和不规范企业的惩罚信息进行公开，保证公众监督实施有效。

持续推动流域环境信息大数据的构建和应用。加快推动“互联网+治理”的步伐，加强网上服务与信息查询功能，将流域环境信息整合发布在大数据应用平台上，与此实现生态环境的科学决策、精确监管和便捷服务。设立河长制文化展示区、节水、护水知识推广栏等设施，全面展示河长制源起、河长制实施背景、河长制组织体系及河长制工作目标等信息。

二、加强河长制+基础设施建设

加强对城中村、破旧城区及城乡接合部污水的截流，将生活污水集中引入处理设施进行处理，防止其直接排入河流；对于那些未覆盖污水处理管网的遥远地域，可以兼并使用人工湿地、氧化池等分散式处理，降低污水排放率。增强农村废物收集和转运设施的建设，废物收集点应尽量远离河岸。加强日常清洁，保证生活废物每日产生，每日清除，及时清理河道两侧的废物，防止废物污染河流。

充分运用诸如云计算、大数据、人工智能等新兴信息技术，创建云平台、水务监管应用程序，强化小型水库雨水情况检测报告和安全监测设施的建设，提升水库的安全监测预报能力，增强对旱涝灾害的预防能力。

三、推进河长制+产业融合发展

为了深入实施“绿水青山就是金山银山”的生态保护理念，泉州市将积极驱动河长制在水利、电力、水电等业务领域的融入，开展各种形式的主题活动，共建一个实现生态和产业良性互动的模式。在保护生态的前提下，发展农业、工业、旅游业，并创建休闲农业生态公园、生态采摘公园等相关项目，充分利用生态效益，启动一系列具有地方文化特色的旅游休闲小镇和乡村综合体。

推进乡村复兴与文化旅游的融合发展，依赖区域内绿水青山的优质资源，深挖乡村发展潜能，进一步释放生态红利，以此推动乡村产业的复兴。

四、深入河长制+文化的保护和开发

根据具体地理条件和详细规划，结合乡村的建设发展实际以及水系的不同特性，创造“一村一风貌，每个村落各具特色”的“水美乡村”，推动建设研究学习基地、生态公园等“水利+文化”的示范案例。

通过系列工程措施，如岸坡修整、清淤疏浚、人文景观等，推动乡村复兴及发展，建立集生态旅游、研学示范、水利科普为一体的乡村水生态发展综合体。制定乡村旅游路线，推动乡村生态和休闲旅游的发展。结合各地的特色产业，打造集农业、文化、旅游于一体的产业综合体。

五、加快河长制“政产学研”协同创新

泉州市水利局长期致力于水利工程的建设，促进水安全，保护生态环境，同时，也高度注重水利知识的教育和普及。通过统合所属单位的资源，已陆续完成泉州市水利文化展览厅、山美水库水立方生态馆等的建设，为广大市民特别是学生群体提供了实践活动平台，有效推动了水利知识普及及良好水文化的形成。

（1）在城市的各大、中、小学校启动河长制主题活动，尤其是从年轻一代入手实施河长制工作，激励每一位学生努力成为优秀的传播员，向家人、朋友和邻居传达和普及河长制的重要性，增强大众保护河流生态环境的意识。

（2）利用“世界水日”“中国水周”等公共假日，举办多元化和内容丰富的宣传活动，如“民间河长”巡河日、水专业知识竞赛、小黄人环溪骑行比赛和水利法律普及“六进”活动等，以此营造全社会共同关心、支持、参与和监督河湖保护工作的良好氛围。

（3）继续执行“河小禹”“巾帼护河”等专项活动，通过主题学习、入户访谈、分发宣传材料等手段，向公众普及河道管理知识，提高大众参与河道保护的精准度，同时不定期举办清淤、垃圾清理、河道保护、植树种草等环保公益和志愿者服务活动，以使河长制成为公众的共识和自觉行动。

（4）不定期组织“四进”宣传文艺集会，利用快板、小品等形式进行河长制宣传，主题直接取自河长制的实际工作和普通人的日常生活。例如，小品《养鸭风波》就描述了基层河长与流域养鸭厂商之间的策略斗争，以及河长和民众一起参与河长制的温馨故事。同时，也可以通过网络直播的方式举办活动，营造全社会关注、参与河长制工作的浓厚氛围。

参考文献

[1] 福建泉州市河长制办公室．创新固基础砥砺再奋斗，泉州河长制从典型带动到全面开花[J]．中国水利，2021（10）：30.

[2] 沈秋豪，陈真亮．长三角区域“湾长制”的实施困境及法治优化[J]．海洋湖沼通报，2022，44（1）：160-166.

[3] 王班班，莫琼辉，钱浩祺．地方环境政策创新的扩散模式与实施效果——基于河长制政策扩散的微观实证[J]．中国工业经济，2020（8）：99-117.

[4] 张治国．河长制考核制度的双重异化困境及其法律规制[J]．海洋湖沼通报，2023，

45（6）：208-214.
[5] 胡乃元，张亚亚，苏丫秋，等．关系治理会消解村干部政策执行力吗？——基于河长制政策的实证检验[J]. 公共管理与政策评论，2023，12（5）：112-125.
[6] 吕志奎，詹晓玲．“两手发力”协同共治的制度逻辑：基于Y县河湖物业化治理的案例分析[J]. 行政论坛，2023，30（4）：151-160.
[7] 毛寿龙，栗伊萱，杨毓康．地方政策创新如何上升为国家行动：一个政策属性的分析视角——基于河长制的案例观察[J]. 北京行政学院学报，2023（4）：66-76.
[8] 沈亚平，韩超然．“事责逆向回归”：行政发包中的事责纵向调节机制研究——基于对天津市“河长制”的考察[J]. 理论学刊，2023（2）：88-96.
[9] 张继亮，张敏．横—纵向扩散何以可能：制度化视角下河长制的创新扩散过程研究——基于理论建构型过程追踪方法的分析[J]. 公共管理学报，2023，20（1）：57-68，171-172.
[10] 马鹏超，朱玉春．河长制视域下技术嵌入对公众治水参与的影响——基于5省份调查数据的实证分析[J]. 中国人口·资源与环境，2022，32（6）：165-174.
[11] 姚清，毛春梅，丰智超．跨界河流联合河长制形成机理与治理逻辑——以长三角生态绿色一体化发展示范区跨界水体联合治理为例[J]. 环境保护，2024，52（1）：44-49.
[12] 丁瑞，孙芳城．水环境治理对长江经济带经济绿色转型的影响——基于河长制实施的准自然实验[J]. 长江流域资源与环境，2023，32（12）：2598-2612.
[13] 谷树忠．河湖长制的实践探索与完善建议[J]. 改革，2022（4）：33-41.

第四章

河长制组织体制模式及政策工具选择

第一节　河长制组织体制模式

一、多层级河长垂直管理模式

构建完善的规章制度，能保障河长制策略的科学性并确保其准确执行。为了提升河长制的工作效能，必须加强组织领导，完善河长制的相关规章制度，明晰党委政府、各级河长以及相关成员单位的职责。确保细化责任，澄清在河长制策略执行阶段中涉及的层级环节的人员责任；在河长制策略的执行过程中，要求各级执行单位发现问题并立即研究解决方案，无法靠自身智慧解决的问题要及时向上级汇报，以确保问题迅速精确解决；要保证整个过程各级执行机构的目标是明确的、任务是明确的、责任是清楚的。

河长制的五个层级中，省级领导负总体责任，而市、县、乡、村四级负责执行，职责和义务各有区别。省级的河长办公室颁布相关条款，市级河长根据这些条款增强对县级河长的监督，指令逐级下达。而村级河长作为最基础的河长，也是一个关键层级，他们需要根据河流实际情况灵活执行任务。规章制度的建立是一个持续调整、日渐完善的过程，只有当河长制策略体系敢于自我革新，敢于内部改革的时候，才能让各个方面的职责更加明晰，这样才能更早实现预设的河湖治理目标。

二、地域—流域协同组织模式

协同作业涵盖了内部协作以及外部联动两个方面。优先考虑针对河长制中信息传递的滞后问题，把工作重点放在调整组织架构上。“金字塔”式的组织架构是最常见的类型，其中职能的划分和层级的设定都相当严谨。然而，这种架构的缺点在于层级过多，导致信息传递速度较慢。在制定河长制策略之初，由于缺乏相关经验，基层员工对上级/高层管理者依赖性很强，因此“金字塔”类型的架构更利于推进工作。然而，自从河长制开始实施以来，各地级市在具体实施过程中已经形成了独自的管理模式，过多的上级约束反而会阻碍地方工作的顺利进行。相对于“金字塔”架构，扁平化的组织架构拥有更多优势，其层级显著减少，反应更快，信息传递速度更快；管理幅度较宽，下级拥有更多的自主裁量权，有助于积极性的发挥。

针对河湖治理工作、水生态保护，首要工作就是制定和规划河长制策略，在策略编制过程中坚持“一河一策”的原则，在对每一条河流的源头、流向，河流交汇点等信息进行详细的记录和整理后，政策的目标才能显得清晰和明确。

确定策略目标分为四个步骤。首先，确定每条河流当前存在的主要问题，判断河流是否受到污染，若受到污染则了解污染的等级，并找出问题的根源。其次，针对该河流存在的问题，逐步并有计划地确定治理目标和任务。再次，同时重视治理和管控，在治理河湖污染的同时需要提出相应的保护措施。最后，根据治理的轻重缓急原则，逐个治理受污染的水源。

第二节　河长制政策工具概念

一、政策工具的概念

尽管现代政策工具的观念相对较新，但它的理论根源可以追溯到古代。《论语》中提到："工欲善其事，必先利其器。"只有拥有适当的执行手段和具体的操作方法，才能达成目标。在政策工具这个概念上，一些学者认为核心问题在于"如何将政策意图转变为管理行为，将政策理想转变为政策现实"。杨洪刚认为政策工具的实质是"地方政府行动机制和制度安排"，这与罗伯特·达尔和林德布洛姆的理解相近，他们认为政策工具是政府实施管理的途径。

其他人对政策工具的含义有三个更为详细的层次的划分：工具（instrument）被视为社会体系的一种类型；技术（technique）被视为运用系统制度的一种装配方法；手段（tool）被视为微观操作的技术类型。但是，这种划分过于依赖字义的辨析，缺乏实际应用价值，并无助于概念整合。在公共政策中，政策工具一直以一种选择性的手段或路径角色出现，是一种类似中间产品，用于推动目标的最终实现。围绕这些核心概念，社会科学界也提出了治理工具（governing gools & governing instruments）或政府工具（government instruments）等一系列术语。尽管这些术语各不相同，但它们基本都可以纳入工具理论的整体理论框架中讨论。

二、河长制政策工具选择原则

（一）综合性原则

选择政策工具时，需全面考虑涉及水资源保护、水体污染防治、生态恢复、社会经济发展等方面的需求与实际因素，综合考虑不同因素之间的复杂关系，进行综合考量。

（二）系统性原则

河长制的政策工具应是整体性的，覆盖水资源管理的所有领域，如水资源保护、水环境治理、水生态保护等，以实现最大的综合效益。

（三）可操作性原则

政策工具需具备操作性，易于施行并能为河长提供明确的操作指南，使其能明确行动主体、任务目标、具体手段和实施步骤，便于行政人员或单位实际操作与执行。

（四）适应性原则

政策工具应适应不同区域的自然环境、水资源条件、经济发展水平等差异，选择并优化合适的工具，以适应不同区域的实际需求。

（五）可持续性原则

政策工具应有助于实现河流资源的持久性利用和长期的保护，能够保全水生态系统的完整性，维持水资源的持久供应，同时考虑满足未来世代的需求。

（六）公众参与原则

河长制的核心是鼓励公众参与，所以在筛选政策工具时，应考虑如何加强公众的参与监督，鼓励社区组织、非政府组织和公民等各界人士的参与，从而提高水资源管理的透明度、公正度和信任度，更好地满足各方的需求。

（七）效益评估原则

选择政策工具需在对其进行可行性和实际效果有效评估的基础上，通过不断地监测和评估，及时发现政策工具的问题，并进行调整和改正。

（八）奖惩机制原则

政策工具应设有相应的奖罚机制，以激发和引导河长履职尽责。奖励措施能激励河长在水资源管理中作出贡献，而惩罚机制则可对违法或失责的河长进行处罚。

（九）增量改进原则

政策工具应在现行的水资源管理体系基础上进行渐进的改进，注意实时监测并评估工具效果，以便调整和完善政策工具，适应环境和需求的变化。

三、河长制政策工具分类

（一）强制命令导向型政策工具

现阶段，强制性的命令导向型政策在河长制政策工具中占有重要地位。政府通过强制性的命令，并依赖官僚体制，将治理任务细化并分配给下级部门，这种方式在短期内对于流域治理确实有效。然而，从长期角度看，这种传统方法的成本较高，消耗大量人力、财力和物力，给基层治理带来压力，不属于长期有效的治理方式。

纵观全过程，政府在事前制定政策，设立组织框架及事后综合治理的效率相对较高，但在事中管控的全程漫长过程中，政府可能会陷入困境，显得力不从心。因此，强制性的命令控制工具往往在它最擅长的“控制—命令使用”阶段发挥最大作用。

（二）市场激励导向型政策工具

在地方政府的强力推动下，市场激励导向型政策工具的数量大幅提高，主要体现在污染治理的投入、费用收取和补助等事后管理措施上，多样化的表现形式备受关注。然而，流域管理的初期和中期手段，作为预防政策，在市场机制中未获得足够重视。政策执行不仅需要明确的指导方针和资金援助，还需要思考工具的实际效果和准确性。在污染控制和预防过程中，关注焦点应放在污染严重、水资源消耗大的企业上，其设备升级改造补助直接影响到环保举措的实施。

目前，使用者事后支付机制主要关注个人，如何让资源更多地倾向于关键的工商业领域、防止财政资源流向与水环境保护无关的领域，是未来亟待研究的问题。同样，如何与“严格入场规则”和“强制关闭”等命令性政策工具配套使用，也需要更深入地讨论和研究。这样的研究将有助于提升管理措施的总体效率，更好地应对水环境管理的复杂挑战。

（三）信息交互导向型政策工具

信息交互导向型政策工具长期以来作为强制性控制工具的辅助性角色出现，并未得到充分的关注，这主要是由于其影响力相对较弱，即使有相应的平台支持，但往往在政策工具箱中仍然显得力量不足。

近些年，伴随社会进步和网络的广泛普及，公众对政策信息的了解权变得越来越重要，政府信息公开作为一个便民工程已在大部分地方实施，包括河长制领导成员、组织机构、河流范围的公示信息也随处可见。然而，在信息化改革下，各种新的媒介和大数据实时监控的出现，旧式的报告、公示等方式已无法满足公众对流域治理的新要求。今天的公众不仅希望看到政府信息，还希望能通过信息化的“天眼”监控系统，看到更清晰、更实时和更全面的信息。

此外，事后的先进示范案例和治污技术推广，需要建立信息资源平台和数据共享机制才能实现。在一定程度上，当前的政策执行者需要以更加敏锐的眼光，主动进行政策工具的信息化改革。

（四）公众参与导向型政策工具

公众参与导向型政策工具对中国流域治理的重要性不言而喻，从理论支撑到操作实践，都被视为有效的“嫁接体”。西方国家自群众社会建立之初就注重公众参与在国家建设过程中的作用，基层社团和环保非政府组织对社会的深度影响一直存在，如今成为大众热议的焦点，如瑞典环保少女格蕾塔的影响力就是一个实际例证。对比之下，我国目前河长制的公众参与导向型政策工具，主要通过政府、河长办公室及社会团体对基层自管组织和社区产生影响，利用组织开展的环保宣讲和河流巡逻志愿活动来激发社会参与，部分地区甚至推出了“民间河长”。然而，不容忽视的是，当前许多河长制工具的应用仍局限于宣讲本身，过度注重形式，却没有深入实质性地参与。在设计公众参与导向型政策工具时，应更多关注实际参与程度，因为只有真实地参与，宣讲活动才能实现其真正意义。同时需要将公众参与导向型政策工具更深入地贯彻到实践层面，使公众能够通过真正的行动参与流域治理。

另外，借助社会力量实现常态化监控是现阶段的重要研究方向。这一模式借助多元化的融资与政府企业的合作关系，探讨流域治理的可行路径，这将是河长制未来持久管理的关键途径。这种模式实施后，将更好地整合社会资源，提升治理效果，为流域治理提供更具持续性的管理方法。

（五）其他政策工具

1. 实质性政策工具

以河湖治理目标设定为方向的实质性政策工具是当下地方政府执行河长制政策的首选工具偏好。以往，在地域间竞争制度影响下，地方政府由于对经济增长和地方财政收入提升的关注，把大部分精力都投入到了地区经济发展中，导致环保被忽视。在面对河流环境问题时，地方政府通常对流域治理的积极性并不高。然而，河长制将党政权威引入地方政府治理，通过设定具有约束力的治理目标，加大了对河流环境的问责力度，进而将环保工作纳入地方日常任务，实现了地方党政领导和行政人员对政策关注的转变。例如，合肥市政府在明确治理要求的同时，设立了基本治理目标，根据河流污水、企业废水以及居民生活用水等各项指标的达标程度，实行人事任免的“一票否决”制，以此推动党政领导干部更专注于河湖治理。

河长制的实质性政策工具主要涵盖了水资源保护、水污染防治、水生态修复、水环境管理、河湖水域治理、跨域水治理、水资源法规七大领域。在执行河长制政策过程中，中共中央、国务院作为政策制定者，拥有目标设定权，其设定的政策目标有指导作用。地方政府作为政策落地执行者，要结合本地河湖治理实际，制定相应方案。具体来说，水资源保护关注合理利用水资源，提高利用率；水污染防治参照《中华人民共和国水污染防治法》，重视居民饮用水保障，严控各类水污染，遏制水生态环境恶化。水生态修复集中于生态评估、水质提升等各方面；水环境管理关注社区水环境安全与景观；河湖水域治理致力于保护河湖空间与河道；跨域水治理关心河流跨区域协调治理。尽管中央政策未明确指定跨区域河湖的政策目标，但考虑到河湖空间流动性，地方政府越来越重视跨区域协调治理，从而成为实质性政策工具的一部分；水资源法规指向地方河湖治理的法制化建设。

2. 执行性政策工具

以规范河湖保护的执行流程为导向的执行性政策工具是地方政府在实行河长制时偏好使用的第二阶层工具。由于公共事务的流动性、复杂性和整合性，其治理通常需要跨区域、跨层级和跨部门的协调。再者，由于河流治理的负外部性和区域行政边界的刚性，使其治理过程常出现职责不清、推诿扯皮的现象。因此，河流资源的治理只是表象，其本质是一场跨域公共事务的治理危机。针对这种情况，河长制通过执行性政策工具，来规范河长制政策的实施过程，明确各职能部门和行政人员的责任，进而让河长制的运作流程更清晰。例如，南京市等地方政府在制定清晰的治理目标后，设立河长工作体系，明确职责，确立工作机制，设定评估流程等，以保证河长制的治理目标得以实现。

河长制的执行性政策工具主要包括六个子类别，这六个子类别分别为工作规划、组织基础、职能定位、权责划分、机制建设及制度完善。这些工具可以将流域治理的公共行政责任具体化，为河长制政策执行过程的清晰化提供有效途径。工作规划设定河长制的工作任务，提出“一河（湖）一策（档）”的原则。组织基础包括设立各级河长、河长办公室、河长工作领导小组及河道专管员等，作为划分河长制公共行政责任的基础单位。职能定位则界定了各级河长、河长办公室、领导小组的职责，以避免责任的模糊化。通过设立界桩、河湖分级目录、清单制等手段进行权责划分，精细化河湖治理的公共行政责任标准并明确责任边界。机制建设方面，主要反映在以个人为核心的激励问责、以组织为核心的部门协作和重点任务推进等方面，强化河长制责任在运作过程中的落实。制度完善标志着河长制运作的清晰化，主要体现在党政领导责任制、名单公示制、工作会议制等河长制政策执行阶段的制度建设中。

3. 赋能性与引导性政策工具

赋能性与引导性政策工具，以能力提升和社会影响为核心，已成为地方政府在落实河长制时的主要策略。尽管河长制的实质性和执行性工具在解决资源分配和责任明确上发挥了作用，但其依然遵循传统政府主导的河流治理模型，受到旧有的权威性依赖和排斥体系外力量影响，从而限制了“小政府、大社会”的治理格局的形成。因此，为使河长制可持续发展，地方政府需通过赋能性政策工具提供技术和资源的支持，并通过引导性政策工具动员公众的积极性，创造有利的社会环境。

地方政府在实践过程中越来越认识到赋能性和引导性政策工具对于河长制可持续发展的重要性，逐渐将其纳入策略考虑。赋能性政策工具主要涉及技术支持、资源保障和多元主体的部署。技术支持强调利用互联网、地理信息系统等现代科技优势，通过建设河长管理、监管和信息发布等平台，提升河长制的运行效能和治理效果，实现信息化和精细化的河流治理。资源保证要求地方政府重视河长制的日常运作资金支持、人才储备和设备更新。多元主体则关注鼓励市场主体、第三方机构的参与，购买公共服务，设立民间或企业河长，招募志愿者等，以此破解河长制的闭环运作，构建涵盖党委、政府、社会组织和公众参与的多元主体生态共治模式。

引导性政策工具主要体现在思想影响和行为规范上。思想影响主要通过举办公益活动，开展科普教育，加大对河长制的政策宣传和舆论引导，提升公众对政策的认同度。行为规范鼓励社会公众积极参与河流治理，通过树立优秀保护模范，发挥社会组织的作用。这些策略共同推动河长制向可持续发展的目标迈进。

参考文献

[1] 詹云燕．河长制的得失、争议与完善[J]．中国环境管理，2019，11（4）：93-98.

[2] 佘颖，刘耀彬．“自下而上”的环保治理政策效果评价——基于长江经济带河长制政策的异质性比较[J]．资源科学，2023，45（6）：1139-1152.

[3] 任彬彬，周健国．地方政府河长制政策工具模型：选择偏好与优化路径——基于扎根理论的政策文本实证研究[J]．中南大学学报社（社会科学版），2021，27（6）：145-157.

[4] 郭沁，陈昌文．政策工具是否能有效改善水环境质量——基于30个省份的面板数据分析[J]．社会科学研究，2023（2）：53-62.

[5] 胡涛，冯晓飞，王浙明，等．基于文本量化的典型县域水污染治理政策工具变迁研究——以长兴县为例[J]．资源开发与市场，2023，39（1）：35-42，77.

[6] 余泳泽，尹立平．中国式环境规制政策演进及其经济效应：综述与展望[J]．改革，2022（3）：114-130.

[7] 郑容坤．水资源多中心治理机制的构建——以河长制为例[J]．领导科学，2018（8）：42-45.

[8] 杨龙．作为国家治理基本手段的虚体性治理单元[J]．学术研究，2021（8）：41-51，2，187.

[9] 李晓萌，许永江，沙志贵，等．东江流域河长制下跨省界联防联控对策[J]．长江科学院院报，2022，39（6）：9-14，23.

[10] 吕志奎，侯晓菁．超越政策动员：“合作治理”何以有效回应竞争性制度逻辑——基于X县流域治理的案例研究[J]．江苏行政学院学报，2021（3）：98-105.

[11] 王亚华，陈相凝．探寻更好的政策过程理论：基于中国水政策的比较研究[J]．公共管理与政策评论，2020，9（6）：3-14.

[12] 李汉卿．行政发包制下河长制的解构及组织困境：以上海市为例[J]．中国行政管理，2018（11）：114-120.

[13] 沈坤荣，金刚．中国地方政府环境治理的政策效应——基于“河长制”演进的研究[J]．中国社会科学，2018（5）：92-115，206.

[14] 万金红，杜梅，马丰斌．北京推进河长制的经验与政策建议[J]．前线，2018（5）：95-97.

[15] 崔晶，毕馨雨．跨域生态环境协作治理的策略选择与学习路径研究——基于跨案例

的分析[J]. 经济社会体制比较，2020（3）：76-86.

[16] 顾萍，丛杭青，孙国金．“五水共治”工程的社会参与理论与实践探索[J]. 自然辩证法研究，2019，35（1）：33-38.

第五章

泉州河长制政策绩效评估

第一节　当前河长制绩效评估存在的问题

一、考核主体单一、考核对象模糊

《关于全面推行河长制的意见》规定，河长制考核的实施者通常由上级河长针对下级河长进行。然而，这一基本要求在具体实践中并没有得到很好的执行。很多县级和乡镇级的基层河长办公室人员认为，现行的河长制考核主体和对象造成了一些不良影响。他们普遍认为将社会大众引入河长制考核中，可以推动河长制的有效实施，而监督部门通常对这种提议保持谨慎态度。从考核主体的角度看，现行的河长制考核制度在一定程度上造成了考核对象的模糊化，责任分享甚至转嫁。监督部门无法把社会公众纳入监督范围内，无法让社会公众参与监督。根据综合激励理论，内部与外部激励的共同效应，会影响预期值和工作效果，进而影响工作人员的工作效率和最终效果。然而，由于河长办公室考核的主体和对象的界定不清，责任与实际工作之间的角色错配，使激励无法发挥应有的作用。

首先，在目前的河长制考核流程中，河长制工作的评价通常需要经过同级党政机关的自我评估，然后才能将评估结果提交给上级部门进行审核。由于河长一般是地方政府的行政长官，与同级机关之间存在权力关系制约，使同级评价无法有效发挥监督和客观评价的作用。再者，河长制工作的自我评估通常需要河长办公室工作人员参与，这就导致了考核主体与考核对象存在混淆的问题，这无疑对河长制考核造成了负面影响。

其次，尽管上级审查发现问题后，可以采取相应的整治措施，但这种方式仍然是一种效率低下、监督能力有限的事后处理机制，无法实现对河长制工作的实时动态监管。典型的河长制考核流程从编制考核材料到自审、再到上级审核和结果公布，通常需要花费两到三个月的时间。在这段时间里，新的河长制任务可能已经开始执行，考核结果的反馈滞后严重。因此，同级自评和上级审核的考核机制，往往会对行政资源造成一定的浪费。

再者，当前河长制考核机制仅在政府内部实施，在环保和发展等问题上，政府的上下级之间仍然存在复杂的博弈和妥协。因此，仅依赖上级部门的审查，无法有效提升河长制考核工作的质量。以西方国家和我国东南沿海城市的区域环境治理为例，他们成功地将社会公众作为监督和评价的主体，取得了良好的效果。然而，我国目前的河长制考核主体相对单一，这也是需要解决的重要问题。

最后，根据政治科学的委托代理理论和公共行政的科层制理论，在中国的地方政治工作中，行政长官的权力巨大，他们的同级监督效果相对微弱。而河长制的同级考核机制，无疑制造了上下级之间的评价错配，导致考核的形式化和过场化。另外，即使河长制要求河长负责完整的水环境治理工作，但在实际执行过程中，河长办公室人员往往需要承担、分担这部分责任。这导致在考核过程中，很难对责任进行准确划分。当地方行政长官更替时，由于河长办公室工作人员是河道治理的实际执行者，他们将不得不实质上承担前任的工作结果和相应的责任。这也会给河长制考核工作的连续性带来严重的挑战。

二、考核流程不完善

为了判断河长制考核流程是否合理，并符合公共政策预设的标准，以及是否得到执行者和监管者的认可，势必需要深入了解河长制的考核主体对考核流程的感受。

在对河长、河长办公室及公众进行调研的过程中发现，无论是政府职员还是公众，都充分认同河长制建立的原旨。在此点上，各界利益相关者间并无重大分歧。但若将视角转向工作人员（主要来自地方河长办公室），那河长制考核存在的主要问题在于责任过重。上级只强调责任，未实际给予相应的行动指导和资源，使基层工作人员压力过大。同时，形式化的考核也成为他们的负担，由于考核任务过于繁重，实际情况与考核指标脱离，工作人员无法真正将精力集中在治理河道上。河长制是将责任层层下放至地方行政长官，但实际上这些责任仍旧由基层承担，行政长官亲身参与河道治理的情况相对较少。调研还挖掘出某些争议，例如对考核指标的分歧意见。部分人认为当前的考核指标并非真实反映实际情况，另一些人则认为现行的考核指标在一定程度上揭示了实际问题。这种争议主要出现在考核指标、考核流程、考核方法及考核结果的反馈等环节。

河长制的工作考核流程还有待进一步改进。过去落实的河长制考核体系，试图以“结果督导”方式在行政压力下推动河道治理效率，虽然目前看起来产生了一些明显的成效，但也掀起了“形式化”的现象。以致“书面工作”甚为完善——大量的文件、宏大的治理目标和广大的影响范围，但实际效果并不理想。在考核时，观察巡河照片、影像及新闻报道作为加分项，现场会议或是办公会议的频次作为考核流程重要的环节时，可能造成许多干部仅是完成表面工作，而不去关注实质性的问题。

河长制融合了多个行政职能的责任系统，需要其他专门部门的配合才能实现治理目标。然而现行河长制的考核流程仅在河长办公室内部，未能扩大到其他关联部门，导致河长办公室工作难以独力支持。与此同时，地方行政长官工作任务繁重，对于担任兼职的河长所投入的精力相对较少，一般情况下，河道治理任务仅能由河长办公室人员承担。然而，河长办公室的协调能力有限，无法指挥其他相关部门同步工作。不能建立一套约束所有河道治理领域和部门的考核机制，不仅会对河长办公室工作人员不公平，还会大大阻碍河长制的推进。

此外，河长制考核原则和理念层面与实际应用层面存在分离状态。《关于全面推行河长制的意见》要求河长制的工作与考核，应结合地方实际情况设立相应的考核标准和方法，强调因地制宜原则，但实际执行过程中仍然存在“一刀切”的问题。这使考核目标过于概括，实际可完成性较低，考核机制呈现“形式化”现象，存在刻意虚构的问题。

最后，河长制的工作与考核并非一蹴而就的任务，但现行的考核流程过于依赖责任管理，将河道治理的责任由地方行政长官传递给基层工作人员。然而，传递过程中因缺乏具体行动计划和指导方针，使基层工作任务陷入过重、无序的状态。因此，有必要制定一套符合实际情况的长期规划目标和分期落实步骤，以避免河道治理工作的短视化。

三、考核内容与实际情况不符

判断一个公共政策制度是否具备持久运行的基础，制度执行情况的满意度是重要指标。深入研究政策执行满意度有助于发现政策制定及落地实施过程中存在的问题，为进一步改进、改革提供启示。河长制考核管理作为一个涉及多个程序、环节、领域的运行机制，其满意度便在不同管理程序中体现出不同的情况。

河长制考核的一大问题在于，在地方政府层面，考核制度的设定受固有想法影响，缺少针对实际情况的应对措施。省、市级政府的考核制度通常已经形成并完善，但一些地方级别的政府，在建立考核制度时易倾向于直接复制、模仿上级制度，而未从自身真实情况出发考虑，由此形成的考核方案缺乏差异化和动态性，无法满足实际的考核需求。

既往的河长制工作尽管已经覆盖到水环境治理、水污染防治、水生态修复等主要方面，但在细节处理上还存在问题。以工作流程作为考核内容，即注重是否有完整的巡查记录，或者是否对河道监督的人员进行了培训等。这些操作容易导致形式主义，显现出数字好看但实际效果欠佳的现象。同时，考核方式多采用部门主动上报与上级暗访相结合的方式，这种方法有其弊端。一方面，暗访工作没有明确的重点，而是比较全面地排查，所有问题无论大小一律通报，这样容易让很多基层工作人员求全责备。一旦基层河道治理的实践工作变得漫无目标，各个环节都不会扎实。另一方面，没有优先级的过于泛化的考核任务会让一些基层河长办公室忽视客观工作规律，水质问题的识别、评估、应对等工作一手抓，同步启动，显然这并不是理想的引导策略。

当谈及河长制工作的考核标准时，也不乏问题存在：首先，河长制的考核标准多数由行政部门内部设定。许多评价标准并未涉及具体的水环境监测数据和指标，以河长的履职情况、工作的对外宣传等为主要考核重点。这些内容由于缺乏严谨、准确的数据作为量化标准，因此防止考核成绩的粉饰和作假相对困难。其次，考核标准的设计并未基于各地真实情况作出相应调整。

至于河长制工作的考核指标，也存在不少问题：首先，考核指标不够全面，且过于偏重政府的监督与管理，缺乏反映人文属性的相关指标，也未涉及对群众满意度的评价。其次，考核指标中定性指标占比偏高，量化评价的指标较少且权重低。再次，现有考核指标体系倾向于短期河流治理目标，有些考核重点延伸到政府体制机制建设方面，但也应意识到考核的侧重点应依据近期目标设计。整个考核体系缺乏长期规划，对治理后的环境污染反弹问题关注不够。最后，考核指标的设计缺少系统性和完整性，只制定了相应的考核内容，但缺乏有针对性的执行细则和操作流程。

四、考核结果反馈不足

不同的利益参与者对同一政策的理解，有助于揭示政策的设定和执行在各种情境中的优势和劣势。如果考核结果反馈可以帮助不断修正考核系统，这对监督者来说意味着制度将方便管理。从执行者的视角看，如果反馈可以提升工作效能和质量，这指示该政策便于执行。

《全面推动河长制的意见》明确提出，要根据河长制考核结果，做好干部的任用调整。那些在任期内造成严重水环境污染的官员不仅需要追究责任，而且可能会影响其晋升。然而，在实际运行中，这一建议并未真正落实。此外，河长制的工作考核结果未能有效地应用，并未建立起常态化的考核反馈修正机制。

当前，河长制考核重视数据信息收集，却忽视了考核结果的公示和反馈。首先，还未形成常态化的考核结果公开和反馈机制。河长制考核的主要目标是通过考核发现日常工作中的缺点和问题，对河长制工作存在的问题作出及时改正和调整。因此，整个考核的最终目标应关注考核反馈和修正。然而，现阶段的河长制考核无法深入分析任务未达成的具体原因，也无法依据常态化的操作程序，征询各方的观点，最终无法形成可执行的解决策略。

此外，从现行河长制工作考核结果的应用情况来看，现行的考核结果应用过于单一，只是简单地将考核结果与奖罚关联起来，希望通过单向的奖惩来驱动各级河长和河长办公室工作人员的工作。但在实际执行过程中，却面临众多阻碍。例如，许多地方在推行河长制后，并未出现严格追究责任的情况，也未真正实施环境损害的终身追责制，未对过去担任河长的地方行政长官进行责任追究，且许多处罚措施仅停留在书面之上，并未真正落实执行。

第二节　河长制绩效评估理论基础

河长制工作考核涉及对成果的全面审定，需针对特定工作内容和特性设立考核目标，配备相应的考核指标体系和流程，并构建完整的考核结果反馈体系。

一、目标管理理论

彼得·德鲁克在 1954 年首次提出目标管理理论。德鲁克在其著作《管理实践》中，阐述了“目标优先于工作”的原则。他强调，设立目标是实现自我控制的基础，因此，组织的使命和任务必须转化为清晰的目标，为成功执行提供支持。每个目标必须具备可实施性，所以在执行过程中，需要将大目标分解成小目标，确保每个步骤顺利完成。此外，有效实施目标需要内在和外在两种驱动力量。

利用目标管理理论，根据各地的具体情况，设计适合的河长制工作考核指标体系。通过解构河长制工作的总目标、委派授权，使考核体系的内容全面且深入地反映实际情况，如图 5-1 所示。

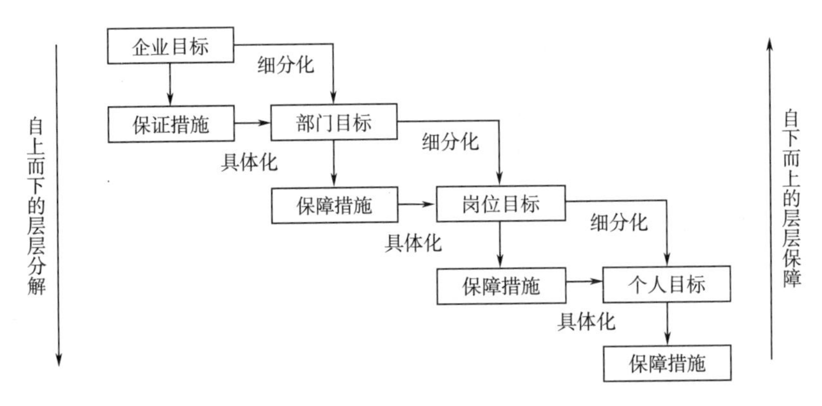

图 5-1　目标管理理论模型

二、综合型激励理论

综合型激励理论由爱德华·劳勒和莱曼·波特联合提出，它综合了传统的需求理论、公平理论和期望理论等人力资源管理理论，构建了一个全面且有深度的激励理论模型。该模型突出了四个核心变量：努力程度、工作绩效、报酬和满意度，从中可以概括出该模型的一些特征和联系。

首先，努力程度。是否具有努力的行为及努力的级别，与报酬和期望有直接关系。对于行动主体，报酬越高，激励程度就越大，期望越高，则他们的发展潜力越大。

其次，工作绩效。工作绩效的高低受努力程度影响，同时也与能力、工作能力等相关。但在实际中，努力程度是最易调整的影响因素。

再次，报酬。获取报酬是衡量效能的主要标准，是决定工作努力程度的决定性因素。通常，物质激励满足基本需求，精神激励满足高级需求。

最后，满意度。它是效能和期望的匹配程度，如果工作效能达到预期，那么行动主体的满意度就会很高。相反，如果不能达到预期，满意度会降低。满意度主要取决于行动主体对报酬公平性的感知。

如图 5-2 所示的模型，清楚地描绘了综合型激励理论的内在逻辑。图中的环境、能力和认知等因素，共同影响工作绩效的升降。而效能和期望在其中起到了中介作用。

对于综合激励理论的深入理解，为管理者带来了一些启示：

首先，激励是多因素共同作用的结果。在激励过程中，需要明确激励目标、实施方案和激励手段。在此基础上，还需要提高行动主体的期望值，以产生行动的内在驱动力，并提高工作效能，以与期望值相匹配。激励效果需要依靠"激励—努力—奖励—满足"的循环来实现，任何环节的阻碍都将导致下一个环节无法启动。出现这种情况时，应审查期望值与效能是否匹配，以及考核目标、方案和激励手段是否有偏差等问题。

其次，激励效果取决于行动主体的工作能力、对工作任务的理解和对效能的渴求。如果期望值不高，无论工作效能有多高，都难以调动行动主体的积极性。与此相反，如果工

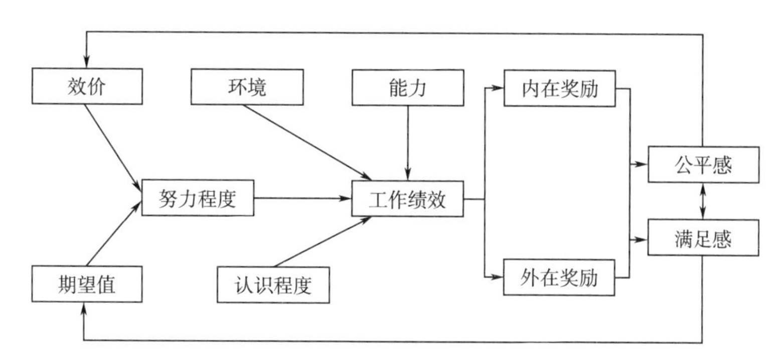

图 5-2　综合型激励理论模型

作效能长期不能满足期望值，会导致行动主体的行动意愿减弱。因此，在激励过程中应该设置与期望值相匹配的效能，并通过综合利用多种因素，持续刺激和提高行动主体的期望值，让其处在“不满足”的状态中。

三、整体性治理理论

整体性治理理论起源于对新公共管理理论的批判，并尝试弥补其不足，构建新的治理模式。这种整体性治理偏向于以满足公民需求为目标，结合多种技术和方法进入治理途径，利用此种方式优化零散的、碎片化的职能，带动资源供应最优化和社会治理效益最大化。随着现代生产和生活方式翻天覆地的变化，现行的传统官僚体系和运行方式面临巨大挑战。在整体性治理的理论视野下，应重视治理表现的反馈，以及治理构建的分解与改造。

整体性治理主张从政府各功能部门的功能整合出发，利用互联网时代的发展，实现全面并行的决策。其关键元素包括以下几点：

第一，以公众为本。整体性治理的目标是满足公众的治理需求，强调政府在社会管理中的公共服务角色，以及现代社会治理的民主价值。因此，在整体性治理的框架下，社会公众的需要和观点构成了政府部门职能整合的起点和结束点。

第二，职能高度集中。传统的官僚体系为了保持稳定，往往效率不高。而整体性治理理论认为应该将关键政府职能从不同部门分离出来，共同努力促进政策的实施，提高政府行政效率，减少部门主义的倾向。

第三，机构的整体化。整体性治理理论主张构建综合性组织，以对抗过度分权带来的弊端。过分的权力分散可能导致组织间协调不力，各利益主体的凝聚力下降等问题。因此，需要进行跨部门的整合。

相对于其他治理模式，整体性治理能将矛盾的目标融为一体，让它们相互强化。具体模式如图 5-3 所示。

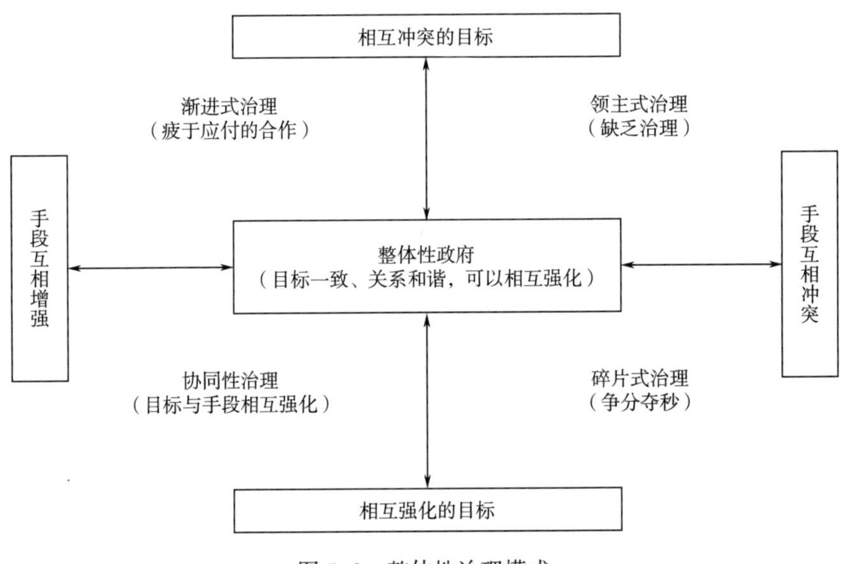

图 5-3　整体性治理模式

四、协同治理理论

我国流域水资源治理协同绩效即指政府共同治理流域水资源的效果，该过程涉及政府通过内部调整、结构优化、改革运作方式和流程等行为，激发政府各部门之间的合作和协作，提升治理的协同度和即时性，从而提升对流域水资源治理的效果。基于这一分析框架和辩证思维，得出以下结论：

第一，目标嵌入、组织支持、机制协调和合作监督是影响我国流域水资源治理协同绩效的主要因素。此外，我国的流域水资源治理“协同—绩效”链实质上是以协同治理为核心，探寻如何实现流域治理效果的问题。

第二，目标嵌入是引导治理主体协作的“指挥棒”，而组织支持是目标嵌入的实施载体，通过搭建“跨部门、跨区域”的组织机制，连接流域与行政区域管理。机制协调则是推动流域水资源治理协同绩效的“催化剂”，而监控合作则保证了流域水资源协同治理的步调。

因此，我国流域水资源治理联合绩效有四条实现路径：①四管齐下型协同治理路径，四个影响因素都起作用；②“协调—激励”型治理路径，注重目标嵌入、组织支持及机制协调的影响；③机制调节型治理路径，强调目标嵌入的效能和机制协调的协同作用；④“协调—约束”型治理路径，强调地方自主性，强化监控合作。

第三节 河长制绩效评估内容

就我国各地河长制工作考核来看，大致可划分为两大类别：一是来自高级河长对低级河长的评估；二是由当地党委和政府机构（河长办公室及相关单位）对同等级河长的评估。由于实施层面的一些因素，目前主要采用的是第二种评估方式。

一、考核主体与考核对象

（一）考核主体

在河长制评估中，河长和河长办公室担任主导和协调的角色，负责监管和审核。各个相关部门，如水利部、工业和信息化部等机构，作为成员单位，将承担起评估的任务，共同行使监督和评估的职责。

（二）考核对象

考核对象包括河长与河长办公室工作人员，根据行政级别不同，由上级河长对下级河长进行考核与问责。

1. 河长

依据行政层级和责任区域的区别，河长主要包括市级河长、县乡级河长、巡河警长及村级河段长。市级河长通常由市长担任，而相关的市政府领导人则担任副河长。河长和副河长的主要职责包括领导流域保护工作，决策重大问题，并对下级河长进行监管和问责。在县、乡层级，设立具有对应职责的河长职位，由政府（或党委）部门的领导人担任。他们主要负责具体河段的保护工作，解决环境保护中的重要问题，同时也对下级河长进行监管和问责。巡河警长由公安部门的领导人兼任，其职责主要在于依法进行河道巡查，对涉及水的违法行为进行监督和打击。村级河段长和巡河专员原则上由村级领导担任，他们的工作主要是日常巡查所辖河段，负责河段工程的保护和修复，引导公众的文明行为，若发生涉水纠纷和矛盾，他们也有责任进行调解。

2. 河长办公室

按照《关于全面推行河长制的意见》的指示，每个市级、县级、乡镇级的行政单位都会设立河长办公室，来协助河长完成水环境的治理任务。在实际的工作执行中，河长主要负责总体规划和协调重点项目，而河长办公室则承担具体操作层面的工作，包括政策研究、法规执行检查、监测及信息发布等工作。对于评估的内容，主要包括下级河长的工作效果，如河流污染的治理情况等，以及同级党委对河长和河长办公室工作人员的监督工作。这主要围绕人员的履职情况，例如，河长是否按照规定进行河道巡查，会议记录是否完整等方面。

二、体制机制建设

体制和机制建设被认为是河长制评估的核心内容，这包括巩固河长制度、开展河长工作会议和河长办公室运行情况等。

以下为个体化的评价内容和检验准则：

（一）河长体系巩固完善

对于河长来说，在人员变动时能否在任免文书分发后的一个月内完成从前任到新任者的工作移交，并在信息网络管理平台和河长公示栏及时更新信息。

（二）河长会议

（1）县级水域领导是否主持、召开会议来部署整体任务。

（2）县级水域领导是否计划进行专项行动等工作安排。

（3）县级水域领导是否协调启动对应的河流和湖泊保护管理工作，以解决主要问题。

（4）各级水域领导是否按照规定开展河流和湖泊的巡查。

（5）是否存在市级部门因水域领导赏罚不当而进行访谈、问责以及协商的情况。

（6）是否建立地区流域的工作交流平台和制定流域地区水域管理保护的议事协调机制。

（三）河长办公室运作

（1）是否发生过较大的与河流关联的应急事件，并且处理不得当，导致严重的后果。

（2）县、乡河长办公室的人员配置和经费到位情况。

（3）县、乡的示范情况如何进行。

（4）是否制定了水域管理工作重点，发布了任务列表和问题列表。

（5）日常工作信息的提交和回馈情况如何。

（6）建立水域管理办公室与水文系统配合的机制情况如何。

（7）是否完善了联席会议制度，召集成员单位联席会议，进一步加强部门间的交流与配合。

（8）针对显著问题，是否组织成员单位联合监督、专项导控，推进工作实施。

（9）规范使用水域管理资金的情况如何。

（四）河道专管员履职

（1）是否在扶贫就业的背景下聘请人员负责河道维护，并进行相应培训。

（2）河道维护人员专项补助资金的使用状态以及配套资金的落实情况。

（3）河道维护人员日常监查工作的执行情况。

（五）工作查访

（1）是否组织对下级水域管理工作的考察，找出问题、提出改正要求并确保执行。
（2）国家、省、市级的访谈、公告、监管、转交任务的执行状况。
（3）是否对乡级水域管理工作进行年度评估。

（六）信息宣传

（1）是否充分利用报刊、网络等新闻媒体，以多途径全面宣传和推广水域管理工作的情况。
（2）市级简报、微信公众号、水域管理专栏采纳信息的数量。

三、河湖治理效果

在水域管理工作中，对于流域管理的成就是重点突出的，主要考核的内容是针对管理者及河长制办公室工作人员，并主要集中在水资源的保护、工业节水及流域水质等几个方面，如表 5-1 所示。

表 5-1　河长制考核内容

评价维度	评价内容
水资源“三条”红线	（1）用水总量是否控制在“三条红线”以内 （2）各（县、区）河长制主条红线任务完成情况 （3）重要江河湖泊水功能区水质达标率
工业节水	（1）节水型企业创建工作情况 （2）开展节水型企业创建工作完成目标任务的情况
流域水质	（1）所有县级以上饮用水水源水质达标率 （2）流域断面水质年均值达到省水十条考核目标比例 （3）小流域 H 水质比例达到生态环境保护目标责任书考核的情况 （4）小流域断面水质年均值与去年相比，出现断面的情况

四、河长履职情况

关于河长履职情况，考核工作主要体现在工作评价、媒体曝光、经验推广三个方面，如表 5-2 所示。

表 5-2　考核工作体现内容

评价维度	评价标准
工作评价	（1）国家、省、市、第三方巡查暗访及 96133 电话受理核实发现问题及处置情况 （2）现场随机走访，问卷调查。是否根据群众对河长制工作满意度比例相应扣分 （3）河长制工作举报投诉处理率
媒体曝光	因工作存在问题或进展不快被国家部委、省级、市级媒体曝光的情况
经验推广	（1）经验做法受到国家级表彰、推广的情况 （2）在全国会议上作典型发言的情况 （3）在省、市党委政府会议上作典型发言的情况

五、目标嵌入

由于水资源流域的跨区域性和外部性，水域治理涉及多个主体，协同治理就显得尤为重要。在水资源流域治理中，常常出现部门职责分散、协调不足；地方合作不充分、竞争无序的现象，这也是许多问题的源头所在。流域水资源的多元功能涉及多个部门，导致出现了“利益大的争抢管理，无利可图的无人负责”的情况。流域的上游与下游、两岸、干流与支流、水调区与水输区都存在利益冲突，易引爆地方政府的无序竞争或不合作。地方和各部门独立行动，相互冲突，无法统一。调解地方和部门间的利益关系，形成协同治理的共识，目前最有效的方法就是中央的协调或采取强制措施。

目标嵌入是指政府通过大、中、小三个层级的流域水资源治理目标，达到价值整合的过程。具体表现在，中央或水行政主管部门提出、发布、下发涉及多个治理主体治理水资源的法律、行政法规及规范性文件、部门规章等；流域管理机构根据规定要求，制定相应规范性文件、编制流域规划等；省（自治区、直辖市）水行政主管部门响应，发布相应实施规则、管理方法、条例等；市、县级水行政主管部门根据要求作出相应规定，进行相应的实施。中央对流域水资源治理进行总体控制，制定基本原则和机制。然而，由于流域覆盖区域环境、经济社会发展不同，上级政府部门需要考虑下级各主体的特殊性，因此出台的措施只能强调原则性而非针对性和适应性。各级治理主体需要自行制定实施方案，进一步细化。这构筑了一种目标管理的系统，同时也是一种协同治理产生协同效果的过程，其效益在各层级中产生，随着层级的延伸而“增值”。目标是行动的导向，目标协同能够凝聚共识，是治理行动的开端。如 2016 年新修订的《中华人民共和国水法》明确规定：“建设水工程，必须符合流域综合规划”，进一步强调了综合规划的重要性。

目标嵌入依赖权威的阶级性纵向流动，但并不意味着上级政府是流域水资源治理的“主导者”，也不是流域与行政区域结合的“旁观者”，而是推动部门或地方政府间横向合作的“激励者”，毕竟协同协作的部门与地方政府是流域水资源治理的“实施者”。目标嵌入可以整合碎片化的价值，形成共识，基于权威的阶级性纵向传递、“发包”来推动协同治理。权威来源于我国法定的“统一领导、分级管理”的中央与地方的基础关系，实际上建立了一个治理路径：中央和上级部门制定方针、政策、原则，地方根据中央的方针、政策在自己的管辖范围内具体落实。通过这种路径，权力不断传递，协调、平衡治理主体间的利益冲突。

六、组织支持

组织支持就像是需要接住目标嵌入接力棒的“下一个选手”。组织支持可被看作是行政管理架构层面上的结构性协同治理。目前，流域水资源协同治理主要关注的是，如何实现流域和行政地区的联动协同。在行政体制层面，问题是如何通过组织建设来优化部门化和地方化的传统管理方式，实现区域跨域和部门间的合作。组织支持可以被看作是目标嵌入的“骨架”，具体体现在如何完善流域管理机构这个“骨骼”，并配套建立组织架构的“框架”。

就各个部门和地方政府来说，按照其自身职能介入流域水资源治理是必然的现象。《国务院组织法》和《中华人民共和国立法法》规定，主管部门和委员会可以在本部门权限内，依照法律及国务院的行政法规、决定、命令制定规章，发布命令和指示。在“三定方案”实施后，各部委的职责、资源、能力、权责边界相对明确。然而，由于各部委的职责范围是根据行业特性和属性划定的，针对流域水资源（即水的使用属性）来看，并不能完全满足跨部门合作的需求，这会导致部门间的权责不清、职能交叉或错位等问题出现。例如，水污染防治管理涉及的部门广泛，包括环保部门、卫生部门、水利部门、国土部门、住建部门和交通部门等。

流域管理机构在流域水资源治理日常工作中起着关键作用，能有效整合流域各项事务，弥补因跨域公共事务超出单个组织能力范围而带来的部门治理网络的“结构洞”，同时也可以衔接唐斯领域理论意义上的政策“领域带”。除了具有平行性特征的流域管理机构，流域水资源治理省部际还存在协商、自治意义的协同合作组织：以省为主的协同组织，如黄河中游水土保持委员会、长江上游水土保持委员会、松辽水系保护领导小组，均经国务院批准成立，由相关省区和国务院部委组成，其中主要省的省长（副省长）任委员会主任（组长），办公室设在相应的水利部流域管理机构。

在流域水资源治理中，组织支持并不局限于设立流域管理机构，如在省级层面成立流域委员会或进行领域划分等，这些都是旨在改革传统的中心主导、下级执行的行政体制的尝试。由于行政区域差异，以及流域与行政区域间的协作传统，它们决定了流域组织的定位与地方政府的关系，从而影响了组织职能的实现。

以珠江流域为例，珠江水利委员会与地方政府行政部门保持“指导不领导、监督不干涉、协助不替代”的关系。在广东省，流域管理委员会下设韩江流域管理局、北江流域管理局、西江流域管理局和东江流域管理局，既受珠江流域委员会领导，又归省政府管制，主要负责流域内的各项规划、预案，并行使法律权利和行政审批权，而以省、市领导及地方水事主管部门领导构成的委员会或协调小组成为协同治理的主要体现。

在辽河流域，辽宁省政府根据流域范围划定保护区，并成立包含水利、环保、林业等

7 个部门职能的辽河保护管理局。该机构通过构建“跨部门、跨区域”的实体结构，统筹原不同部门的流域水资源治理职能，解决部门职能交叉、重叠或缺位带来的协同问题。

组织支持还需要确保流域水资源治理的相关部门、机构的设立，以及人员、财政和设备等资源的配备。合理的配备包括是否设立了具体执行相关法规政策的部门或机构，是否提供了使其有效运转的人力、财力和物力资源，以及部门或机构的职能定位是否准确、合理，不出现“错位”“越位”“缺位”等问题。

流域管理机构的对接、隶属也显得至关重要。自 1975 年起，七大流域管理机构设立流域水资源管理局，该局是流域水资源保护和水污染防治的统一管理机构，实行水量与水质的统一管理。流域水资源管理局是水利部的单独派出机构，并且同时受到环保部门的领导，但对流域水资源保护和水污染防治的统筹管理仍然存在困难，水质和水量仍然是分割管理，这限制了协同效果的产生。

七、机制协同

机制协同指拥有协商决议、信息交流、功能调整的机制性或程序化安排和技术措施，以辅助组织协同工作。这包括面对跨区域污染问题时的议程设定与决策流程、制度化信息交流平台、刺激协同的财务工具等，如《黄河流域省际水事纠纷预防调处预案（试行）》与《黄河流域省际边界水事协调工作规约》等。协同机制是协同治理的直接体现，但若无权威性的目标设定与组织结构支持，机制协同将无法实现，仅停留在理念阶段。

以省际流域水资源保护与水污染防治为例，其行政事权和职权分属于水利部门和环保部门。流域范围内的地域划分又牵扯到多个行政区域主体。具体的协同机制实践通常包括依托当前的流域委员会或其所属的水资源保护局，结合地方水利部门及环保部门成立协调小组。其中，协调小组是提供协调决策功能的机制安排，通常由各成员单位具备决定权的负责人组成，以流域机构为组长单位。决策方式有两类：一是在协调小组授权范围内，由组长单位进行决策；二是通过协商方式共同规定跨域水资源治理措施。

信息交流是各部门或地区机制协同的关键内容，这包括流域机构掌握的流域管理和规划、取水许可、水利工程管理与运行信息；流域水资源保护局掌握的功能区管理、入河排污口管理、地区间缓冲区水资源质量状况的相关信息；地方水利部门拥有的地区水资源管理和规划、水量调配等信息；地方环保部门的水环境质量、地区水污染综合治理情况和重大水污染事件信息。要协同治理流域水资源保护和污染防治，就必须共享这些信息。

协同机制相较于目标融入、组织支持这种基于权威行为的纵向协同，更多地偏向于协商性的横向协同工作模式。这是协调和解决部门职能分散、区域利益冲突、流域管理与行政区域管理结合困难等问题的关键环节，也是产生流域水资源治理协同效果的重要实施行为。

在流域水资源治理中，除了行政性机制，如协商决策、沟通信息和调整利益等，经济或市场化手段也可用于推动横向的合作和协调。市场机制是流域水资源治理转型的关键组成部分。由于流域水资源治理涉及的主体、用户及水质保护与开发利用之间的动态关系，经济或市场化机制通常可以更明显地协调和解决各利益相关方之间的冲突和矛盾。

经济性或市场化机制主要包括五种形式。首先是流域补偿机制，主要表现为生态补偿。流域内上下游、干支流、左右岸都是水资源利益共享体，他们不仅有保护水资源、水环境的义务，也应享有流域的对应权益。其次，财政政策也起到了重要的激励作用，如设立流域治理专项资金。此外，市场化的协同机制如水权、排污权交易，绿色信贷和绿色保险等金融服务也是流域治理的重要组成部分。

需要注意的是，目前在流域垂直型、压力型行政体制中，像省际联席会议等强行政色彩的组织性机制提升更明显，而市场性机制协同还处于探索和发展阶段。市场化机制能否成功实施且发挥效用，取决于流域水资源治理的市场化制度环境建设。然而，随着水权制度、水价改革及水务市场的持续推进，市场化机制的生态越发壮大。

八、监控合作

监控合作具体表现在政府部门的督导、评估和重大事件的应急处理等环节。目前，流域水资源治理需要联动国家级、省部级及地方政府协调工作。各级政府的监管分为司法监管、行政监管和市场监管等。

在当下的行政体系中，流域水资源监管的效果关键在于监管权力被如何分配，以防止诸如多头执法、政策冲突等问题出现。目前的监管体系主要关注流域水资源的安全和污染防护。

司法监管是由法院通过司法程序实施对流域行政管理的监管。行政监管则主要是由流域行政管理单位对当事人的水事活动进行的行政监督，以及对违法活动的行政处罚。市场监督主要指通过技术监管系统，如流域水资源监控和保护预警系统等进行的监管。

除了监管和制裁，引入社会力量，如第三方、环境和生态监理等，也是监控合作的重要路径。最近几年，随着生态文明建设的发展，一些新的概念如自然资源离任审计、绿色经济等呼吁改变以往只看重经济增长的官僚激励模式。通过重塑官员激励结构，健全目标纳入考评体系，整合形成的监控协作体系将成为推进流域水资源协同治理的重要保障。

第四节　河长制绩效评估结果的有效性与改进方向

一、明确考核主体与对象

（一）定位责任主体，厘清监督管理

为了有效地进行考核，可以根据考核内容将考核对象进行区分。例如，考核河长工作

完成情况的主要责任部门为党政机构，考核对象是河长。对于水环境的具体改善程度，第三方机构负责评估，而考核对象是实际执行部门，河长同样需要承担相应的责任。对于由水环境引发的社会舆论问题，应及时将新闻媒体和社会公众引入考核体系，由河长和公关部门共同负责。通过对考核过程的现场调查来进行过程监督，同时通过比对实际调查数据与政府公布数据来加强监督效果。另外，舆论监督也应作为对河长制进行监控的重要手段，此举将有助于解决传统监控管理的不全面和不完善等问题。

（二）引入公众监督，提升考核主体多元性

河长制工作考核的关键在于明确考核主体和考核对象。服务型政府的理念指出公众不仅是服务的接受者，也应作为参与者和监督者参与到河长制考核中。因此，优化河长制考核的做法之一就是扩大社会参与度，引入公众力量，以提高考核的准确性和有效性。然而，引入公众作为监督主体也会带来一些新的问题。如何教育和培养公众参与社会管理的意识，是一个需要考虑的问题。强化公众参与的宣传，增强考核主体的多元性，应在河长制考核工作中予以关注。

在实施细节上，需要建立完善的考核机制，并确保该机构正常运作。地方党委和政府应设立专门的组织来对河长制工作进行考核和监管。该组织的员工应不只限于政府部门的成员，还应包含人大代表、政协委员、第三方评估机构、新闻媒体从业人员及社会公众，并在他们的共同监督下，建立多个巡视考核小组。为了保证该机构的持续运行，还需要为其配备专门的编制和岗位，并分配相应的信息管理平台。这样既能保证信息采集的准确性和完整性，也能将该机构的运行纳入河长制工作考核体系的整体框架中。

二、理顺考核流程的层次与重点

（一）形成常态化的监督机制

河长制的考核程序应始终坚持“问题导向”。采用“从实践经验总结到问题发现再到问题解决”的方法，使用技术手段如数据调研、图像识别等，着重强化考核内容的精准度，以确保考核体系具备指导性和推动性。

第一，因各区、县的河道环境存在很大差异，考核程序应以问题为导向。从遵守国家相关规定出发，依据各区县、各河道的具体治理需求，设定目标，然后根据这些治理目标构筑完善的评价指标体系。在设计治理考核的过程中，应考虑治理目标的易行性，避免目标太过抽象。

第二，为提升考核流程的科学性，避免过度形式化，需要将高新技术手段，如河道情况调研、模型分析、污染识别等，融入考核体系中，杜绝“无根据治理，无重点考核”的现象。利用成熟的河道监测技术并控制设备成本，在引进监测传感设备的同时，运用图像识别和模型分析，实时监测、评估河道污染程度及治理进度，从而有效提高考核流程的及时性和适用性。

第三，逐渐将考核对象延伸至相关领域和部门，使考核对象融入流程化、常规化的考核流程中，为河长办公室工作人员在正常进行工作的同时，提供把控和监督。

第四，为了实现河长制的长效性，基层河道治理需要提供有效的长期治理计划。现行考核流程主要基于短期目标，但水道治理是一个复杂的整体工程，必须设有长期规划目标和分阶段的执行步骤，防止治理工作成为短期快工。培养对河道治理远期规划的考核，并将成熟的治理方案纳入考核流程也是重要的一步。

第五，当前的河长制工作考核过度依赖责任管理，将治理的责任由地方行政长官传递至基层工作人员。然而，传递过程中由于缺乏具体的执行方案和细致的指导，使基层的工作任务变得繁重，容易导致责任互相推诿的现象。因此，需要将河长制工作考核范围延伸至基层，设定基于具体区县、河段的具体治理目标，并建立评价体系。将治理目标分解至下级机构，并构建纵向、横向的协同机制，明确各个单位、部门甚至每个人的具体任务。这样，所有的考核流程细节得以补充和完善，使考核真正发挥督导和推动的作用。

（二）重构考核流程，突出考核侧重

新的考核流程设计包括以下部分：第一部分是根据具体河道区段的实际情况设定目标；第二部分是利用现代监测技术和分析模型设计考核指标；第三部分是依据常态治理制定的方案进行考核；第四部分是基于对目标和任务的具体分解来设计具体岗位职责的考核体系。流程改进后的细节如图 5-4 所示。

如图 5-4 所示，更新后的河长制考核过程以各区、县实际情况作为考核目标设定的基准，根据国家和流域的需求进行实地考察，并据此制定层次化、重点突出的考核目标体系，并据此确定考核内容。在考核流程中，运用河道治理技术，通过多种传感手段收集河道环境数据，建立数学模型并依此设计科学的评估指标体系。把水资源、水环境、水污染、水生态作为考核重点，特别是对水域离岸环境情况的关注。利用过往的河道治理经验建立案例数据库和治理预案信息库，对各区、县河道治理的长期规划及案例数据的收集和建设进行考核。考核方案不仅要关注考核指标在下属河长办公室中的细化情况，还要关注考核指标在同级别其他部门的分配情况，根据最终任务执行的结果，评价河长制管理的实际效果。最后，建立反馈机制，根据考核结果，分析河长制执行过程中产生问题的原因，如果与治理方案设计有关，反馈到治理方案设计环节；如果与评估指标体系有关，反馈到指标体系构建环节；如果是因为考核目标过高，与实际情况不符，导致治理效果不理想，则反馈到考核目标设计环节，重新规划考核的总体目标。

三、完善考核内容与评价标准

（一）明确考核目标，完善考核评价方法

河长制的考核内容应更精确地体现在具体指标上。重塑问题导向的流程后，应选用科学的、更定量化的考核指标，以反映河长制治理的实际效果，从而监督基层河道治理工作

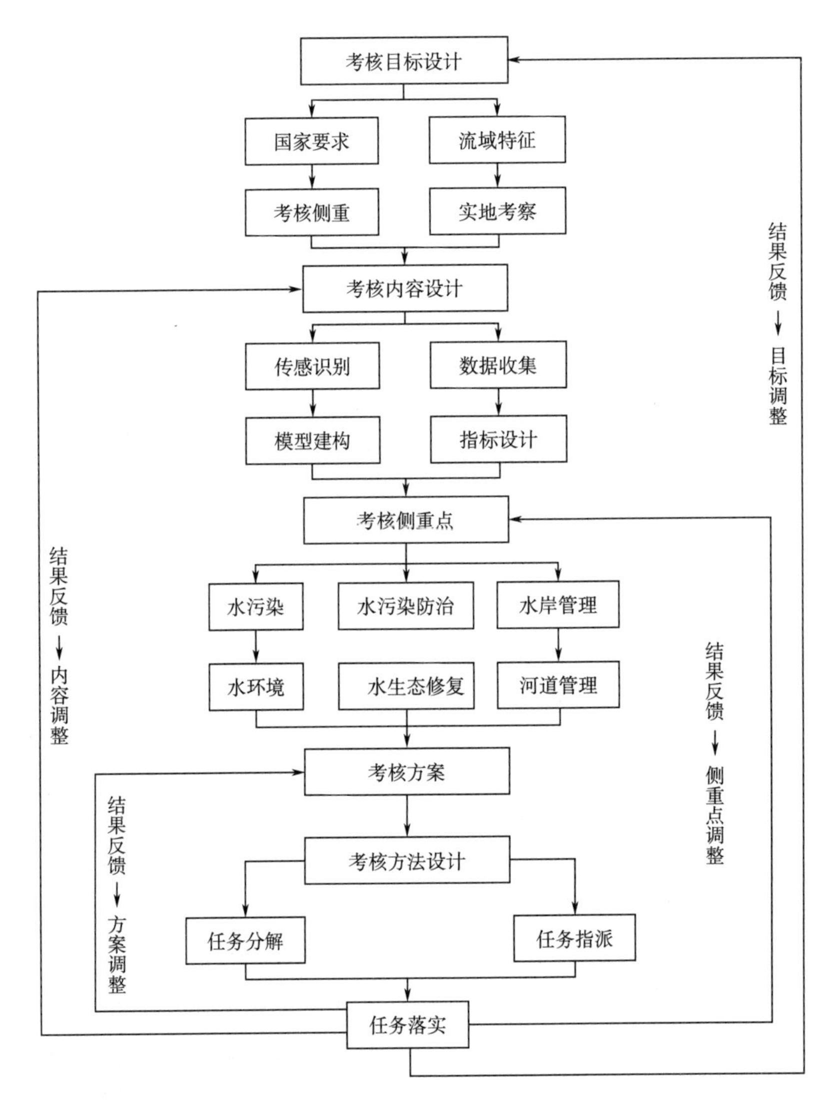

图 5-4　改进后的河长制考核流程

的效率。

首先，需要对评价指标内容进行完善。考核指标应根据实际情况进一步提炼，选择可以量化、可比较且客观、准确的指标作为考核内容。比如，在水资源保护方面，通常主要考核用水效率，高耗水行业的技术改造情况等，评价标准模糊，数据收集、获取和分析都比较困难。而改进后的评价，可以通过编制评分赋权表，对水资源开发、利用现状、水资源供需情况、用水效率情况进行整体的量化评价，从而提升考核指标的有效性和适应性。

其次，设定评价标准。以往河长制工作考核的评价标准通常采取百分比形式，根据目标完成度来进行评分。这种评价标准存在一些问题，如目标设定通常基于前一年的数据或省、市统一标准，限制了河道治理的灵活性，基于目标完成度的评分存在主观性，不能应对预料之外的问题，可以通过调整目标基数来提升完成度，激励行政长官迎合考核标准。因此，应选择更客观，更倾向于治理结果的指标和评价标准。

最后，更新考核方法。应采用更科学的评价方法，层层递进，分清主次，引导基层河长办公室的工作走上科学化的正轨。在本阶段的考核工作中，应首先考核对水质问题的识别能力，能否精确定位水质问题源头；然后考核所设定的水质问题解决方案的适应性，由市级领导部门组织专家对基层水质治理方案进行综合评估；最后考察治理结果是否达到预期标准。

（二）重构考核指标体系，提升考核的针对性

用更实际、更客观的指标取代以往的流程性考核指标，以水质合格的数据作为评价标准，替代过去基于主观目标的完成度评分标准，以层次性、重点突出的评价方法取代过去“扁平化”“全面化”的评价标准。

首先，通过参考文献、信息和其他省、市的考核标准，选择 33 个考核指标，如表 5-3 所示。并通过使用临界比值方法，去除其中显著性较低（$p>0.05$）的 11 个指标，最终获得 22 个指标。

表 5-3　初选指标临界比值法筛选表

指标	CR	P	指标	CR	P
水资源开发利用比	-3.328	0.004	排污口排放达标率	-1.732	0.027
V类水治理评分	-0.082	0.061	侵占河道情况评分	-2.219	0.038
城乡环卫一体化建设评分	-1.165	0.34	入河湖排污口整治数量	-1.19	0.1
城镇污水配套管网覆盖率	-1.503	0.201	生态需水量保证率	-3.188	0.004
垂钓治理评分	-1.382	0	水体污染物总量	-2.402	0.024
肥水一体化技术推广范围	-1.516	0.12	水土流失评分	-4.977	0
工业聚集区监测覆盖率	-0.485	0.09	水质保护设施完善度	-3.811	0.002
河道安全设施完整度	-0.212	0.004	水质指数	-5.166	0
河道采砂量	-4.382	0.001	水资源供需比	-1.654	0.015
河道工程设施完整度	-1.353	0.039	水自净能力指数	-5.949	0
河道巡查频次	-1.336	0.024	私渠引水数量	-5.099	0
河流富营养指数	-6.245	0	天然植被覆盖率	-2.949	0.01
河流生物多样性指数	-3.368	0.004	污水排放处理比	-1.897	0.022
河长制宣教活动次数	-2.368	0.304	用水效率	-4.082	0.001
垃圾漂浮物占比	-1.389	0.039	有机肥养殖补充协议签订率	-0.503	0.081
流域生态综合指标	-2.407	0.22	志愿者服务人数	-1.788	0.290
农村生活污水治理情况评分	-1.489	0.34			

其次，采用层次分析法，为所选指标进行赋权。由此得到评价河长制工作绩效的初选指标体系。

四、加强考核结果反馈

（一）提升考核与奖惩的联动性

河长制考核的最终目标是通过考核来促进河长制工作的提升，因此，考核结果的反馈是重点。

首先，为了优化考核流程并提升工作质量，需要加强问责机制，不能沿袭“重赏轻罚”的工作思维，需要将河长制考核与问责机制相结合，从而激发河长的工作积极性。

其次，需要准确地确定责任，在河长制工作调查过程中发现，许多县级、乡镇级河长办公室的工作模式是河长名义上的负责人，而实际工作则由其他办公室人员完成，以往的问责也总是转嫁到基层工作人员身上，这种情况严重影响了河长制的正常运作。因此，需要明确责任体系和分工机制，确保河长对其管辖区内的水环境管理和保护负全责，而其他河长办公室工作人员只对其自身的职责负责。

最后，对考核结果的反馈过程应该是常态化的、透明的。现阶段河长制的考核过程存在不透明、不公开的现象，在上级审查下级部门自我评估的结果之后，往往只下发审查结果，而不附带整改意见。这就导致下级部门难以掌握上级审查的判断标准，也无法通过整改意见来完善自己的工作。因此，在考核结果反馈过程中，应增加上级部门的指导环节，利用上级部门对宏观情况的准确掌握，帮助下级部门完善河长制的相关工作。

（二）优化考核反馈机制

改进后的考核反馈方案，由河长制工作领导小组统一调配相关资源，分别对区级、县级、乡镇级河长进行考核，如图 5-5 所示。

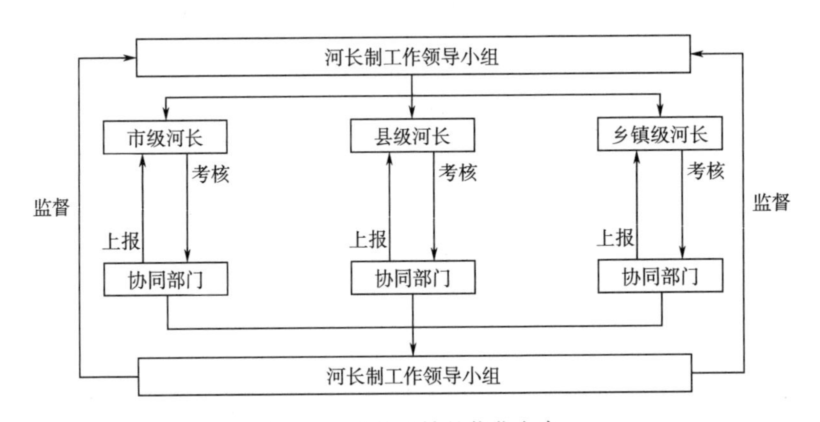

图 5-5　考核反馈的优化方案

各级河长办公室应组织并提交河道治理的成果。同时，同级的联合部门也必须向河长报告其协同工作的成果，并愿意接受考核。此外，可发挥社会公众的监督作用，通过在河长制工作领导小组中设立专门的公众举报热线或微信公众号等，听取公众的监督意见和建议。

参考文献

[1] 张治国．河长制考核制度的双重异化困境及其法律规制[J]．海洋湖沼通报，2023，45（6）：208-214.

[2] 鞠茂森，吴宸晖，李贵宝，等．中国河湖长制管理规范化与标准化进展[J]．水利水电科技进展，2023，43（1）：1-8，28.

[3] 吕志奎，詹晓玲．“两手发力”协同共治的制度逻辑：基于Y县河湖物业化治理的案例分析[J]．行政论坛，2023，30（4）：151-160.

[4] 鲁先锋．地方政府水环境治理的协同机制及实现条件——基于SX县水环境治理分析[J]．西北农林科技大学学报（社会科学版），2023，23（2）：127-137.

[5] 尹海龙，葛佳宁，徐祖信，等．我国河长制实施成效考核方法评估研究[J]．中国工程科学，2022，24（5）：169-176.

[6] 张敏纯．党政协同视阈下的河长制体系定位与制度优化[J]．中南民族大学学报（人文社会科学版），2022，42（9）：105-113，185.

[7] 吕志奎，钟小霞．制度执行的统筹治理逻辑：基于河长制案例的研究[J]．学术研究，2022（6）：72-77，177.

[8] 徐娟，马佳骏，邵帅，等．“河长制”能实现地方政府跨域间的协同治理吗——基于“碎片化治理”的视角[J]．南方经济，2022（4）：50-74.

[9] 颜海娜，刘泽森．从“九龙治水”到“一龙治水”？——水环境跨部门协同治理的审视与反思[J]．吉首大学学报（社会科学版），2022，43（1）：43-56.

[10] 颜海娜，郭佩文，曾栋．跨部门协同治理的“第三条道路”何以可能——基于300个治水案例的社会网络分析[J]．学术研究，2021（10）：67-74.

[11] 徐明庆，朱玉春．农户资本禀赋、参与治理与河长制治水绩效研究[J]．生态经济，2024（3）：1-17.

[12] 马鹏超，胡乃元，朱玉春．河长制对村域河流治理绩效的影响及作用机制[J]．西北农林科技大学学报（社会科学版），2022，22（3）：121-129.

[13] 马鹏超，朱玉春．设立村级河长提升农村水环境治理绩效了吗？——基于倾向得分匹配（PSM）的反事实估计[J]．南京农业大学学报（社会科学版），2022，22（1）：149-159.

[14] 颜海娜，彭铭刚，王丽萍．公众治水参与：绩效结果抑或过程驱动——基于S市926个样本的多层线性回归分析[J]．甘肃行政学院学报，2021（2）：61-70，126.

[15] 刘伟，范文雨．公益诉讼提升了城市的环境治理绩效吗——基于287个地级市微观数据的实证研究[J]．上海财经大学学报，2021，23（4）：48-62.

第六章

河长制下的泉州河流健康评估

第一节　河流健康评估意义与现状

一、河流健康评估意义

河流健康对人类发展极其重要，对人类生活的影响较深且范围较大。因各项河流健康问题的存在，为保护河流，监控河流的健康状态，相关区域的河流环境评估工作得到开展。传统意义上的河流环境评估是通过直接对水质情况进行考察，不关注生物、河岸情况等多重结构。随着时间的推移，人类对于河流环境状况有了进一步的认识。当前的河流已经相对于自然状况下的河流有了较大的偏移。自然状态下河流是各种水生生物生活的场所，与人类相关性较小，仅发挥水资源等极少部分功能。目前，世界大多数河流除了发挥供水功能以外，还发挥着发电、景观、养殖等诸多功能。由此可见，河流相关评价已经远远超越原有自然环境意义，其对人类经济社会也有着巨大的影响。因而对河流健康进行评价并以此制定相应管护措施，是维护河流健康和倡导可持续发展的必要举措。

国外对河流健康问题的关注起步较早，在 20 世纪 90 年代，美国、澳大利亚、南非、英国以本国的河流为基础，分别制定了河流健康评价的相关标准和方法。国内对河流健康问题的研究起步较晚，近几年才陆续开展，已有工作主要是在参考国外评估河流健康内容的基础上，又根据不同地区的实际情况加以调整，初步形成了具有一定数量规模的健康评价系统。但我国幅员辽阔，河流状况千差万别，基于此，适用于不同区域的河流健康评价体系往往有一定的差异性，因此，在特定区域研究一套实用性较强，适用该区域的河流健康评价指标体系，对河流管理工作，特别是河长制的实施具有十分重要的意义，能为流域内河流治理和修复提供必要的决策支持。

二、河流健康评估现状

（一）河流健康的基本内涵

1972 年，美国在《联邦水污染控制法令修正案》中首次提出河流健康，美国对河流健康的理解为保证河流的物理、化学、生物等生态完整性（俞娟，2022）。Schofield 等（1996）和 Scrimgeour 等（1996）认为河流健康就是河流保持自然状态，系统运转良好，能维持基本功能。随后，Meyer（1997）将社会价值引入河流健康，认为河流健康不仅包括完整的生态系统，还要兼具良好的社会服务功能。国内对于河流健康评估的起步稍晚，2002 年，唐涛等（2002）率先针对河流健康问题开展相关研究，将河流健康视为生态系统健康的重要参考，并呼吁我国学者关注河流健康。李国英等（2004）在黄河治理会议上指出维护黄河的生命功能就是维持黄河健康。之后对河流健康评价的讨论在我国开始陆续出现。董哲仁（2005）认为河流健康不是严格意义上的科学概念，而是一种河流管理的评估工具。赵彦伟等（2005）认为河流健康概念中体现了人类社会价值判断，应该把人类影响纳入河流健康评价中。以郭建威等（2008）为代表的长江水利委员会借鉴国外河流健康评价经验，根据长江实际情况，提出健康长江概念，并建立了5个状态层、14个指标层的评价体系，确定健康长江评价方法。吴阿娜（2008）对河流健康的定义重点关注系统健康，即能够维持其结构完整性，充分发挥其自然生态功能，并满足人类社会合理需求，提供相应的社会服务功能。由上可见，河流健康概念已经广泛运用到各种河流的健康评价中。与此同时，针对特定河流也有一定的研究。例如，赵彦伟等（2005）提出了适用于城市河流的评价体系，建立了模糊层次综合评价程序与模型。张文慧等（2010）在阐明农村河流健康内涵的基础上，从河流形态结构、河岸带、水文水质、水生生物、社会服务功能、河流管护6个方面，构建了适用于农村地区的河流健康状况评价指标体系。

（二）河流健康评价方法

目前对于河流健康的评价方法主要有三种，分别是模型预测法、生物指示法和综合多指标评价法。模型预测法主要是选取自然状态下或构建理想情况下的河流环境特征或物种组成，并将研究地的实测数据（O）与模型模拟的预测值（E）进行对比，O/E比值越接近于1，代表河流越接近于自然状态，健康状况越好（石瑞花等，2010）。生物指示法是利用对河流污染物较为敏感的指示性生物，常见的有藻类和鱼类、底栖动物等，通过对生物群落组成、物种丰度、多样性水平和优势水平观测来表征生态系统的完整性，进而评价河流健康状况（Lin et al.，2021）。目前生物指示法的研究主要集中在对多种群落的生态系统健康综合评估，避免单一指标带来的不确定性与误差（张炜华等，2021）。综合多指标法是通过事先确定评价标准和权重，其多具有层次结构，后在实际考察中对河流物理、化学、生态、社会服务等进行打分，最后把各项得分相加，得到河流健康评价结果。虽然综合指标评价法精度有所欠缺，但因为可操作性和综合性强，目前使用较多。

国外主要有以美国的生物完整性指数（Index of Biotic Integrity，IBI）、澳大利亚的溪流状态指数（Index of stream Condition，ISC）和南非的河流健康计划（River Health Programme，RHP）为代表的指标体系。我国在综合指标法上的研究通过主客观法对城市、农村的河流及区域典型性河流进行了较多评价，评价尺度囊括自然与社会服务等尺度。江苏省在2019年率先出台了地方标准《生态河湖状况评价规范》（DB 32/T 3674—2019），通过对水安全、水生物、水生境、水空间四个指标类型，12个指标含义和计算方法进行解释，以评价河流健康。水利部也于2020年发布《河湖健康评估技术导则》（SL/T 793—2020），其系统地提出了河湖健康评估原则与工作流程，河湖健康评估的指标、分级标准与评估方法，河湖健康调查监测，赋分评估与报告编制。标准提出的水文资源、水质、物理结构、生物、社会服务功能及河流健康评价的20个指标已经成为各地方河流健康评价的参考标准。在此基础上，各地相继出台或正在建设适合其行政区域内河流的健康的评价体系。例如，由湖北省河长制办公室、湖北省水利厅等共同起草的《湖北省河湖健康评估导则》（DB 42/T 1771—2021），在国家标准基础上根据地方特色涉及了水文水资源、物理结构、水质状况、水生生物状况、社会服务功能、管理状况 6 个方面 30 个指标，增加了诸如鸟类等指标和管护状况的准则层，反映了河长制下政府工作的重视。又如福建省参考《河湖健康评估技术导则》制定了《河湖（库）健康评价规范》（DB 35/T 2096—2022），从水文资源完整性、物理结构完整性、化学完整性、生物完整性、社会服务功能完整性 5 个方面制定了 19 个指标层，介绍了相关概念及计算方法，为福建省地方的河流健康评价提供了基本依据。

综合国内河湖健康研究进展可知，地方典型性河流的健康评价体系建设工作开展较少。且相关研究主要关注正常天气条件下的河流健康评价，极端特殊气候事件下的河流健康评价的差异性往往被忽略。泉州地处亚热带季风气候区，区域内山溪性河流（如晋江）发育，因此，制定适宜泉州市河流健康评估的评价体系，对泉州市河流在多种气候条件下的健康状态进行综合评估具有很强的必要性及应用性，可以在河长制下为加强河流健康标准化评估能力与监管能力提供科学依据。

第二节　河流健康评价体系构建

所谓气候正常，是指气候的变化接近多年的平均状况，比较合于常规和较适宜人类的活动和农业生产。

一、指标选取原则

构建指标体系是进行河流健康评价的基础，是评价河流健康最重要的参考。因为具体河流的环境情况很难以单一的指标进行评价，所以评价时应在遵循相应原则的基础上，尽量选取更多数量的指标。体系构建遵循以下原则：

科学性和简明性原则：指标要具有科学内涵，能够真实反映河流的生态状况，同时能够度量河流健康程度。河流评价的目的是河流管理，所以选取的指标要易于理解，简单明了。

整体性和层次性原则：鉴于河流是一个复杂的生态系统，要确保对河流各方面进行全面评价，保持河流健康的整体性。同时要根据概念的层级性质，进行层层包含，形成鲜明的层级关系。

可获取性和可操作性原则：选取过的指标需要能够以合理的统计学方法或科学的获取途径得到原始的可量化的数据。尽量选用生活中较为容易进行检测的指标。定量指标尽量使用地方统计部门发布的数据或者可以自己进行直接或间接计算。

定性和定量相结合原则：尽量选择可量化的指标，对社会功能状况和政府工作等指标，可采用定性描述进行评价，但也需要社会调查使之具有可靠性。

突出特殊气候环境评价的原则：突出应对突发事件的评价机制，增强河流在特殊事件中的稳定能力。

二、指标体系构建

（一）指标筛选及归类

在知网文献库中搜索 2000~2023 年有关河流健康的经典文献，包括中文核心期刊、CSCD 期刊、硕博论文总计 30 篇，对文献进行归纳研究，将文献中涉及的所有河流健康评价指标进行罗列归纳，发现 99%的评价指标可归入水文、水质、生物、物理结构、社会服务 5 个准则层。在统计过程中，对频次小于 3 次的指标进行舍弃。对相似的指标按名称及含义采用归一化处理，如将综合供水保证率、城市供水保证率、城镇公共事业用水满足率、居民生活用水满足率、农业用水满足率、饮水安全保证率归纳为供水保证率。最终提取到生态流量满足程度、流态—流速、流量变异程度、水量、地下水埋藏深度、水质达标率、溶解氧指标（DO）、水体中的磷含量（TP）、底泥污染、水体氨氮水平（NH_3-N）、化学需氧量（COD）、总氮（TN）、五日生化需氧量（BOD_5）、水质综合污染指数、富营养化程度、纳污能力、高锰酸钾指数（COD_{Mn}）、鱼类、底栖动物、浮游植物、浮游动物、珍稀水生生物、河流纵向连通性、植被覆盖率、河岸稳定性、河床稳定性、河道蜿蜒度、河岸护岸形式、河岸带宽度、栖息地状况、缓冲区、河道改变、倾斜程度、供水保证率、防洪达标率、水资源开发利用率、公众满意度、万元 GDP 用水量、航运、水功能区、河流管护、污水处理率、共 42 个指标，频次分类结果如表 6-1 所示。

表 6-1　初选指标统计表

准则层	指标层级出现频次
水文	生态流量满足程度（16）、流态—流速（10）、流量变异程度（8）、水量（7）、地下水埋藏深度（4）
水质	水质达标率（19）、DO（12）、TP（10）、底泥污染（10）、NH_3-N（9）、COD（8）、TN（5）、BOD_5（4）、水质综合污染指数（4）、富营养化程度（3）、纳污能力（3）、高锰酸钾指数（3）
生物	鱼类（17）、底栖动物（12）、浮游植物（11）、浮游动物（7）、珍稀水生生物（4）
物理结构	河流纵向连通性（23）、植被覆盖率（23）、河岸稳定性（15）、河床稳定性（15）、河道蜿蜒度（13）、河岸护岸形式（10）、河岸带宽度（9）、栖息地状况（8）、缓冲区（7）、河道改变（7）、倾斜程度（3）
社会服务	供水保证率（21）、防洪达标率（19）、水资源开发利用率（14）、公众满意度（8）、万元 GDP 用水量（7）、航运（6）、水功能区（5）、河流管护（5）、污水处理率（4）

（二）指标含义

（1）生态流量满足程度：河流生态流量是指维持河流生态系统的不同程度生态系统结

构、功能而必须维持的流量过程。对于常年有流量的河流，一般采用生态流量满足程度进行表征。生态流量满足程度高时，物种之间的相互作用和资源交换较为充分，生态系统处于相对平衡状态。如果生态流量满足程度低，会出现河流生态系统结构和功能遭受破坏，生态系统崩溃的可能。因而对生态流量满足程度进行评估是保证河流生物生存、繁衍，维持河流生态系统健康必要的途径，故对该指标进行选取。该指标对于数据充足程度要求较为严格，一般需掌握河流一周年内的流量数据。对于数据量充足的河流，采用汛期与非汛期日均流量占相应时段多年平均流量的百分比进行对照赋分。当数据搜集不满足条件时，可以采用河流水库下泄生态流量满足程度表征，在掌握河流生态流量的基础上，采用评价断面生态流量目标值满足天数，占评估总天数的百分比，来确定河流水库下泄生态流量满足程度，并通过对照赋分表进行打分。

（2）流态—流速：流态为水流的各种运动形态，流速是流体单位时间内经过的距离，指标数值可通过流速仪测定，反映水体的水质状况和自净能力。在流速与流态二者中，流速对生态系统的影响较强。较快的流速可能使河流中的污染物质稀释速度加快，不过也可能造成对河岸带的冲刷作用加强，侵蚀河岸，不同断面具有的较强的流速差异性可能使不同生境聚集更丰富的生物群落。不过，流速并非直接反映河流健康状况，还需要与其目标指标，如水质指标和物理结构指标相结合，进行完整评估。流态—流速一般以不同流域断面是否具有不同的流速判断河流是否具有多样性的物种生境，进而定性评估。

（3）流量变异程度：表示河流实测平均月径流量与天然月径流量的比值。一般由基准年逐月实测径流量与天然月径流量的平均偏离程度表达。可以用方差、标准差、变异系数、峰度表示。一般情况下变异系数越大，表示河流水量的不确定性越强，稳定性越弱。流量变异程度所需数据量以一年为周期，统计一年内 12 个月的流量，加入自然年份的数据综合求得，数据量较大，可操作性较弱，以汛期降水量占比指标进行替代。

（4）水量：代表河流流量大小，指示河流正常水量的满足程度，与生物生境大小、水资源管理、生态保护密切相关。大的水量一般可以为水生生物提供充足的生命空间与生命资料。小的水量则反映了河流可能受人类经济活动影响较大，压缩了水生生物的生活空间，改变了河流生态环境。对于水量的评价主要是根据河床、岸坡裸露状况进行定性评价。因其与生态流量满足程度所指示的目标类似，且因数量指标为定性评价，相比于定量评价的生态流量满足程度可靠性更强，因而舍弃水量指标而选择生态流量满足程度。

（5）地下水埋藏深度：指地下水位面与地表之间的垂直距离。表征了流域地下水丰富程度及地下水与河流的相互作用程度。地下水埋藏深度越浅，代表流域范围内地下水量越大，地下水资源越丰富，并且地下水与河流的水文联系也越紧密。因河流的水量补给有较大部分来自地下水补给，因而较浅的地下水埋藏深度有助于地下水对河流进行水量补给，维持河流生态系统的稳定性，对于维持河流的流量和水质的稳定具有较大的意义。而较深的地下水埋藏深度也意味着地下水位较低，可能导致河流的水量补给不足，影响河流生态环境。在指标选取时因埋藏深度在实际操作中获取较难，可操作性不强，因此在最终评价体系中难以将其纳入。

（6）水质达标率：是指某一河流的水质检测结果符合特定水质标准的比例或百分比，

一般评价水体水质状况需涉及溶解氧、pH、重金属等物理、化学指标，分为Ⅰ—Ⅴ类水，其中Ⅰ—Ⅲ类水属于水质较好的范围，故一般以Ⅲ类水为评价标准。通过设置多个采样点或设置多个采样时间，计算达到或超过水质标准的样品数量与总取样数量的比值，得到水质达标率。该指标也可反映某一地区的水质优劣程度，故在选取时以“水质优劣程度”为指标名称进行计算及相应赋分。

（7）溶解氧指标（DO）：反映了河水中氧气分子的存在数量，是水质评价中重要的一项指标。氧元素是植物与动物生长发育不可或缺的元素，河流有机污染的增强会使微生物及藻类大量繁殖，消耗水体中的氧分子数量，而高水平的溶解氧指数有助于维持鱼类、浮游生物及其他水生生物的生存。低水平的溶解氧则会导致水生生物缺氧，使生态系统崩溃。因此保持溶解氧维持在较高水平是控制有机污染的良好评估方法。除此以外，化学需氧量（COD）、五日生化需氧量（BOD_5）、高锰酸钾指数（COD_{Mn}）等四个指标具有类似的功能，因而将其进行综合，获得评价河流有机污染状况的“水体自净氧平衡能力”指标，能更为准确地反映水体的有机污染情况。

（8）水体中的磷含量（TP）：指水体中所有形态的磷的总量，包括有机磷与无机磷。过量的磷可能会使水体处于富营养化状态，导致水藻过度生长，进而增加氧气的消耗，破坏生态系统。较低的磷含量说明河流的富营养化程度较低，处于较为健康的水平。该指标作为单一元素的评估指标，主要出现在对河流水质评价中，因此在对河流的总体健康评价过程中暂时不考虑该指标。

（9）底泥污染：底泥是水体的重要组成部分，污染物通过大气沉降、废水排放、雨水淋溶与冲刷进入水体，最后沉积到底泥中并逐渐富集，使底泥受到污染（曹明弟，2007）。底泥较水体具有相对稳定的特点，因而能反映河流污染的平均状况，也可指示潜在的水污染压力。底泥污染具体指标设定仍在标准制定阶段，全国环保产业标准化技术委员会《受污染底泥调查分析》建议对河流的基本理化性质、营养物质、重金属、有机污染物进行全面测定，有条件的还可加入大小型底栖动物、藻类、微生物分析，在评价时作为一般指标进行评价。

（10）水体氨氮水平（NH_3-N）：作为总氮评价的一部分，表示水中溶解的游离氨和氨离子的总和。氨氮在水中具有较高的溶解性，容易被水体吸收，传递给水生生物。而高浓度的氨氮水平会使水生生物氨中毒、缺氧死亡。故健康的河流氨氮应保持在较低的水平。因氨氮指标同时具有氧平衡的指示性，考虑健康评价工作的烦琐性，故在指标选取时不选取该指标，而以“水体自净氧平衡能力”指标进行评估。

（11）化学需氧量（COD）：以化学方法测量水样中需要被氧化的还原性物质的量，能较快测定有机物污染参数。在特定的环境条件下，在水中加入强氧化剂，有机物会被快速氧化，此时统计的需氧量即为化学需氧量。所以化学需氧量又往往作为衡量水中有机物质含量多少的指标。化学需氧量越大，说明水体受有机物的污染越严重。在实际评价过程中，该指标可以通过网络数据查询到特定河流的参数，若没有相应数据量，可采用重铬酸钾测定法测定。化学需氧量作为河流有机污染的评估指标，可纳入评价标准中作为“水体自净氧平衡能力”的具体指标。

（12）总氮（TN）：代表河流中各种形式的氮元素的总和，包括氨氮、硝态氮、有机氮等。因氮元素是植物生长的必要元素，因此过量的氮含量可能导致水体富营养化，促进藻类过度生长，引起水华等生态问题。其来源主要是农业、工业、生活废水，因此对废水排放具有一定的指向性。但因为河流水体流动性强，富营养化程度相对水库、湖泊等较弱，因此在河流评价中一般不纳入该指标。在河流形成的水库或湖泊内进行总氮或总磷等的营养盐指标测定具有较强的可靠性。

（13）五日生化需氧量（BOD_5）：五日生化需氧量是衡量水体有机物污染程度的一个重要指标，表示五日内好氧微生物氧化分解单位体积水中有机物所消耗的游离氧的数量，单位为mg/L。五日的统计周期主要与五日内微生物有机物耗氧量达到明显高值有关。若BOD_5数值较高，代表河流的有机污染也较高，有可能导致水体富营养化问题。

（14）水质综合污染指数：水质综合污染指数是通过纳入多个对河流污染具有指示性的指标，进行综合评估。例如，DO、BOD_5、Hg、TP、TN都是评价综合污染指数的指标，采用水质综合污染指数可以对河流的各项污染指标进行全面的评估。不过更为综合的评估方式一方面可能带来指示性不强的问题，另一方面在水质参数选取方面没有实现标准化，因而在指标选取时放弃综合污染指数。

（15）富营养化程度：表示水体中营养物质浓度与水体生态系统的响应关系。根据《湖泊水库富营养化评价方法及分级技术规定》，一般囊括叶绿素a（Chla）、总磷（TP）、总氮（TN）、透明度（SD）、有机碳、溶解氧等几个指标。富营养化程度高，通常会造成水体营养物质过多，导致水生生物过度繁殖，水质恶化。工业、农业的污水富营养化程度较高，这通常与农业、工业污水排放量、处理程度密切相关。但因河水流动速度较快，水体更新速度较快，该指标通常用于水库水体的检测，因而在指标选择时不作为评价指标。

（16）纳污能力：水域纳污能力是指水体在一定条件下，对于某种污染物的容许排放量，表示该水体对污染物的承载能力。纳污能力包括水体对污染物的稀释能力和自净能力（劳道邦，2005）。水体的纳污能力受到多种因素的影响，如水量、水流速度、溶解氧（COD）、氨氮、高锰酸钾指数（COD_{Mn}）（路雨等，2010）。水体流量、流速大有助于稀释水体污染物，而溶解氧等水质指标则需要保持一定的阈值维持正常的纳污能力。因其具体要素与水文指标和水质指标重复，因此不选择它作为评价指标。

（17）高锰酸钾指数（COD_{Mn}）：指以高锰酸钾为氧化剂，处理水样时所消耗的氧化剂的量。高锰酸钾指数对河流有机污染物浓度的指示性较强，较高的高锰酸钾指数说明水体中的有机污染物浓度高，河流水质差。反之亦然。因此高锰酸钾指数可以指示河流的水体自净氧能力，可作为具体指标纳入“水体自净氧能力”指标。

（18）鱼类保有指数：一般根据统计河流中鱼类的现有数量与基准年的鱼类数量，两者进行比较，得到鱼类保有指数。鱼类保有指数最初在河流健康评价生物指示法中运用较广，因鱼类对河流生态环境具有敏感性，因而利用鱼类种数在时间上的变化程度可以评价河流的水质状况。在河流健康综合多指标评价法中，鱼类保有指数也可作为生物指标评价河流健康水平，因此在指标选取时作为主要指标进行保留。

（19）底栖动物：底栖动物指全部或大部分时间生活于水体底部的水生动物群，如大小型底栖动物等。底栖动物也是河流健康评价的指标。底栖动物对底泥、水体水质具有敏感性，其多样性反映了水体的生境多样性，底栖动物种类越多，说明河流污染越小，越接近自然状况。底栖动物在水体中分布较为分散，统计时面临样本是否完整的问题，统计工作量较大。另外，其指示性与鱼类指数类似，因此该指标为备选指标纳入评价体系。

（20）浮游植物：浮游植物作为生态学概念，通常是表示水体中以浮游生活的植物，如各种藻类。浮游植物通常通过两种统计指标反映水体健康，一方面，其种类多样性通常指示河流的生境多样性，浮游植物的种类越多，说明水体容纳生物多样性的能力越强；另一方面，浮游植物对水质敏感性较强，其密度情况则指示了水体的富营养化程度，浮游植物的密度越大，说明水体富营养化程度越高，有机污染越严重。但浮游植物在河流健康评价中使用频率较低，河流属于动态水流，相较于湖泊、水库中的浮游植物，河流中的浮游植物存在数量较少，评价准确性和指示性意义较小，因此在河流健康评价中作为备选指标纳入评价体系。

（21）浮游动物：浮游动物是经常在水中浮游，本身不能制造有机物的异养型无脊椎动物和脊索动物幼体的总称。其与浮游植物类似，以丰度和密度指示了水体水质状况，但因河流流动性强等特点，河流中的浮游动物数量较水库和湖泊少，因此在单独的河流健康评价中作为备选指标纳入评价体系。

（22）珍稀水生生物：珍稀水生生物针对评价地的所有水生生物，以珍稀性进行衡量的水生物种，包括珍惜水生植物、两栖动物、鱼类等。珍稀水生生物物种数量越多，说明生态系统越接近自然状态，水体的健康程度越高。但各地的生态系统环境不一，珍稀水生生物标准具有差异性，因此该指标的标准不一，在河流健康评价时，有可操作性能力的评价团队可进行详细研究，在体系构建时作为备选指标纳入评价体系。

（23）河流纵向连通性：河流纵向连通性属河流物理结构评价指标，是指在河流生态系统内生态元素在空间结构上的纵向联系，反映了大坝、水闸、水电站等人工设施对河流纵向连通的干扰情况。因河流作为一种生态系统，是诸多生物生活的场所，水利水电设施的修建会改变生物的生活环境，阻止鱼类的正常洄游，对水生生物寻找食物、繁殖造成影响。除此以外，水坝等水利设施的修建还会阻挡上游的泥沙输送，使原有的河流营养物质的输送减少，因而可以认为纵向连通性可以表示河流偏离自然状态的程度。连通性越高，说明河流越接近于自然状态，健康程度越高，反之亦然。因此综合评价体系选取了河流纵向连通性指标。

（24）植被覆盖度：植被覆盖度表示河岸带，即河湖水域与相邻陆地生态系统的植被覆盖面积，包括乔木、灌木和草本，但水利工程管理范围除外。植被覆盖度作为物理结构，是河流健康评价的重要指标之一。较高的植被覆盖度使河岸带具有较高的稳定性，减缓河流对岸坡的侵蚀。另外，因植物生长发育需要一定的盐类，所以较高的植被覆盖度还可以吸收、过滤河水中的营养盐和污染物，达到净化水质的目的。植被覆盖区还可以为河流两栖生物提供栖息地，维持生物结构稳定。除此以外，河岸植被还可以提供遮阴效果，降低河流水温。因而可以认为较高的植被覆盖度使河流生态系统更接近自然状态，河流更健康，因此选取该指标作为主要评价指标。

（25）河岸稳定性：河岸带是陆地系统与水域系统之间的过渡带（夏继红，2004）。河岸稳定性代表河流河岸带抵抗水流侵蚀的能力。河岸稳定性越高，说明河流的河岸带越稳固，河流物理状况越稳定，进而使其他各指标也较为稳定。在具体评价时，河岸稳定性一般为定性评价，澳大利亚的 ISC 导则（Ladson et al.，1999），将其分为五种评价标准。但定性评价因与评价人的素质、观察角度等个人主观情况相关性较大，因而评价结果的科学性和准确性有差异，因此河岸稳定性作为备选指标纳入最终评价体系。

（26）河床稳定性：与河岸稳定性类似，河床稳定性是评估河床受侵蚀或淤积程度的指标。其与评价人员主观性相关性较大，且因河床处于水体以下，在河流浊度较高或河床出露面积较小时难以进行现场评价，因而其可操作性不强，在最终评价体系中作为备选指标。

（27）河道蜿蜒度：河道蜿蜒度即河道的弯曲程度，其与河流的水深、流速及河岸稳定性相关。一方面，一定的弯曲度有利于维持水流的稳定性和生态多样性；另一方面，河道弯曲程度过大，容易促使泥沙淤积，改变水生生物原有生境。因此可以认为具有一定适中蜿蜒度的河道是最健康的。在实际计算过程中，河道蜿蜒度的测量有目视判读、实地测量、卫星影像测量等方法，但有着操作难度大、河段选取标准不一等问题，在实际操作中可操作性不强，因此不将该指标纳入评价体系。

（28）河岸护岸形式：河岸护岸形式是指河流为防止河水侵蚀和岸坡崩塌而具有的不同类型的岸坡。一般情况下，河岸主要有人工河岸及自然河岸。人工河岸即人为修建的河流护岸类型，如混凝土护岸、块石护岸等，其对河岸加固作用明显，但会破坏水生生物生活环境。自然河岸一般是以保证河岸自然状态为目标的生态护岸形式，通过采用适宜的植物和自然材料进行护岸。因在实际评价中，护岸形式的赋分标准难以确定，且其评价目标与植被覆盖度有重合，因此在指标选取时，不将该指标纳入河流健康评价指标体系。

（29）河岸带宽度：河岸带具有调节水流、调蓄洪水、缓冲污染等功能，因而需要达到一定的宽度才具备相应的生态调控功能。但不同国家的具体的河岸带宽度标准不一，我国的健康河岸带宽度并没有统一的参考标准，夏继红等提出河岸带最小、最大和最优的不同宽度要求，可以作为河流健康评价的参考依据，但因其数学模型复杂，在综合多指标评价中可操作性不强，因此不将该指标纳入健康评价体系。

（30）栖息地状况：栖息地状况评价一般涉及指标较多，通常以间接评价为主。例如，通过水闸、水坝数量评估河流连通性指数，通过水质评价评估栖息地水质污染状况。因此可以认为栖息地状况评价与河流健康评价的目标一致，秉持科学性与简明性原则，在指标选取时不将该指标纳入健康评价体系。

（31）缓冲区：在林学中，缓冲区被认为是为保护作业区域内溪流、湖泊、湿地等水环境在水体周边划定的不应采伐、机械不可进入的森林地段，或由于经营作业考虑而保留的森林地段。在具体评价中，对缓冲区的评价设计缓冲区类型、缓冲区宽度，因而可以认为其评价内容与植被覆盖度具有相似性，因此在指标选取时不进行选取。

（32）河道改变：河道改变是在时间尺度上，对河流河道物理结构状况的评估，如对河流水流速度、连通性等的评价。它作为一类多要素评价指标，适用于长时间尺度上对河流物理结构变化的评估，以作为河流修复的依据，其要素指标与健康评价多个指标具有重复性，因此根据简明性原则，在健康评价时不纳入评价体系。

（33）倾斜程度：河岸倾斜程度代表河岸带平面冲刷后形成的角度。一般情况下岸坡坡度越小，河道两侧在降水时形成的水流比降越小，侵蚀能力越弱，河岸越稳定。但倾斜程度指标在实际使用过程中频率较低，可能与不同河段倾斜程度差异大，整条河段综合评价时，综合倾斜指数较难确定有关，因此在健康评价时不纳入评价体系。

（34）供水保证率：供水保证率是供水工程能满足人民正常生活所需用水的能力，是社会服务功能的重要指标，因河流通常作为最重要的供水资源，其供水保证能力关系到流域内居民的正常生活。供水保证率高，说明当地河流地表水资源充足，河流水量充足且稳定，社会正面影响较好，反之亦然。因此供水保证率作为重要指标纳入评价指标体系。

（35）防洪达标率：防洪达标率指河流达到防洪标准的堤防长度占防洪要求的堤防总长度的比例。防洪达标率是河流社会服务功能评估的重要指标，合格的防洪达标率是保证河流两岸居民生命及用地安全的基础。在防洪达标率评价中，对防洪达标堤防长度进行评价可以达到定量评价的目的，使评价结果更具有可信度和准确性，因此将其纳入河流健康评价体系。

（36）水资源开发利用率：水资源开发利用率代表供水量与总水量的比值衡量，通常代表某一地区的水资源利用和管理程度。在河流健康评价中，通常使用地表水资源量进行相应评估。较高的水资源开发利用率说明当地河流用水负担过重，很有可能会引起严重的水资源和水环境危机。因此水资源开发利用率是重要的河流健康评价指标。因水资源开发利用率同时属于水文要素，因此在实际评价体系建设中，将该指标纳入水文指标。

（37）公众满意度：公众满意度是反映公众对河流自然及水文状况、水质状况、生态特征、河流景观的满意程度，结果通常以问卷调查形式获得，并通过问卷结果进行健康程度赋分。其直接与公众进行双向互动，获取第一手资料，是社会服务功能评价指标中的重要指标，因此将其纳入评价体系。水体感官指标的评价在公众满意度中进行。

（38）万元 GDP 用水量：万元 GDP 用水量代表研究区经济用水效率，体现综合经济用水水平。较低的万元 GDP 用水量，可以说明评价地区生产单位产值的 GDP 所需要的用水量少，水资源利用率较高，有利于河流水资源的保护及可持续发展。因此该指标在河流健康评价中较为重要，在指标选取时将其纳入最终健康评价指标体系。

（39）航运：航运指标通常用通航保证率进行反映，其通过对河流水位、水深等指标进行统计，对比该河段通航航船规格，计算该河流自然条件对航船航行的保证能力。该指标涉及统计咨询项目较为复杂，可操作性差，因此不纳入健康评价体系。

（40）水功能区：水功能区指为满足人类对水资源合理开发、利用、节约和保护的需求，根据水资源的自然条件和开发利用现状，按照流域综合规划、水资源保护和经济社会发展要求，依其主导功能划定范围并执行相应水环境质量标准的水域。水功能区种类较多，评价涉及的指标较复杂，与公众满意度评价有重合，因此秉持简明性原则，不纳入健康评价体系。

（41）河流管护：河流管护是河流管理工作的工作重点，在河长制实行的环境下，根据河段相应负责人的巡查频次完成度进行打分。巡查频次高说明对河流健康维护工作重视，河流健康问题发生频率也会呈现相应减少态势，具体泉州境内河流管护状况巡查意见可参考《福建省河长制规定》。因其指示性强，可操作性强，因此将其纳入健康评价体系。

（42）污水处理率：污水处理率是指经过处理的生活污水、工业废水量占污水排放总量的比重。其大小关系流域居民生命健康及河流水质污染，进而影响河流健康。污水处理率在前人研究中出现频率较低，可能与数据搜集较难、可操作性较弱有关，因此不将其纳入评价体系。

（三）选取指标及计算方法

1. 水文

（1）水资源开发利用率：地表供水量与流域地表水资源量的比值，如式（6-1）所示，统计周期为一自然年。

$$WRU=\frac{WU}{WR}\times 100 \tag{6-1}$$

式中：WRU——水资源开发利用率，%；

WU——流域地表水供水量，$10^4 \cdot m^3$；

WR——流域地表水资源量，$10^4 \cdot m^3$。

（2）生态流量满足程度：采用生态流量满足程度进行计算，需进行一年周期内的河流流量数据检测。统计生态流量满足天数，与评估年总天数进行相比，得到结果，如式（6-2）所示。统计周期为一自然日。

$$EBFI=\frac{D_m}{D}\times 100 \tag{6-2}$$

式中：EBFI——水库下泄生态流量满足程度，%；

D_m——评估生态流量目标值满足天数，天；

D——评估年总天数，天。

（3）流态—流速：流态是水流的流动形态；流速为流体单位时间内经过的距离，单位为 m/s；统计周期为实时。

2. 水质

（1）水质优劣程度：表征河流水质状况，评价依据 SL 395—2020 规定。统计周期为实时。

（2）水体自净氧平衡能力：通过溶解氧、化学需氧量、五日生化需氧量、高锰酸钾指数指标评价水体的有机污染程度。评价指标按照 GB 3838—2002 要求。统计周期为实时。

（3）底泥污染指数：具体底泥污染评价指标可以根据仪器条件进行选取，可参照《受污染底泥调查分析》。具体污染指数可采用内梅罗法进行计算，如式（6-3）所示。统计周期为实时。

$$P_{综}=\sqrt{\frac{(\overline{P})^2+P_{imax}^{\ 2}}{2}}$$

$$\bar{P} = \frac{1}{n}\sum_{i=1}^{n} P_i \tag{6-3}$$

式中：$P_{综}$——底泥综合污染指数；

$\bar{P}$——所有污染指标的平均污染指数；

$P_{i\max}$——所有污染指标中污染指数最大值。

3. 生物

（1）鱼类保有指数：鱼类生存对栖息地水生态环境有一定要求，故鱼类保有指数在一定程度上能够反映河流水质状况，如式（6-4）所示。鱼类种类统计方法可以使用线下访谈或 eDNA 宏条形码技术。对于没有历史数据的河流，可以使用生态环境较好的河段替代 FE 指标。统计周期为一自然年。

$$\mathrm{FOEI} = \frac{\mathrm{FO}}{\mathrm{FE}} \times 100 \tag{6-4}$$

式中：FOEI——鱼类保有指数，%；

FO——评价河流的鱼类总数，种；

FE——30 年前评价河流的鱼类种类数量，种。

（2）浮游植物：可用 Shannon-Wiener 多样性指数反映，如式（6-5）所示。

$$H' = -\sum_{i=1}^{r} [(P_i)(\ln P_i)] \tag{6-5}$$

式中：H'—— Shannon-Wiener 多样性指数；

P_i——第 i 个物种在全体物种中的数量比例。如以个体数量而言，设 n_i 为第 i 个物种的数量，N 为总个体数量，则有 $P_i = n_i/N$。

（3）浮游动物：同（2）浮游植物的计算方法。

（4）底栖动物：同（2）浮游植物的计算方法。

4. 物理结构

（1）河流纵向连通性：河流系统内生态元素在空间结构上的纵向联系，反映水利工程建设对河流纵向连通的干扰状况，如式（6-6）所示。统计周期为一自然年。

$$W = \frac{N}{L} \times 100 \tag{6-6}$$

式中：W——河流纵向连通性指数，%；

N——河流的断点或节点等障碍物数量（已有过鱼设施的不计入统计范围内），个；

L——河流的长度，km。

（2）植被覆盖度：河岸带植被附带指数，反映岸线偏离自然状况的程度，如式（6-7）所示。统计周期为实时。

$$\mathrm{PC_r} = \sum_{i=1}^{n} \frac{L_{\mathrm{vc},i}}{L} \times \frac{A_{\mathrm{c},i}}{A_{\mathrm{a},i}} \times 100 \tag{6-7}$$

式中：$\mathrm{PC_r}$——岸线植被覆盖度，%；

$L_{\mathrm{vc},i}$——岸段 i 的长度，km；

L——评价岸段的总长度，km；

$A_{c,i}$——岸段 i 的植被覆盖面积，km^2；

$A_{a,i}$——岸段 i 的岸带面积，km^2。

（3）河岸带稳定性：按照河岸受侵蚀程度进行目视判读，参考 ISC 评价标准，进行定性打分及评价。

（4）河床稳定性：按照河床受侵蚀程度进行目视判读，参考 ISC 评价标准，进行定性打分评价。

5. 社会服务功能

（1）河道供水保证率：河流能保证稳定供水的能力，如式（6-8）所示。统计周期为一自然年。

$$WSI = \frac{\sum_{i=1}^{n}(W_i P_i)}{\sum_{i=1}^{n} W_i} \times 100 \tag{6-8}$$

式中：WSI——供水保证率，%；

n——河流供水工程总个数，个；

W_i——河流第 i 个供水工程日平均供水量，m^3/d；

P_i——第 i 个供水工程的保证率（现状用水量与规划用水量的比例），%。

（2）河道防洪达标率：防洪标准的堤防长度占有防洪要求的堤防长度的比例，如式（6-9）所示。统计周期为一自然年。

$$FDRI = \frac{RDA}{RD} \times 100 \tag{6-9}$$

式中：FDRI——河流防洪达标率，%；

RDA——河流达到防洪标准的堤防长度，m；

RD——河流有防洪要求的堤防总长度，m。

（3）河道管护：河长制下对河流河道的巡查管理状况。计算方法可以有如下两种，其一为与河长制办公室沟通，参考《福建省河长制规定》，以相关负责人员实际巡查频次除以应巡查频次。其二是实地走访统计，设置河道沿岸调查点，且调查点之间有一定距离，统计各走访中没有环境污染问题的数量，并除以调查点总数，得到巡查完成度，周期不限，具体计算公式可参照式（6-10）、式（6-11）。

$$PC = \frac{P}{S} \times 100 \tag{6-10}$$

式中：PC——巡查完成度，%；

P——实际巡查频次，次；

S——应巡查频次，次。

$$PC = \frac{PX}{T} \times 100 \tag{6-11}$$

式中：PC——巡查完成度，%；

PX——未发现问题点位数量，个；

T——总考察点位数量，个。

（4）公众评价：公众对河流水质、水量、水生态环境、社会景观舒适性、观赏性的满意程度，采用公众调查方法评价。统计周期不限，总调查人数宜大于 100 人。

6. 脆弱性指标

生态系统脆弱性是由多种因素综合作用引起的，从外界威胁的程度、自我保护的能力与受到破坏后的恢复力三方面考虑。一般习惯将脆弱性划分为暴露性、易损性和恢复力（李剑锋等，2022）。河流作为一种生态系统，其生态脆弱性即河流遭受外界破坏的程度，常用的指标如降水量、垦殖率。易损性即河流在遭受外界干扰时的抗干扰能力，如坡度、植被覆盖度。恢复力指的是河流在遭到外力干扰作用时再恢复到自然程度的能力，如土壤有机质和植被初级生产力。要保持恢复力，需保证破坏力不超过生态系统的生态环境承载力。将脆弱性评价纳入河流健康评价，有助于评价河流应对极端事件的承受能力，从而制定策略进行重点预防。遵循整体性的选取原则，设置自然敏感度、社会压力、经济因素三个准则层，选取汛期降水量占比、水资源供需比、人均水资源量、万元 GDP 用水量进行脆弱性评价。

7. 自然敏感度

汛期降水量占比：汛期降水量与年降水量的比值，代表河流水量对汛期降水的依赖程度，如式（6–12）所示。若汛期降水量占比过大，说明河流水量保持对汛期降水的依赖程度高，河流抗击偶然事件或极端年份旱涝灾害的能力相对较弱，对水利工程和应急供水措施的要求越高。统计周期为一自然年。

$$\mathrm{APCA}=\frac{\mathrm{FSA}}{\mathrm{AP}}\times 100 \tag{6-12}$$

式中：APCA——汛期降水量占比，%；

FSA——汛期降水量，mm；

AP——年降水量，mm。

汛期时间与评价区域有关，一般是 4~10 月，可查阅当地水资源公报年降水量指标进行确定。

8. 社会压力

人均水资源量：流域水资源总量与总人口数的比值，表示人均占有水资源量的多少，是衡量水资源供应能力的指标，如式（6–13）所示。人均水资源量大的区域供水能力也较强，水资源问题较小。统计周期为一自然年。

$$\mathrm{AWR}=\frac{\mathrm{WR}}{P} \tag{6-13}$$

式中：AWR——人均水资源量，万 m^3；

WR——流域水资源总量，万 m^3；

P——流域内人口总数，人。

9. 经济因素

万元 GDP 用水量：代表研究区经济用水效率，体现综合经济用水水平。计算公式为总用水量除以流域 GDP 总量，如式（6-14）所示。若流域尺度下 GDP 统计不便，可用流经地区县区 GDP 数据替代。统计周期为一自然年。

$$GWC=\frac{WC}{GDP} \tag{6-14}$$

式中：GWC——万元 GDP 用水量，吨/万元；

WC——总用水量，m^3；

GDP——流域内 GDP 总量，万元。

（四）评价标准确定

河流健康评价依赖精确的指标统计，在设置健康指数分级时需要参考国家、地方标准和相关文献以及专家咨询等。设计河流健康指数时，一般划分为五个等级，健康等级标准如表 6-2 所示。

表 6-2　河流健康评价等级

河流健康指数（RHI）范围	评价分级	含义
85≤RHI<100	非常健康	系统结构非常完整、恢复快、功能完善、稳定性佳
70≤RHI<85	健康	结构功能完整，遭到破坏后能较快恢复
60≤RHI<70	亚健康	系统无明显问题，适应能力有所退化，介于健康与疾病间的临界状态
40≤RHI<60	不健康	系统恢复力弱，丧失大部分功能
0≤RHI<40	病态	系统丧失功能，结构功能完全崩溃

具体指标的赋分标准设置示例如下。

1. 水文

水资源开发利用率：一般在 40%以下为合格，小于 20%即达到满分状态。赋分标准设置示例如表 6-3 所示。

表 6-3　水资源开发利用率赋分表

指标	指标分级阈值及赋分					
水资源开发利用率（%）	≤20	≤30	≤40	≤50	≤60	>60
赋分	100	80	60	40	20	0

生态流量满足程度（EBFI）：为维持河流生态系统的功能、结构，需保证某一时段河流流量符合多年平均流量的一定比例。赋分标准设置示例如表 6-4 所示。

表 6-4　生态流量满足程度分级赋分表

EBFI（%）	≥95	85<EBFI<95	75≤EBFI<85	65≤EBFI<75	60≤EBFI<65	<60
赋分	100	80	60	40	20	0

流态—流速：统计河流各断面流速差异情况，参考 RBPs（美国快速生物评估协议）导则，可以进行定性评价，赋分标准设置示例如表 6-5 所示。

表 6-5　流态—流速赋分表

指标	指标分级及赋分				
流态—流速	两头通，具有一定流速，各断面流速不均	两头通，流速较均匀	两头通，各断面流速无变化	河流一头通，水体流动受阻	水体不流动，与其他河流隔离，断头浜
赋分	100	80	60	40	20

2. 水质

水质优劣程度：参照 SL 395—2020 规定进行评估，检测值取相关观测站所测得水质指标。赋分标准设置示例如表 6-6 所示。

表 6-6　水质赋分表

水质优劣程度（%）		赋分
Ⅰ—Ⅱ类水质比例≥90		100
Ⅰ—Ⅲ类水质比例≥90		90
Ⅰ—Ⅲ类水质比例≥75		80
Ⅰ—Ⅲ类水质比例<75	劣Ⅴ类比例<20	60
	20≤劣Ⅴ类比例<30	40
	30≤劣Ⅴ类比例<50	20
劣Ⅴ类比例≥50		0

水体自净氧平衡能力：评价水体有机污染程度，选取溶解氧、化学需氧量、五日生化需氧量、高锰酸钾指数指标。化学需氧量和五日生化需氧量的变化范围不大，因而赋分区间较小，当四个指标共同满足同一列条件时，即按照 GB 3838—2022 的要求，取相应的分值。赋分标准设置示例如表 6-7 所示。

表 6-7　水体自净氧平衡能力赋分表

指标（mg/L）	赋分标准				
	100	80	60	30	0
溶解氧（DO）	≥7.5	≥6	≥5	≥3	≥2

续表

指标（mg/L）	赋分标准				
	100	80	60	30	0
化学需氧量（COD）	≤15	≤15	≤20	≤30	>40
五日生化需氧量（BOD_5）	≤3	≤3	≤4	≤6	>10
高锰酸盐指数（COD_{Mn}）	≤2	≤4	≤6	≤10	≤15

若各指标不能统一，可进行均值赋分，如式（6-15）所示。

$$OB = Average(DO, COD, BOD_5, COD_{Mn}) \tag{6-15}$$

式中：OB——均值氧平衡能力评价得分。

赋分标准设置示例如表 6-8 所示。

表 6-8　指标分级阈值及赋分区间

指标	指标分级阈值及赋分区间					
评价得分	≥90	≥80	≥60	≥40	≥20	<20
赋分区间	≥80	≥65	≥50	≥30	≥15	<15

底泥污染指数：由于无对应标准，底泥平均污染指数的评价标准可参照现行标准《土壤环境质量标准》（GB 15618—1995），划分为 5 个健康区间。赋分标准设置示例如表 6-9 所示。

表 6-9　底泥污染指数赋分表

指标	赋分标准				
底泥平均污染指数	<0. 1	0. 1~0. 3	0. 3~0. 5	0. 5~1	>1
赋分	100	80	60	40	20

3. 生物

鱼类保有指数：通过水体 DNA 检测，进行当今鱼类种类确定，通过文献查阅、现场访谈，获得近年来鱼类种类数据，两者进行对比获得鱼类保有指数。赋分标准设置示例如表 6-10 所示。

表 6-10　鱼类保有指数赋分表

指标	指标分级及赋分区间					
鱼类保有指数（%）	100	85	75	50	25	0
赋分区间	100	80	60	30	10	0

浮游植物：参考香农多样性指数。赋分标准设置示例如表 6–11 所示。

表 6–11　浮游植物赋分表

指标	指标分级阈值及赋分					
香农指数	≥2.5	(2.5，2.0]	(2.0，1.5]	(1.5，1.0]	(1.0，0.5]	<0.5
赋分	100	80	60	40	20	0

浮游动物：同浮游植物赋分标准设置。

底栖动物：同浮游植物赋分标准设置。

4. 物理结构

河流纵向连通性：河流纵向连通性表达了河道通畅与否的情况。纵向连通是其能量与营养物质的传递鱼类等生物迁徙的基本条件，故而连通性障碍物数量越少，连通性越高。赋分标准设置示例如表 6–12 所示。

表 6–12　河流纵向连通性赋分表

河流纵向连通性	指标分级阈值及赋分				
连通性（W）	0	≤1	≤2.5	≤5	>5
赋分	100	80	60	40	20

植被覆盖率：表征河流贴近自然的状况，以植被覆盖率来计算，重点评价河岸带陆地范围内的乔木、灌木和草本植物的覆盖状况，采用的卫星影像，沿水体周边选取不少于 50 个点，通过目视判读获取每个点的植被覆盖率，平均后得到整个水体的植被覆盖率。赋分标准设置示例如表 6–13 所示。

表 6–13　植被覆盖率赋分表

指标	指标分级阈值及赋分					
植被覆盖率（%）	>90 覆盖极好	(75，90] 覆盖较好	(40，75] 覆盖一般	(10，40] 覆盖较差	(0，10] 覆盖极差	0 无植被覆盖
赋分	100	95	75	50	25	0

河岸带稳定性：表征河岸抗水流侵蚀、抗人工干扰的能力。采用定性评价的方法，可划分为五个等级进行参照打分。赋分标准设置示例如表 6–14 所示。

表 6-14　河岸带稳定性赋分表

指标	指标分级及赋分区间				
河岸带稳定性	河岸稳定，无明显侵蚀	河岸稳定，少量区域存在侵蚀	河岸较不稳定，中度侵蚀	河岸不稳定，明显侵蚀，洪水时存在风险	河岸极不稳定，极度侵蚀
赋分	100	80	60	30	10

河床稳定性：表征河床裸露性和淤积化程度。赋分标准设置示例如表 6-15 所示。

表 6-15　河床稳定性赋分表

指标	指标分级及赋分区间				
河床稳定性	河床无明显的侵蚀或淤积，河床稳定	河床有一定的侵蚀或淤积，河床较稳定	河床中等程度的退化或淤积，河床较不稳定	河床存在较严重的冲刷或淤积	河床严重退化或淤积，极不稳定
赋分	100	80	60	30	10

5. 社会服务功能完整性

河道供水保证率：河道供水稳定是保证用水安全的重要保证，对晋江流域整体范围内的总供水工程供水保证率进行统计可以评估整个河段的供水总体情况。赋分标准设置示例如表 6-16 所示。

表 6-16　河道供水保证率赋分表

指标	指标分级及赋分区间				
供水保证率（%）	≥95	≥90	≥85	≥80	<80
赋分	100	80	60	30	10

河道防洪达标率：河道防洪达标率反映了河道抗洪水影响的抗风险能力，达标率要求相对较高，表明河流防洪要求较高。赋分标准设置示例如表 6-17 所示。

表 6-17　河道防洪达标率赋分表

指标	指标分级及赋分区间				
防洪达标率（%）	>95	>90	>85	>80	≤80
赋分	100	80	60	40	20

管护状况：反映河长制下的河流监管巡查强度，可参考国家标准及各省相关文件（如《福建省河长制规定》），在一定巡查完成度情况下，可根据实际观察状况进行赋分。赋分标准设置示例如表 6-18 所示。

表 6-18　管护状况赋分表

指标	指标分级及赋分区间				
河道管护巡查完成度（%）	≥90	≥85	≥75	≥60	<60
赋分	≥75	≥50	≥25	>0	0

6. 脆弱性评价

汛期降水量占比：汛期降水量占比越大，说明发生洪涝灾害的概率越大。赋分标准设置示例如表 6-19 所示。

表 6-19　汛期降水量占比赋分表

指标	指标分级及赋分区间				
汛期降水量占比（%）	≤60	(60，70]	(70，80]	(80，90]	(90，100]
赋分	100	60	40	20	0

人均水资源量：人均水资源量是正向指标，人均水资源量越大，可支配水量越多，抗风险能力越强。赋分标准设置示例如表 6-20 所示。

表 6-20　人均水资源量赋分表

指标	指标分级及赋分区间				
人均水资源量（m^3）	>3000	(2000，3000]	(1000，2000]	(500，1000]	<500
赋分	100	60	40	20	0

万元 GDP 用水量：万元 GDP 用水量衡量地区用水效率，数值越高代表效率越低。国际发达国家公认的万元 GDP 用水量为 26 吨，可以此为参考标准。计算时 GDP 数据可用流经县区数据。赋分标准设置示例如表 6-21 所示。

表 6-21　万元 GDP 用水量赋分表

指标	指标分级及赋分区间				
万元 GDP 用水量（吨）	≤25	(25，40]	(40，55]	(55，70]	>70
赋分	100	80	60	40	20

（五）权重设定

主要依据国家标准《河湖健康评估技术导则》，并结合区域特色及地方性标准（如福建省地方标准《河湖（库）健康评价规范》）的评价标准权重进行设置。

根据参考标准，结合地域特色，确定河流的生态状况、社会功能状况、脆弱性权重。

以泉州地区为例，正常天气环境下河流健康评价各指标赋分权重（示例）如表 6-22 所示。

表 6-22　正常天气环境下泉州市河流健康评价各指标赋分权重

<table>
<tr><th>目标层</th><th colspan="2">功能层</th><th colspan="2">准则层</th><th colspan="3">指标层</th></tr>
<tr><th>名称</th><th>名称</th><th>权重</th><th>名称</th><th>权重</th><th colspan="2">名称</th><th>权重</th></tr>
<tr><td rowspan="24">河流健康</td><td rowspan="15">生态状况</td><td rowspan="15">0. 6</td><td rowspan="4">水文</td><td rowspan="4">0. 2</td><td colspan="2">水资源开发利用率</td><td>0. 4</td></tr>
<tr><td colspan="2">生态流量满足程度</td><td>0. 4</td></tr>
<tr><td colspan="2">流态—流速</td><td>0. 2</td></tr>
<tr><td colspan="2">流量</td><td>备选</td></tr>
<tr><td rowspan="3">水质</td><td rowspan="3">0. 3</td><td colspan="2">水质优劣程度</td><td>0. 5</td></tr>
<tr><td colspan="2">水体自净氧平衡能力</td><td>0. 3</td></tr>
<tr><td colspan="2">底泥污染状况</td><td>0. 2</td></tr>
<tr><td rowspan="4">生物</td><td rowspan="4">0. 3</td><td colspan="2">鱼类</td><td>1</td></tr>
<tr><td colspan="2">浮游动物多样性</td><td>备选</td></tr>
<tr><td colspan="2">浮游植物多样性</td><td>备选</td></tr>
<tr><td colspan="2">底栖动物</td><td>备选</td></tr>
<tr><td rowspan="4">物理结构</td><td rowspan="4">0. 2</td><td colspan="2">植被覆盖度</td><td>0. 6</td></tr>
<tr><td colspan="2">河流纵向连通性</td><td>0. 4</td></tr>
<tr><td colspan="2">河岸稳定性</td><td>备选</td></tr>
<tr><td colspan="2">河床稳定性</td><td>备选</td></tr>
<tr><td rowspan="6">社会功能状况</td><td rowspan="6">0. 3</td><td rowspan="6">社会服务功能</td><td rowspan="6">1. 0</td><td rowspan="2">功能状况</td><td>河道供水保证率</td><td>0. 2</td></tr>
<tr><td>河道防洪达标率</td><td>0. 2</td></tr>
<tr><td>管护状况</td><td>河道管护</td><td>0. 3</td></tr>
<tr><td rowspan="3">公众评价</td><td>公众满意度</td><td rowspan="3">0. 3</td></tr>
<tr><td>公众环保意识</td></tr>
<tr><td>公众节水意识</td></tr>
<tr><td rowspan="3">脆弱性</td><td rowspan="3">0. 1</td><td rowspan="3">脆弱性评价</td><td rowspan="3">1</td><td colspan="2">汛期降水量占比</td><td>0. 2</td></tr>
<tr><td colspan="2">人均水资源量</td><td>0. 3</td></tr>
<tr><td colspan="2">万元 GDP 用水量</td><td>0. 5</td></tr>
</table>

第三节　极端天气环境下河流健康评价

正常天气环境下进行河流健康评价可以反映一般情况下河流健康状况。而当气候异常时，河流健康评价需要有更具针对性、更简便、更快速、更具时效性的评价指标和体系。郝增超等认为，进入21世纪以来，中国的四种复合型极端天气［昼夜复合高温天气、复合高温干旱天气、复合洪水（强降雨）、高温天气及沿海地区复合洪水天气］的发生频率不断增加，四种复合极端天气对人类生产生活的影响相对于普通气象灾害破坏能力也将增加（Hao et al.，2022）。例如，2021年7月河南和山西接连发生洪涝灾害，水位暴涨，影响居民生命财产安全。2022年，长江流域发生历史罕见夏秋冬连旱，是有完整实测资料以来最严重的气象水文干旱。2021年1月至5月，泉州全市总降水量较常年同期偏少四到八成，河水水量减少，农作物受灾严重。同年6月，泉州多地因持续暴雨导致自来水出水不合格，根据检测数据，氨氮指标比平时高两倍以上，金属锰含量高出正常指标七倍以上。2023年3月，同样的情况在晋江发生。由此可见特殊天气近年来发生频率增长，但其在河流健康评价中极少被考虑，因此建立应用于极端天气环境下可以快速进行河流健康评价的评价体系很有必要。

一、指标选取原则

基于正常情况下的健康评价指标，从中提取部分典型指标应用于极端天气发生时的评价。指标选取应参照以下原则：

科学性原则：极端天气条件下的健康评价，应能够准确反映极端天气下河流的健康状况变化。

时效性原则：所选评价指标应能够在短时间内完成评价工作。极端天气下气候变化迅速，因此要求评价指标不能过于烦琐，且能在较短时间内完成，需要具有高效率、及时性。

二、指标体系构建

生物指标与脆弱性指标因评价周期长，而及时性不强，不能较准确地反映极端天气环境下河流环境的变化，因此舍弃该指标。

水文指标中能较好反映气候异常情况的指标为生态流量满足程度、流态—流速、流量三个，其中生态流量满足程度统计周期为一自然年，流速—流态和流量为实时统计，后两者的及时性最强，最能反映极端天气环境下河流水文状况的变化度。流速及水量在特殊气候环境下，如短时间强降水情况下突增，可能给岸坡及河岸带居民生命财产安全带来极大威胁，因此作为指标纳入评价体系。

水质指标中水质优劣程度、水体自净氧平衡能力、底泥污染状况三者都对短时间内快速变化的河流环境有较大的响应。且水质数据采集和检验工作时间较短，工作环境可在室内完成，受天气影响较小。水质优劣程度可以参考生态环境网站数据或者实地数据搜集进行计算。水体自净氧平衡能力可以评估极端气候条件下的河流是否发生有机污染及有机污染程度。因极端天气下，如降水量突增可能导致对工业废料的冲刷，进而使有机污染物浓度提升，污染河流。底泥作为潜在河水污染来源，在极端天气下可能因滑坡、蠕动或携沙水流带来的有污染泥沙而含量增加。因此三个指标都可作为气候异常情况下河流健康评价指标。

纵向连通性反映河流纵向连通程度。物理结构中河流纵向连通性统计周期为一自然年，对极端气候环境下的河流变化反应程度较小，且时效性不足。因此纵向连通性指标不纳入评价体系。植被覆盖度、河床稳定性、河岸稳定性三项指标能较好地反映水流对河岸河床的侵蚀情况，评价工作具有简明性，能够做到及时评价。植被覆盖度通过遥感数据或现场调查，河床、河岸稳定性为定性评估，可以直接现场评估。因此选取植被覆盖度、河床稳定性及河岸稳定性为极端气候环境下的评价指标。

社会功能中功能状况的防洪达标率评价为正常情况下的评价标准，作为极端天气可能来临前的评估准备，可不作为事件来临时的评价标准。供水保证率、管护状况、公众满意度三个指标层具有及时评价的可能性及必要性。供水保证率可以评价极端天气发生期间，水厂的供水能力、供水水质安全保证能力。管护状况可以评价极端天气环境下，政府工作开展频次，并以此作为对河流健康重视程度和解决突发水安全事件能力的参考。公众满意度可以从极端天气环境下首要关系主体对河流健康及政府工作的角度出发，得到多角度分析结果，因此以上三项指标纳入极端气候环境下的评价指标。

三、权重设定

指标计算方法及评分标准参照正常天气环境下评价体系展开。评价体系的触发条件通常为极端天气，如24小时降水量未超过50mm（即发生暴雨或大暴雨等时触发）或雷暴、干旱、台风等。以泉州地区为例，极端天气环境下河流健康评价各指标赋分权重（示例）如表6-23所示。

因极端天气在不同年份的发生频率不一，而出现次数增多却会对河流健康造成较大影响，因此认为随着极端天气的发生频率增加，其权重也会相应增加，频率每增加一次，权重增加0.02。增加的权重从正常天气环境下河流健康中按比例缩小，但最大权重设置为0.2，即发生10次时权重为0.2，超过10次仍按10次计算。具体计算如式（6-16）所示。

$$W = \sum_{k=1}^{n} 0.02k \tag{6-16}$$

式中：W——极端天气环境下河流健康评价的权重；

k——极端天气出现的次数；

n——极端天气出现次数的上界，大于10次时仍取10。

表 6-23　极端天气环境下泉州市河流健康评价各指标赋分权重（示例）

<table>
<tr><th>目标层</th><th colspan="2">功能层</th><th colspan="2">准则层</th><th colspan="2">指标层</th></tr>
<tr><th>名称</th><th>名称</th><th>权重</th><th>名称</th><th>权重</th><th>名称</th><th>权重</th></tr>
<tr><td rowspan="11">河流健康</td><td rowspan="8">生态状况</td><td rowspan="8">0.7</td><td rowspan="2">水文</td><td rowspan="2">0.3</td><td>流态—流速</td><td>0.5</td></tr>
<tr><td>流量</td><td>0.5</td></tr>
<tr><td rowspan="3">水质</td><td rowspan="3">0.4</td><td>水质优劣程度</td><td>0.5</td></tr>
<tr><td>水体自净氧平衡能力</td><td>0.3</td></tr>
<tr><td>底泥污染情况</td><td>0.2</td></tr>
<tr><td rowspan="3">物理结构</td><td rowspan="3">0.3</td><td>植被覆盖度</td><td>0.6</td></tr>
<tr><td>河床稳定性</td><td>0.2</td></tr>
<tr><td>河岸稳定性</td><td>0.2</td></tr>
<tr><td rowspan="3">社会服务功能</td><td rowspan="3">0.3</td><td rowspan="3">社会功能状况</td><td rowspan="3">1</td><td>供水保证率</td><td>0.2</td></tr>
<tr><td>管护状况</td><td>0.4</td></tr>
<tr><td>公众满意度</td><td>0.4</td></tr>
</table>

参考文献

[1] 唐涛，蔡庆华，刘建康．河流生态系统健康及其评价[J]．应用生态学报，2002（9）：1191-1194.

[2] 曹明弟．城市河流生态系统健康评价指标体系研究及其应用[D]．北京：中国环境科学研究院，2007.

[3] 董哲仁．河流健康的内涵[J]．中国水利，2005（4）：15-18.

[4] 福建省河湖健康研究中心．福建省流域面积大于 200 平方公里河流和重要湖库健康评估报告（2020—2021）[R]．2021（106）：26-69.

[5] 福建省河长制规定[R]．福建省人民政府公报，2019（18）：2-5.

[6] 郭建威，黄薇．健康长江评价方法初探[J]．长江科学院院报，2008，119（4）：1-4.

[7] 劳道邦．黄壁庄水库副坝防渗墙混凝土的损伤分析与研究[J]．南水北调与水利科技，2005（2）：49-51，55.

[8] 李国英．黄河治理的终极目标是“维持黄河健康生命”[J]．人民黄河，2004，26（1）：1-3.

[9] 李剑锋，朱玉晨，刘春雷，等．晋江流域生态环境脆弱性评价[J]．华东地质，2022，43（1）：94-101.

[10] 石瑞花，许士国．河流功能综合评估方法及其应用[J]．大连理工大学学报，2010，50（1）：131-136.
[11] 四川省应急管理厅．四川省应急管理厅发布 2022 年全省自然灾害基本情况[EB/OL].2023-02-07/2023-05-28.
[12] 王浩．2021 年度我国水土流失面积强度“双下降”［N］．人民日报，2022-06-30（017）．
[13] 吴阿娜．河流健康评价：理论、方法与实践[D]．上海：华东师范大学，2008.
[14] 夏继红，严忠民．生态河岸带研究进展与发展趋势[J]．河海大学学报（自然科学版），2004（3）：252-255.
[15] 应急管理部发布 2021 年全国自然灾害基本情况[J]．中国减灾，2022（3）：7.
[16] 应急管理部发布 2022 年全国十大自然灾害[J]．中国减灾，2023（3）：8-9.
[17] 俞娟．河流健康评价指标体系及评价方法研究[D]．郑州：华北水利水电大学，2022.
[18] 张炜华，刘华斌，罗火钱．河流健康评价研究现状与展望[J]．水利规划与设计，2021（4）：57-62.
[19] 赵彦伟，杨志峰．河流健康：概念、评价方法与方向[J]．地理科学，2005（1）：119-124.
[20] HAO Z. Compound events and associated impacts in China[J]. iScience，2022，25（8）：104689.
[21] LADSON A R，WHITER L J，DOOLAN J A. Development and testing of an index of stream condition for waterway management in Australia[J]. Freshwater Biology，1999（41）：453-486.
[22] LIN L，WANG F，CHEN H，et al. Ecological health assessments of rivers with multiple dams based on the biological integrity ofphytoplankton：A case study of North Creek of Jiulong River[J]. Ecological Indicators，2021，121（1）：106998.
[23] MEYER J L. Stream health：incorporating the human dimension to advance stream ecology[J]. Journal North American Benthological Society，1997，16（2）：439-447.
[24] SCHOFIELD N J，DAVIES P E. Measuring the health of our rivers[J]. Water，1996（5）：39-43.
[25] SCRIMGEOUR G J，WICKLUM D. Aquatic ecosystem health and integrity：problem and solution[J]. Journal of North American Benthlogical Society，1996，15（2）：254-261.

第七章

河长制下泉州湖泊（水库）健康评估

第一节　湖泊（水库）健康评估意义与现状

一、当前饮用水源地水库现状

随着全球气候变化和人类活动对水资源的影响愈发严峻，饮用水水源地水生态健康问题日益受到关注。目前，水源地面临严重的水生态健康威胁，如水质恶化、突发水污染事件、重金属超标、外来物种入侵等，这些问题严重影响河湖重要水源地的生态健康。基于《关于通报全国集中式饮用水水源地环境保护专项行动进展情况的函》可知，2018 年排查县级及以上饮用水水源地，发现环境问题 6426 个。水源保护区内存在的环境问题主要包括生活面源污染、工业企业排污、农业面源污染、旅游餐饮污染、交通穿越等，分别占问题总数的 27%、16%、16%、14%、13%。由此可见，当前国内饮用水水源地生态环境不容乐观。

水库受人为调控影响明显，具有特殊的水文和生态学特征，大多水库作为饮用水水源地，需兼顾供水问题，这使水库的水质安全引起人们的广泛关注。受密集的人类活动如土地利用的转变、流域水文和气候变化等影响，大量营养盐输入水体，加之水库水体流速较为缓慢，导致各种营养物质在此滞留、沉降及富集，加剧了水体富营养化进程，严重影响水环境，威胁到饮用水源地水库水质安全（Yang，2013；Yuan et al，2021）。根据陈能汪等（2010）对近 30 年来我国发生的水华事件进行文献资料统计研究发现，约 77%的水华发生在湖泊，河流库区水华占 23%。2022 年中国环境公报数据表明，开展水质监测的 210 个重要湖泊（水库）中Ⅰ—Ⅲ类水质湖泊（水库）占 73.8%；劣Ⅴ类水质湖泊（水库）占 4.8%。开展营养状态监测的 204 个重要湖泊（水库）中，水质处于中度营养状态湖泊（水库）及以上的占比为 66.2%。2019 年，我国 50 个重要水库数据显示，轻度富营养状态的水库有 2 个，占 4%；中营养状态的水库有 41 个，占 82%；贫营养状态水库只有 7 个。因此，科学开展湖库型饮用水水源地水生态健康评价，及时提出有效的预警和管理措施，为保护水生态健康、保障饮用水水源安全提供技术支撑是十分必要的。

二、国内外相关标准现状

在河湖开发利用与管理的发展进程中，国内外专家学者进行了一系列河湖水量、水质、水生态等方面的评价研究，其中就包括“河湖健康”“健康河流”“清洁河湖”“生态河湖”“美丽河湖”以及 2019 年基于习近平生态文明思想提出的“幸福河湖”评估，并建立了多种评价方法和标准。但现有的国内外饮用水水源地评价标准及方法各有所侧重，欧盟国家主要结合水质评价和生态风险等级综合评价水源地的安全状况，如美国颁布的《清洁水法》；加拿大环境部长理事会规定采用水质指数法综合评价水源地水质；欧盟

《水框架协议》将水域保护与污染控制紧密结合，涉及地表水、地下水、港湾和沿海水域，如水量问题，规定每个流域建立起来的措施方案必须以保证地下水的抽取和补给平衡为目标，在水生态系统的评价方面，强调必须清楚地验证水中健康的动植物群体是否存在；澳大利亚综合了 WHO、EEC 和 USEPA 三大标准，在确定指标值时，考虑了所有项目可能对健康、设备管道的影响，还将人的感官考虑在内。目前我国以《生活饮用水水源水质标准》（CJ 3020—1993）、《地表水环境质量标准》（GB 3838—2002）和《地下水质量标准》（GB/T 14848—2017）作为我国饮用水水源地水质标准，主要采用单因子评价法来评价水源地水质状况。我国《生活饮用水卫生标准》（GB 5749—2022）中将细菌、藻类含量作为限定指标评价水质达标情况，对此我国地方饮用水水源地评价标准，如《河湖健康评估技术导则》（SL/T 793—2020）、《河湖健康评价指南（试行）》（水利部河湖司，2020 年 8 月）、《生态河湖状况评价规范》（江苏省地方标准 DB 32）、《广东省江河湖库水生态环境调查与快速评价技术指引（征求意见稿）》，将饮用水水源地水体中细菌、藻类的丰度纳入饮用水水源地的评价体系，用来评价饮用水水源地水体状况。2010 年 10 月，水利部水资源司、河湖健康评估全国技术工作组编写印发《全国河湖健康评估技术文件——河流健康评估指标、标准与方法（试点工作用）》，推荐给全国各流域及各省（市、自治区）试点使用；2020 年 6 月，水利部印发《河湖健康评价技术导则》（SL/T 793—2020），并于当年 9 月 5 日正式实施；2020 年 8 月，水利部河湖管理司组织南京水利科学研究院、中国水利水电科学研究院编写发布了《河湖健康技术指南（试行）》，并通知各地采用。在生态环境行业，2012 年中国环境科学研究院编写了《湖泊生态安全调查与评估》，2016 年编写了《湖泊生态安全保障策略》，为湖泊生态健康提供技术支撑；2014 年 12 月，原环境保护部组织编制了《湖泊生态安全调查与评估技术指南（试行）》等七项技术指南。此外，在 2019 年习总书记提出“幸福河湖”之后，福建省、浙江省、江苏省、广东省、湖州市、杭州市、淄博市、济源市、广西壮族自治区等地陆续出台了适用于当地的幸福河评价方法等技术文件，将幸福河从“有名”转化为了“有实”，也为笔者提供了理论参考。2022 年，福建省在总结往年探索经验的基础上，启动《福建省地方标准幸福河湖评价导则》（以下简称《导则》）省级标准制定。《导则》规定了幸福河湖评价的总体原则、评价指标、评价方法和评价程序，构建了河湖幸福指数测算方法，包括“安全河湖、健康河湖、生态河湖、美丽河湖、和谐河湖”5 个一级指标，10 个二级指标和若干个三级指标。评价指标设置体现了普适性与区域的差异性，能表征河湖与人之间的关系，比较符合福建的省情、水情与河湖管理实际。评价结果也较为客观地反映了福建河湖的幸福状况，能为各级河湖长及相关主管部门履行河湖管理保护职责提供有力参考和支撑。

近年来，极端天气频发，现有的评价标准大多没有考虑极端天气。考虑到极端降水、台风等发生的频率较大，水库（湖泊）健康评估应以水生态文明建设的深刻内涵为指导，围绕落实最严格水资源管理制度中河湖健康保护目标，基于《福建省河湖（库）健康评价规范》《福建省地方标准幸福河湖评价导则》（DB35/T 2113—2023），结合正常气候情况和极端天气事件构建评估的指标体系，为定期开展泉州市重要江河湖库“健康诊断”提供基础，为基本建成河湖健康保障体系提供技术支撑。

第二节　水库（湖泊）健康评价体系构建

一、指标选取原则

科学性原则：应科学合理设置评价指标，涵盖生态水文、常规水生生物、多营养级指标。

整体性原则：应整体考虑评价指标体系，集成“环境因子—藻类—鱼类动物”多营养级，从时间、空间尺度上反映链式效应和累积效应。

实用性原则：评价指标体系应符合福建省湖库型饮用水水源地实际，评价结果应聚焦生态水文、水环境及水生生物多营养级视角下水生态健康状况，客观反映湖库型饮用水水源地水生态健康程度。

可操作性原则：评价应根据确定的指标，搜集相关基础资料，并对资料进行复核。按照易获取、可监测的原则，相应地增加评价要素和评价指标。当基础资料不满足评价要求时，应通过专项调查或专项监测予以补齐。

二、指标体系构建方法及指标体系框架

以结构简单明了，便于对各种形式的指标进行补充、调整、扩展为目标，本次建立的评价指标体系分为目标层、亚目标层、准则层和指标层。

目标层：目标层是对评价指标体系的高度概括，用以反映生态状况、社会功能、水源地脆弱性的程度。目标层是根据准则层、指标层逐层聚合的结果，将最终结果与评价等级标准进行比较，可以确定湖库的水生态健康程度。

亚目标层：亚目标层是对目标层的进一步说明。主要包括正常天气情况下的生态状况、社会功能、水源地脆弱性评价和极端气候环境下的生态状况、社会功能。

准则层：准则层是对亚目标层的进一步说明。准则层包括水文水资源完整性、物理结构完整性、化学完整性、社会服务功能完整性、水源地脆弱性五个方面。

指标层：指标层是在准则层下选择若干指标所组成，是对目标层含义和范围的进一步明确化和清晰化，本次指标层选取了定量或定性指标反映水生态健康状况，以定量为主，定性为辅，对易于获得的指标应尽可能通过量化指标来反映，不能量化的指标可通过定性描述来反映。

三、权重设定

权重设定依据国家标准《河湖健康评估技术导则》并结合区域特色及地方性标准［如福建省地方标准《河湖（库）健康评价规范》］的评价标准权重进行设置。

湖泊（水库）健康评估基于正常气候环境下的评价（适用于一般环境的河湖健康评价）与极端气候环境下的健康评价进行综合，以适用于进行自然年度河湖综合健康评价。根据参考标准，结合地域特色，确定河流的生态状况、社会功能状况、脆弱性权重。以泉州地区为例，通过权重赋分评价河湖（库）的健康情况，权重设定可参考表 7-1 指标层的指标筛选方法及权重。

极端天气环境下河流健康评价的权重计算方式见式（7-1）。极端天气发生频率每增加一次，权重增加 0.01。增加的权重从正常天气环境下河湖健康中按比例缩小，但为保持权重稳定，最大权重设置为 0.1，即发生十次时权重为 0.1，超过十次仍按 10 次计算。具体计算如下：

$$W = \sum_{k=1}^{n} 0.01k \tag{7-1}$$

式中：W——极端天气环境下河流健康评价的权重；

k——极端天气出现的次数；

n——极端天气出现次数的上界，大于 10 次时仍取 10。

赋分标准设置示例如表 7-1 所示。

表 7-1　泉州湖泊（水库）健康评价体系与赋分权重

目标层		亚目标层		准则层		指标层	
名称	权重	名称	权重	名称	权重	名称	权重
正常天气下水库健康评价	1−w	生态状况	0.6	水文水资源完整性	0.2	水资源利用开发率	0.5
						最低生态水位满足程度	0.5
						湖（库）水交换能力	备选
						年径流变差系数	备选
				物理结构完整性	0.2	水库岸带自然状态	0.8
						水库连通性	0.2
						防汛通道畅通性	备选
				化学完整性	0.3	水质优劣程度	0.4
						水体营养状况	0.3
						底泥污染状况	0.3
						水体感官指标	备选
						水体自净氧平衡能力	备选

续表

目标层		亚目标层		准则层		指标层	
名称	权重	名称	权重	名称	权重	名称	权重
正常天气下水库健康评价	1-w	生态状况	0.6	生物完整性	0.3	鱼类多样性指数	0.5
						浮游植物多样性指数	0.5
						产毒蓝藻占浮游植物比例	备选
						生物入侵状况	备选
						水生生物多样性指数	备选
		社会功能	0.3	社会服务功能完整性	1.0	水库功能状况	0.4
						水库管护	0.1
						公众评价	0.5
		脆弱性评价	0.1	脆弱性	1.0	年降水相对变化率	0.5
						供需比	0.2
						万元 GDP 用水量	0.3
极端天气环境下水库健康评价	w	生态状况	0.7	水文水资源完整性	0.2	湖（库）水交换能力	0.5
						最低生态水位满足程度	0.5
						年径流变差系数	备选
						水资源利用开发率	备选
				物理结构完整性	0.2	防汛通道畅通性	0.8
						水库连通性	0.2
						水库岸带自然状态	备选
				化学完整性	0.3	水体感官指标	0.4
						水体营养状况	0.3
						底泥污染状况	0.3
						水质优劣程度	备选
						水体自净氧平衡能力	备选
				生物完整性	0.3	鱼类多样性指数	0.5
						浮游植物多样性指数	0.5
						产毒蓝藻占浮游植物比例	备选
						生物入侵状况	备选
						水生生物多样性指数	备选
		社会功能	0.3	社会服务功能完整性	1.0	水库功能状况	0.4
						水库管护	0.1
						公众评价	0.5

四、评价体系内容与赋分方法

（一）水文资源完整性

1. 水资源开发利用

地表水资源开发利用率为评价河流和湖泊（水库）地表水供水量占流域地表水资源量的百分比。地表水资源开发利用率，按式（6-1）计算，赋分标准应符合表 7-2 的规定。

表 7-2　水资源开发利用率指标赋分标准

指标	指标分级阈值及赋分					
水资源开发利用率（%）	≤20	≤30	≤40	≤50	≤60	>60
赋分	100	80	60	40	20	0

2. 最低生态水位满足程度

湖泊（水库）最低生态水位宜选择规划或管理文件确定的限值，或采用天然水位资料法、湖泊形态法、生物空间最小需求法等确定，湖泊（水库）最低生态水位满足程度赋分标准应符合表 7-3 的规定。

表 7-3　最低生态水位满足程度

湖泊（水库）最低生态水位满足程度	赋分
年内日均水位均高于最低生态水位	100
年内日均水位出现某个值低于最低生态水位，但连续 3 天滑动平均水位不低于最低生态水位	75
连续 3 天滑动平均水位低于最低生态水位，但连续 7 天滑动平均水位不低于最低生态水位	50
连续 7 天滑动平均水位低于最低生态水位，但连续 60 天滑动平均水位不低于最低生态水位	30
连续 60 天滑动平均水位低于最低生态水位	0

3. 湖（库）水交换能力

湖（库）水交换能力反映的是湖泊（水库）水体交换的快慢程度，即速率，指年度湖（库）水交换率与多年平均湖（库）水交换率的百分比。湖（库）水交换率按照式（7-2）计算，指标数值结果对照的评分如表 7-4 所示。

$$E = \frac{R_z}{V} \tag{7-2}$$

式中：E——湖（库）水更新率；

R_z——年度入湖（库）水量，m^3；

V——湖（库）容积，m^3。

表 7-4　湖（库）水交换能力赋分标准

指标	指标分级阈值及赋分				
湖（库）水交换能力（%）	≥100	80	50	25	0
赋分	100	80	60	40	0

（二）物理结构完整性

1. 水库岸带自然状况

岸带是河湖水域与相邻陆地生态系统之间的过渡带，应依据 SL/T 793—2020 中 9.1 的要求划分。评价自然和人工河湖岸带植被垂直投影面积占河湖岸带面积比例，重点评价河湖岸带陆地范围的乔木（6 m 以上）、灌木（6 m 以下）和草本植物的覆盖状况（水利工程管理范围内除外）。采用高分一号 2m 分辨率的卫星影像，沿水体周边选取不少于 50 个点，通过目视判读获取每个点的植被覆盖度，平均后得到整个水体的植被覆盖度，见式（6-7）。岸线植被覆盖度赋分标准应符合表 7-5 的规定。

表 7-5　河岸带植被覆盖度指标赋分标准

指标	指标分级阈值及赋分					
植被覆盖度（%）	>90	(75, 90]	(40, 75]	(10, 40]	(0, 10]	0
	覆盖极好	覆盖较好	覆盖一般	覆盖较差	覆盖极差	无植被覆盖
赋分	100	95	75	50	25	0

2. 水库连通性

水库连通性赋分如式（7-3）所示，赋分标准如表 7-6 所示，采用区间线性差值赋分（100 分除外），以最低赋分值为该水库河流的连通性赋分。

$$\mathrm{CIS} = \frac{\sum_{n=1}^{Ns}(\mathrm{CIS}_n Q_n)}{\sum_{n-1}^{Ns} Q_n} \tag{7-3}$$

式中：CIS——水库连通指数赋分；

Ns——水库主要河流数；

CIS_n——评价年第 n 条环水库河流连通性赋分；

Q_n——评价年第 n 条河流实测的出（入）湖泊水量，$10^4 m^3$/年。

表 7-6　环水库河流纵向连通性赋分标准

赋分标准	指标分级阈值及赋分				
连通性	顺畅	较顺畅	阻隔	严重阻隔	完全阻隔
断流阻隔时间（月）	0	≤1	≤2	≤4	≤12
年入湖水量占入湖河流多年平均实测年径流量比例（%）	≥70	≥60	≥40	≥10	<10
赋分区间	100	≥70	≥40	≥20	<20

3. 防汛通道畅通性

防汛通道畅通性评价标准为：建成区河湖防汛通道畅通，能确保防汛人员和物资顺利抵达；其他河湖防汛通道畅通，符合设计标准，无卡堵点。

本项 100 分，每发现一处防汛通道未完全打通或被人为设卡的，扣 20 分，扣完为止，赋分计算公式见式（7-4）。

$$P_6 = \begin{cases} 100 - 20 \times N & (N < 5) \\ 0 & (N > 5) \end{cases} \tag{7-4}$$

式中：P_6——防汛通道畅通性指标赋分；

N——防汛通道存在断开、卡堵等点位的数量。

（三）化学完整性

1. 水质优劣程度

按 SL395—2020 规定评估水质优劣程度，参照表 7-7。

表 7-7　水质优劣程度赋分标准

水质优劣程度（%）		赋分
Ⅰ—Ⅱ类水质比例≥90		100
Ⅰ—Ⅲ类水质比例≥90		90
Ⅰ—Ⅲ类水质比例≥75		75
Ⅰ—Ⅲ类水质比例<75	劣Ⅴ类比例<20	60
	20≤劣Ⅴ类比例<30	40
	30≤劣Ⅴ类比例<50	20
劣Ⅴ类比例≥50		0

2. 水体营养状况

水库水体营养状况通过综合营养状态指数（TLI）进行分析评价，指数包含叶绿素 a（chl a）、总磷（TP）、总氮（TN）、透明度（SD）和高锰酸盐指数（COD_{Mn}）五项指标，综合营养状态指数，按式（7-4）~式（7-8）计算。

$$TLI(chl\ a) = 10 \times (2.5 + 1.086 \ln chl\ a) \tag{7-5}$$

式中：TLI（chl a）——叶绿素 a 营养状态指数。

$$TLI(TP) = 10 \times (9.436 + 1.624 \ln TP) \tag{7-6}$$

式中：TLI（TP）——总磷营养状态指数。

$$TLI(TN) = 10 \times (5.453 + 1.694 \ln TN) \tag{7-7}$$

式中：TLI（TN）——总氮营养状态指数。

$$TLI(SD) = 10 \times (5.118 - 1.94 \ln SD) \tag{7-8}$$

式中：TLI（SD）——透明度营养状态指数。

$$TLI(COD_{Mn}) = 10 \times (0.109 + 2.661 \ln COD_{Mn}) \tag{7-9}$$

式中：TLI（COD_{Mn}）——高锰酸盐营养状态指数。

水体营养状态指数见式（7-10）。

$$EI = \frac{\sum_{n}^{N} E_n}{N} \tag{7-10}$$

式中：EI——营养状态指数；

E_n——评价项目赋分值；

N——评价项目个数。

赋分标准设置示例如表 7-8 所示。

表 7-8 水库综合营养状态指数赋分标准

指标	指标分级阈值及赋分						
综合营养状态 EI	<10	[10，30]	[30，50]	(50，60]	(60，65]	(65，70]	>70
营养程度	寡营养	贫营养	中营养	轻度富营养	中度富营养	重度富营养	超富营养
赋分	100	90	80	60	30	10	0

3. 底泥污染状况

底泥污染可采用底泥氮磷污染指数表征底泥中无机氮、无机磷的污染程度，若该地区之前无背景实测值，可按表 7-9 来赋值。

表 7-9 底泥氮磷污染程度赋分标准

名称	轻度污染	中度污染	重度污染
TN（mg/kg）	TN<1000	1000≤TN≤2000	TN>2000
TP（mg/kg）	TP<420	420≤TP≤640	TP>640
赋分	100	70	40

4. 水体感官指标

感官效果评价标准：①河道水体感官效果良好，水体颜色正常且无异味；②河道无底泥上翻现象；③水面无漂浮物（单处漂浮物面积累计不超过 2 m^2）；④断头河、暗涵得到有效治理。对照评价标准中的 4 项要求，任一项中每发现一处问题，扣 5 分，扣完为止。

（四）生物完整性

河湖（库）生物包括水生动物、水生植物和微生物等，水生动物包括鱼类、水鸟、浮游动物、大型底栖无脊椎动物等；水生植物包括挺水植物、沉水植物、浮叶植物、浮游植物等；微生物包括细菌、真菌、病毒等。有条件的地方，应完成湖泊（水库）监测断面水生生物的种类、数量完整性状况调查；没有条件的地方，应完成湖泊（水库）浮游植物多样性调查；如果没有浮游植物分类鉴定的条件，应完成浮游植物密度调查。多样性指数计算应采用 Shannon-Wiener 多样性指数，按式（6-5）计算，赋分标准应符合表 7-10 的规定。浮游植物密度表示单位水体内存在的浮游植物的量，数据应于浮游植物生长的旺盛的季节采集，赋分标准应符合表 7-11 的规定。

表 7-10　生物多样性指数赋分标准

指标	指标分级阈值及赋分					
水生生物多样性指数	≥2.5	(2.5，2.0]	(2.0，1.5]	(1.5，1.0]	(1.0，0.5]	<0.5
赋分	100	80	60	40	20	0

表 7-11　水库浮游植物密度赋分标准

指标	指标分级阈值及赋分					
浮游植物密度（万个/L）	≤40	(40，80]	(80，200]	(200，500)	(500，2000]	>5000
赋分	100	80	60	40	20	0

（五）社会服务功能完整性

1. 湖泊（水库）功能状况

湖泊（水库）功能满足状况依据湖泊（水库）功能定位自选指标参评，指标赋分为湖泊（水库）各功能指标赋分的平均值。湖泊（水库）功能满足状况赋分，按式（7-11）计算。

$$R_{LRFS} = \text{Average}(\text{FDLI},\ R_D,\ R_{FC},\ R_{PI}) \tag{7-11}$$

式中：R_{LRFS}——湖泊（水库）功能满足状况赋分；

FDLI——湖泊防洪达标率赋分，赋分标准按表 7-12 规定，采用区间线性插值赋分；

R_D——供水保证率赋分，指湖库供水量与规划供水量的比例，赋分标准按表 7-13 规定，采用区间线性插值赋分；

R_{FC}——水库防洪指标赋分（主要评价水库防洪标准是否满足 GB 50201—2014 和 SL 252—2017 的要求，水库泄洪建筑物的泄洪能力是否满足安全泄洪要求，洪水是否能够安全下泄、大坝安全、监控设施等），赋分标准按表 7-14 赋分；

R_{PI}——灌溉保证率赋分，指湖库现状可供灌溉用水水量与规划灌溉用水水量的比例，赋分标准应符合表 7-15 的规定，采用区间线性插值赋分。

FDLI 的计算，如式（7-12）所示。

$$\mathrm{FDLI}=\left(\frac{\mathrm{LDA}}{\mathrm{LD}}+\frac{\mathrm{GWA}}{\mathrm{DW}}\right)\times\frac{1}{2}\times 100 \tag{7-12}$$

式中：LDA——湖泊达到防洪标准的堤防总长度，m；

LD——湖泊有防洪要求的堤防总长度，m；

GWA——环湖达标口门宽度，m；

DW——环湖口门总宽度，m。

表 7-12　湖泊防洪达标率赋分标准

指标	指标分级阈值及赋分				
防洪达标率（%）	>95	>90	>85	>80	≤80
赋分	100	80	60	40	20

表 7-13　供水保证率赋分标准

指标	指标分级阈值及赋分				
供水保证率（%）	≥80	≥60	≥40	≥20	<20
赋分区间	≥80	≥60	≥40	≥20	<20

表 7-14　水库防洪能力赋分标准

指标	指标说明	赋分
水库防洪能力	水库防洪标准及大坝抗洪能力满足 GB 50201—2014 和 SL 252—2017 规范要求，满足水库安全等级	100
	水库防洪标准及大坝抗洪能力不满足 GB 50201—2014 和 SL 252—2017 规范要求，但满足近期非常规运用标准要求	50
	水库防洪标准及大坝抗洪能力满足 GB 50201—2014 和 SL 252—2017 规范要求，但不满足水库安全等级	0
大坝安全	安评结果是否符合要求（A 级 100，A^-级 80，B 级 60，C 级 40）	40~100
监控设施	监控设施是否完备（完备且运行正常 100，完备但运行不稳定 80，不完备 60，缺失 0）	0~100

表 7-15　灌溉保证率赋分标准

指标	指标分级阈值及赋分区间				
灌溉保证率	≥80	≥60	≥40	≥20	<20
赋分区间	≥80	≥60	≥40	≥20	<20

2. 管护状况

管护巡查状况评分根据巡查频次完成度（已巡查次数/应巡查次数），赋分标准应符合表 7-16 的规定。

表 7-16　河湖（水库）管护巡查状况赋分标准

指标	指标分级阈值及赋分区间				
河道管护巡查完成度（%）	≥90	≥85	≥75	≥60	<60
赋分区间	≥75	≥50	≥25	>0	0

3. 公众评价

评价公众对河流水质、水量、水生态环境、涉水景观的舒适性、观赏性等的满意程度，采用公众调查方法评价。通过线上问卷调查的方式，发放问卷让公众对本地水库进行满意度打分，并收集公众对河流的建议，开展统计分析。

（六）脆弱性评价

1. 年降水相对变化率

年降水相对变化率为汛期降水量占年降水量的比例，具体赋分标准如表 7-17 所示。

表 7-17　年降水相对变化率赋分标准

指标	指标分级阈值及赋分区间				
年降水相对变化率	≥90	[80，90)	[70，80)	[60，70)	<60
赋分区间	0	20	40	60	100

2. 供需比

供需比为水源上游年来水量与水厂年需水量的比值，具体赋分标准如表 7-18 所示。

表 7-18　供需比赋分标准

指标	指标分级阈值及赋分区间				
供需比	≥90	[80，90)	[70，80)	[60，70)	<60
赋分区间	100	80	60	40	0

3. 万元 GDP 用水量

万元 GDP 用水量是根据总用水量（m^3）除以总 GDP（万元）得出的，万元 GDP 用水量越低宏观用水效率越高，国际发达国家公认的万元 GDP 用水量为 26 吨。因此，以此为标准，具体赋分标准如表 7-19 所示。

表 7-19　万元 GDP 用水量赋分标准（示例）

指标	指标分级阈值及赋分区间				
万元 GDP 用水量	≤26	(26, 40]	(40, 50]	(50, 70]	>70
赋分区间	100	80	60	40	0

五、评价方法与等级

（一）河湖（水库）生态状况指数

河湖（水库）生态状况指数计算如式（7-13）所示。

$$REI = HDr \times HDw + PHr + PHw + WQr \times WQw + AFr \times AFw \quad (7-13)$$

式中：REI——河湖（水库）生态状况指数；

HDr——水文水资源完整性准则层得分；

HDw——水文水资源完整性准则层权重；

PHr——物理结构完整性准则层得分；

PHw——物理结构完整性准则层权重；

WQr——化学完整性准则层得分；

WQw——化学完整性准则层权重；

AFr——生物完整性准则层得分；

AFw——生物完整性准则层权重。

（二）河湖（水库）社会服务功能状况指数

河湖（水库）社会服务功能状况指数计算如式（7-14）所示。

$$SSr = RHr \times RHw + RMPr \times RMPw + PPr \times PPw \quad (7-14)$$

式中：SSr——社会服务功能状况指数；

RHr——功能状况得分；

RHw——功能状况权重；

RMPr——管护状况得分；

RMPw——管护状况权重；

PPr——公众评价得分；

PPw——公众评价权重。

（三）河湖（水库）脆弱性评价指数

河湖（水库）脆弱性评价指数计算如式（7-15）所示。

$$VAr = APr \times APw + SDr \times SDw + GDPr \times GDPw \quad (7-15)$$

式中：VAr——脆弱性评价指数；

APr——年降水相对变化率得分；
APw——年降水相对变化率权重；
SDw——供需比指数权重；
SDr——供需比指数得分；
GDPr——人均 GDP 指数得分；
GDPw——人均 GDP 指数权重。

（四）正常天气环境下河湖（水库）健康指数

正常天气环境下河湖（水库）健康指数计算如式（7-16）所示。

$$RHIn = \sum_{i=1}^{n}(REI_i \times REw_i + SSr_i \times SSw_i + VAr_i \times VAw_i) \tag{7-16}$$

式中：RHIn——正常天气下河湖（库）健康指数；
REI_i——第 i 个评价生态状况指数；
REw_i——第 i 个评价生态状况权重；
SSr_i——第 i 个评价社会功能状况指数；
SSw_i——第 i 个评价社会功能状况权重；
VAr_i——第 i 个脆弱性评价指数；
VAw_i——第 i 个脆弱性评价指数权重。

（五）极端天气环境下河湖（水库）健康指数

极端天气环境下河湖（水库）健康指数计算如式（7-17）所示。

$$RHIa = \sum_{i=1}^{n}(REI_i \times REw_i + SSr_i \times SSw_i) \tag{7-17}$$

式中：RHIa——极端天气下河湖（库）健康指数；
REI_i——第 i 个评价生态状况指数；
REw_i——第 i 个评价生态状况权重；
SSr_i——第 i 个评价社会功能状况指数；
SSw_i——第 i 个评价社会功能状况权重。

（六）河湖（水库）健康指数

河湖（水库）生态健康评价结果 RHI 按照百分制赋分，水生态健康程度划分为优、良、中、差、劣 5 个等级，分别对应非常健康、健康、亚健康、不健康、病态 5 级，见表 7-20。

表 7-20 河湖（水库）生态健康分级标准表

分级标准	分级标准及阈值				
赋分范围	(85，100]	(70，85]	(60，70]	(40，60]	[0，40]
状态	非常健康	健康	亚健康	不健康	病态

参考文献

[1] 福建省河湖健康研究中心．福建省流域面积大于200平方公里河流和重要湖库健康评估报告（2020—2021）[R]. 2021（106）：26-69.

[2] 王迪．山美水库流域人类活动净氮输入及河流氮通量输出响应特征研究[D]. 福州：福建师范大学，2019：92.

[3] 王俊毅．2016—2019年山美水库氮磷分布特征[J]. 环保科技，2021，27（2）：22-25.

[4] 中华人民共和国环境保护部．2019中国环境状况公报[R]. 2020（59）：30.

[5] 中华人民共和国环境保护部．2022中国环境状况公报[R]. 2023.

[6] 陈能汪，章颖瑶，李延风．我国淡水藻华长期变动特征综合分析[J]. 生态环境学报，2010，19（8）：1994-1998.

[7] YANG H，FLOWER R J，THOMPSON J R. Sustaining China's water resources[J]. Science，2013（339）：141.

[8] YUAN X，KROM M D，ZHANG M，et al. Human disturbance on phosphorus sources，processes and riverine export in a subtropical watershed[J]. Science of Total Environment，2021（769）：144658.

第八章

泉州河长制组织体制与管理培训体系

第一节　河长制管理培训体系建立的目的

建立河长制管理培训体系的目的，在于为各级河长及相关管理人员提供系统、全面的培训，使其具备必要的知识、技能和意识，能够有效履行河流管理职责，推动河流生态环境保护与水资源管理工作的落实。河长制管理培训的目的主要分为以下几个方面：

一是提升河长及相关管理人员的专业知识水平。河流管理涉及水资源、生态环境、法律法规等多个方面的知识。建立河长制管理培训体系，旨在通过系统的培训课程和资源，为河长及相关管理人员提供专业知识的学习机会。这些知识将帮助他们更深入地理解河流生态环境的特点、问题及解决方法，从而提高管理水平和工作效率。

二是增强河长及相关管理人员的技能和操作能力。除了理论知识外，河长及相关管理人员还需要具备一定的实践操作技能。河长制管理培训体系应注重培养河长及相关管理人员的技能和操作能力，包括水质监测、水生态修复、危险品处置等方面的技能。通过模拟演练、现场指导等方式，提升其应对各类河流管理工作的能力，使其能够熟练运用所学知识和技能处理实际问题。

三是培养河长及相关管理人员的责任意识和使命感。河长制管理培训体系还应注重培养河长及相关管理人员的责任意识和使命感。他们将承担生态环境保护和水资源管理的使命，深刻认识到自己的责任和义务，积极参与河流管理工作，为保护水资源、改善生态环境贡献力量。通过教育和培训，可以激发他们的责任心和使命感，提高工作的主动性和积极性。

四是促进河长制管理机制的健全发展。建立健全的河长制管理培训体系，有助于提高河长及相关管理人员的整体素质和管理水平，进而促进河长制管理机制的健康发展。通过培训，可以不断完善河长制管理体系，提升管理效能，实现河流管理的长效机制。同时，培训体系的建立也为相关政府部门提供了一种有效的管理手段，有利于加强对河长制工作的指导和监督。

五是促进河流生态环境保护与水资源管理的协同发展。河长制管理培训体系的建立，旨在促进河流生态环境保护与水资源管理的协同发展。通过培训河长及相关管理人员，使他们具备综合管理河流的能力，能够在生态环境保护和水资源管理之间取得平衡，实现可持续发展的目标。这将有助于改善河流生态环境，保障水资源的可持续利用，促进经济社会的可持续发展。

综上所述，河长制管理培训体系的建立，旨在提升河长及相关管理人员的专业技术水平和责任意识，促进河流管理工作的高效开展，推动河长制管理机制的健康发展，实现水资源保护和生态环境改善的可持续目标。

第二节　河长制管理培训人员的交叉特征

河长制作为一种综合性、跨部门的河流管理模式，涉及多个层级的管理人员，包括河长、副河长、河长制办公室工作人员、流域管理机构工作人员等。这些管理人员在河流管理中承担不同的责任和角色，但又密切联系、相互配合。河长制管理培训人员的层级交叉特征，体现在不同层级管理人员之间的协同配合、信息共享、交叉学习和互动沟通等方面。

一是河长与副河长之间的协同配合。河长是河流管理的主要负责人，负责统筹协调河流管理工作。而副河长则是河长的助手，负责协助河长处理日常事务。河长和副河长之间需要密切配合，形成合力，共同推动河流管理工作的开展。河长制管理培训体系应该加强河长和副河长之间的协作培训，增强他们的团队合作意识和协调能力。

二是河长办公室与流域管理机构之间的信息共享。河长办公室是负责具体实施河长制管理工作的机构，而流域管理机构则是负责流域综合管理的主管部门。河长制办公室和流域管理机构之间需要保持密切的联系和信息共享，以确保河流管理工作的协调一致和高效运作。河长制管理培训体系应加强河长制办公室和流域管理机构之间的沟通培训，提高信息共享和协作能力，促进河流管理工作的顺利进行。

三是河长制管理人员与相关专业人员之间的交叉学习。河长制管理涉及多个领域，包括水资源、生态环境、法律法规等。河长制管理人员需要具备跨学科的知识和能力，从而更好地开展河流管理工作。因此，河长制管理培训体系应该注重河长制管理人员与相关专业人员之间的交叉学习和合作培训，促进知识的交流与共享，提高河长制管理人员的综合素质和能力水平。

四是河长制管理人员与社会公众之间的互动沟通。河长制管理不仅需要广泛动员社会公众参与，共同保护和管理河流。还需要与社会公众进行密切的互动沟通，了解公众需求和意见，形成共识，共同推动河流管理工作的开展。河长制管理培训体系应加强河长制管理人员与社会公众之间的互动沟通培训，提高河流管理工作的透明度和参与度，实现河长制管理的民主化和社会化。

五是河长制管理人员与地方政府之间的协同配合。河长制作为一项由地方政府主导的工作，各级河长及相关管理人员需要与地方政府部门密切合作，共同推动河流管理工作的开展。河长制管理培训体系应该加强河长制管理人员与地方政府之间的协同配合培训，提高沟通协调能力和政务素养，促进河流管理工作的顺利进行。

综上所述，河长制管理培训人员的层级交叉特征，体现在不同层级管理人员之间的协同配合、信息共享、交叉学习和互动沟通等方面。加强河长制管理培训体系的建设，有助于提高河流管理工作的整体效能，实现河流生态环境的保护和可持续利用。

第三节　河长制管理培训教学内容、结构及方法

表 8-1 的内容为河长制管理培训教学简要大纲案例，在具体实施过程中，这一大纲可根据培训对象的具体需要和背景进行适当调整。每个模块都结合理论学习和实践应用，通过这些具体的教学和学习方法，河长制管理培训将更加生动和实用，有助于加强学员的参与感和实际操作能力。这样的方法不仅能提升学员的知识水平，还能提高他们解决实际问题的能力。

表 8-1　河长制管理培训教学内容表

结构	培训内容	教学方法
一、培训课程的目标与结构	目标设定：明确课程的目的是加强河长对河流管理、生态保护、法律法规遵循、公众参与等方面的理解和能力	工作坊和研讨会：通过工作坊和研讨会的形式，鼓励学员之间进行讨论与交流，增进对课程结构和目标的理解
	结构安排：将课程分为理论学习、案例研究、实地考察和实操练习等多个模块，确保知识的全面性和实践能力的提升	实例驱动学习：结合具体的案例，将抽象的目标具体化，让学员更直观地理解课程内容
二、河长制基础知识	理论讲授：涵盖河长制的起源、发展、目的和国内外实施情况，强调其在当代环境保护和水资源管理中的重要性	多媒体教学：使用视频、图表等多媒体材料来展示河长制的历史和发展
	案例分析：以《长江保护法》为例，分析其对长江流域生态保护、经济发展和社会影响的具体案例，增强理论与实践的结合	小组讨论：围绕特定案例，如《长江保护法》，组织小组讨论，深化对政策背景和影响的理解
三、组织结构与角色职责	角色分析：详细解读不同级别河长的职责，如省级河长重点聚焦战略规划和协调，地方河长则更注重具体实施和日常管理	角色扮演游戏：通过角色扮演游戏，让学员亲身体验不同河长角色的职责和挑战
	设计案例：模拟一个流域的管理过程，设置不同级别的河长，通过角色扮演、情景模拟来加深对河长制运作的理解	情景模拟：模拟管理决策过程，如处理突发污染事件，以提升实际应对能力

续表

结构	培训内容	教学方法
四、生态保护与水资源管理	生态系统理论：详细介绍河流生态系统的组成，生物多样性的重要性，以及生态系统对环境变化的响应机制	实验室活动：安排实验室活动，如水质检测，让学员直观了解生态系统的运作
	实践案例：以某一成功的河流生态修复项目（如某段长江生态修复项目）为例，从规划、实施到评估的全过程，分析其成功要素和挑战	案例研究：深入分析特定河流生态修复项目，探讨其技术和策略
五、法律法规的学习与执行	法规详解：深入解读水资源保护相关的国家法律、地方政策和国际公约，如《水污染防治法》等	模拟法庭：通过模拟法庭活动，让学员实践如何在法律框架内解决水资源管理的争议
	模拟庭审：构建一个环境污染案例，通过模拟庭审的方式让学员参与，理解法律条文的实际应用和执行难点	互动问答：设置针对性的法律知识问答环节，增强学员的法律意识和应用能力
六、公众参与沟通技巧	沟通技巧培训：讲解如何与公众有效沟通，包括倾听技巧、公众演讲、危机沟通等	角色互换：在模拟听证会中，让学员交换角色，比如从河长变为公众代表，增进对不同视角的理解
	互动案例：组织模拟公众听证会，让学员扮演河长、公众、媒体等角色，模拟真实的沟通和协调过程	沟通技巧工作坊：举办工作坊，教授有效的沟通策略和技巧，如倾听、说服和危机沟通
七、案例研究与现场考察	案例选择：精选国内外成功的河流治理案例，如湄公河的跨国水资源管理，黄河流域的生态保护	实地考察：组织实地考察活动，让学员亲自观察并分析河长制的实施效果
	现场考察安排：安排学员前往具体的河流现场，观察和学习当地河长制的具体实施情况，通过实地体验深化理论知识	反思日记：鼓励学员在考察过程中记录观察和想法，作为课后反思和讨论的基础
八、课程总结与评估	总结交流：组织一次课程回顾会议，让学员分享学习心得，互相交流在培训过程中的体会和收获	课程项目：设置一个综合课程项目，如设计一个河流管理计划，作为对学习成果的综合评估
	评估与反馈：采用考试、小组讨论、个人报告等多种方式，对学员的学习成果进行综合评估，同时收集学员对培训的反馈意见，用于持续改进课程设计	反馈会议：举办反馈会议，收集学员对培训的建议，用于未来课程的改进

第四节　河长制管理培训考核机制

一、考核系统概述

河长制管理培训的考核系统是一个全面且多元化的评价机制，旨在全面衡量和提升政府学员在河流管理方面的知识和技能。该系统由几个关键部分构成，包括理论知识考核、实践技能考核、案例分析考核、持续学习和创新能力评估，以及考核结果的应用与反馈。每个部分针对河长制管理的不同方面，确保学员能够在多个层面上得到有效的评估和提升。

在这一系统中，弹性和多样性是核心原则。弹性体现在考核方式的多样化，能够适应不同学员的学习方式和背景，从而提供个性化的评估。例如，理论知识可以通过书面考试或在线测验的形式进行，而实践技能的考核则结合现场操作和模拟演练。多样性则体现在考核内容的广泛性，从基础法律法规到复杂的案例分析，确保学员在河长制管理的各个方面都能得到全面的评价和提高。

此外，这个考核系统强调反馈和持续改进。考核结果将被用来评估和改进培训课程，确保培训内容始终与当前河流管理的最佳实践保持一致。这种方法旨在建立一个循环的学习和改进过程，使河长制管理培训能够持续适应不断变化的环境和挑战。

二、理论知识考核

理论知识考核是河长制管理培训考核系统的重要组成部分，旨在评估政府学员对河流管理相关法律法规、政策原则及其应用的理解和掌握程度。这一部分的考核内容涵盖了从基本的水资源保护法律到复杂的生态修复政策，以及与公众参与和利益相关者管理相关的指导原则。

首先，考核将重点关注学员对河长制的法律框架的理解，包括水污染防治法、水资源管理法等相关法律。此外，政策解读也是考核的重点，如对河长制的政策目标、职责分配、执行机制的理解。理解这些基础知识对于有效实施河长制至关重要。

考核形式多样，旨在评估学员的知识水平和理解能力。书面考试是基础形式，通常包括选择题、判断题和简答题，以测试学员对基础知识点的掌握。为了增加考核的实用性和互动性，也可以采用在线测验的方式，它不仅能够实时反馈成绩，还能通过模拟案例来检验学员将理论应用于实践的能力。

此外，为了鼓励学员深入理解并运用这些知识，考核还可以包括案例研究和政策分析报告的撰写。通过分析具体案例，学员可以展示他们如何将理论知识应用于实际的河流管理问题中，从而加深理解并提升应用能力。理论知识考核的目标不仅能测试学员对知识的掌握，更重要的是促进他们将这些知识应用于实际工作，以提升河长制管理的整体效果。

三、实践技能考核

实践技能考核是河长制管理培训考核系统的另一个关键部分，它专注于评估政府学员在河流管理实际操作中的能力。这部分考核的目的是确保学员不仅理论知识学得扎实，而且能够将这些知识有效地运用于实际的河流保护和管理工作。

考核内容主要涉及日常河流管理操作，如河流巡查、污染源头识别、水质监测和紧急事件响应。这些操作需要学员具备良好的现场判断力、问题分析能力和快速决策能力。因此，考核方式通常包括模拟演练和现场操作任务，以便更真实地评估学员的实际操作能力。

在模拟演练中，学员可能会面对各种假设的情景，例如，突发的水污染事件或河流生态破坏情况。这些演练旨在测试学员的应急处理能力，包括快速评估情况、制定响应策略和协调相关部门的能力。通过这样的模拟，学员能够在控制的环境中练习和提升他们的实际操作技能。

现场操作任务则更加注重学员在真实环境中的表现。这可能包括对特定河段的巡查任务，其中学员需要识别和报告潜在的污染源，并提出管理建议。这种考核方式能够直接展示学员如何将理论知识应用于实际工作，同时也提供了对其工作方法和效果的即时反馈。

此外，案例分析也是实践技能考核的一部分。学员需要分析历史或当前的河流管理案例，识别问题、分析原因，并提出解决方案。这种方式不仅考察了学员的理论知识，还考察了他们的实际应用能力和创新思维。

总体来说，实践技能考核旨在创建一个全面的评估框架，不仅考查学员的操作技能，还考查他们将理论知识应用于实际工作的能力，从而确保河长制管理的有效执行。

四、案例分析考核

案例分析考核在河长制管理培训考核系统中扮演着至关重要的角色。通过深入分析具体的管理案例，学员们不仅能展示其理论知识的应用，还能证明其问题解决和创新思维的能力。这部分考核着重于案例选择、问题分析、解决方案的提出，以及报告撰写。

考核首先要求学员选择一个具体的河流管理案例，这可以是他们自己工作中的实例，或者是公认的成功或失败的案例。

其次，学员需要进行全面分析，识别案例中的核心问题和挑战，如污染控制、生态修复、社区参与等。在分析过程中，学员需运用他们对法律法规、政策原则的理解，评估案例中的管理策略，并考虑环境、社会和经济等多方面因素。此外，学员还需提出创新的解决方案，展示其解决复杂河流管理问题的能力。

最后，学员需要撰写一份详细的案例分析报告。这份报告不仅要展示对案例的深入理解，还应包含对当前河长制管理实践的反思和建议，以此来展示学员的批判性思维和策略规划能力。

五、持续学习和创新能力评估

河长制管理的持续学习和创新能力评估，强调学员在职业生涯中不断学习和适应新挑战的重要性。这一部分考核旨在评估学员的自我学习能力、对新信息的适应能力及创新思维。

评估方法包括但不限于持续教育参与记录、参与研讨会或工作坊的情况，以及对新政策或技术的应用案例。此外，要求学员就某个新兴问题或挑战提出创新解决方案，例如气候变化对河流管理的影响、使用新技术进行水质监测等。此部分考核的核心是鼓励学员保持好奇心和创新精神，不断寻找提升河流管理效果的新方法和策略，以适应不断变化的环境和社会需求。

六、考核结果的应用与反馈

考核结果的应用与反馈部分是整个河长制管理培训考核系统的收尾环节。这部分重点在于如何利用考核结果来提升未来的培训内容和方法，确保培训和考核的连续性和效果最大化。

考核结果应用包括但不限于对培训课程的调整、教学方法的改进，以及对培训内容的更新。这需要培训机构和政府部门基于考核反馈，进行持续的课程评估和改进。

反馈机制包括定期的考核回顾会议和报告，以及学员的意见反馈渠道。通过这些机制，学员可以提出自己对培训和考核的看法和建议，从而帮助持续提升培训质量。通过这种循环的评估和改进过程，河道管理培训能够不断适应新的挑战和要求，确保学员始终处于河流管理的前沿。

参考文献

[1] 刘珉，胡鞍钢．中国式治理现代化的创新实践：以河长制、林长制、田长制为例[J]．海南大学学报（人文社会科学版），2023，41（5）：53-65.
[2] 沈亚平，韩超然．“事责逆向回归”：行政发包中的事责纵向调节机制研究——基于对天津市“河长制”的考察[J]．理论学刊，2023（2）：88-96.
[3] 郭路，郭兆晖．河湖长制在黄河流域治理中存在的问题及对策研究[J]．行政管理改革，2022（9）：70-78.
[4] 杨明一，秦海波，乔海娟，等．如何完善河长制——基于与流域综合管理比较的视角

[J]. 中国环境管理，2022，14（1）：78-84.

[5] 汪群，傅颖萍，钱慧丽．基层河长胜任力模型构建的实证研究[J]. 河海大学学报（哲学社会科学版），2021，23（3）：80-88，108.

[6] 颜海娜，曾栋．河长制水环境治理创新的困境与反思——基于协同治理的视角[J]. 北京行政学院学报，2019（2）：7-17.

[7] 李妞妞，张一新，吴志杰．探索"河长制"全面有效实施之道[J]. 中国人口·资源与环境，2018，28（S1）：164-168.

[8] 姚清，毛春梅，丰智超．跨界河流联合河长制形成机理与治理逻辑——以长三角生态绿色一体化发展示范区跨界水体联合治理为例[J]. 环境保护，2024，52（1）：44-49.

[9] 吕志奎，詹晓玲．"两手发力"协同共治的制度逻辑：基于Y县河湖物业化治理的案例分析[J]. 行政论坛，2023，30（4）：151-160.

[10] 胡乃元，朱玉春．农村公共池塘资源的"嵌入式自治"及其制度逻辑[J]. 农村经济，2023（4）：55-64.

[11] 熊烨．跨域流域治理中的"衍生型组织"——河长制改革的组织学诠释[J]. 江苏社会科学，2022（4）：73-84.

[12] 鞠茂森，吴宸晖，李贵宝，等．中国河湖长制管理规范化与标准化进展[J]. 水利水电科技进展，2023，43（1）：1-8，28.

[13] 张治国．河长考核制度：规范框架、内生困境与完善路径[J]. 理论探索，2021（5）：74-82.

第九章

智慧系统赋能“泉州河长制”

第一节　泉州河长制信息系统建设

一、信息系统建设的必要性

（一）满足各级河长管理工作的必然需要

河长制管理信息系统是一种信息整合平台，旨在实现河长制的“可视化”“可控制性”和“流畅运行”。这个平台综合了自上而下的任务分配、工作监督及绩效考核等功能，同时开设了信息报告和问题回馈渠道，以方便各级别河长之间的通信和协作。系统为管理者提供实时河道图片查阅、污染源分布、水质和水位等重要信息，丰富了管理者的日常管理工具。针对河道管理的长期制度建设，系统提供了更有效、更及时的问题解决途径。巡查人员能通过系统上报问题，河长能看到问题后快速协调相关部门进行处理。对于水环境治理项目，项目巡查员在发现问题后可通过督办单上传系统，项目责任单位在系统中查看问题并根据反馈进行整改。通过这种“巡查上报—问题督办—问题整改—整改核实”的工作机制，提高了工作效率，同时，也让公众在监督项目中发挥了重要作用。系统还通过监督热线、微信公众号、网上问题反馈窗口等渠道提供公开信息，让公众和社会组织在河湖保护中扮演重要角色，将他们的监督权发挥到极致。在这个过程中，公众在行使监督权之余，也对社会进行了积极贡献，他们参与的过程，也是他们承担社会责任的过程。

（二）因地制宜创新河湖管理工作的必然需求

河长制按照河道等级，可以划分为省级、市级（州级）、县级（市级、区级）、乡级（镇级、街道级）、村级（社区级）五级河长机制。通过设立河长制管理信息系统，可以实现对全部流域河道五级河长的覆盖，从源头到终点，无一遗漏。系统通过详细搜集和录入每个区域河长制管理的基本信息，实现对河道的精确网格化管理。

二、信息系统建设规划思路

（一）河道水质在线监测系统

在线自动监测系统是一种以水质监测分析仪为关键组件的设备。该设备主要通过液体采样技术，配合计算机分析及网络传输等领先技术，构成了全面的水质自动分析体系。它能有效地测算各类水质参数，并对江湖水体进行自动样本保存。同时，系统还利用水质模型软件预测水质变化趋势，并发出预警通知，根据水质实况展示数据信息，为河长的工作提供了关键的数据辅助。

水质监测数据包括：pH、溶解氧、温度、电导率、浊度等实时水质信息及往期人工采集检测信息。将在国家、省控及重点断面布设的水情监测站采集信息后，在页面上根据设置显示的时间段和监测站点进行分类实时显示。可通过列表和图形的样式显示实时采集的监测数据，并结合电子地图在地图上显示实时的监测水质信息。

在对水质进行连续采集、处理、分析的同时，完成相关的水质监测数据的统计分析，实现全区域水质的指标综合评价，对水质进行连续处理、分析的同时，完成相关的水质监测数据的统计分析，实现全区域水质的指标综合评价，辅助无人机、执法人员等对水体污染的变化趋势、追溯污染物来源等进行监测、管理，为管理部门决策提供科学依据。

（二）河道视频图像实时监控系统

实时视频监控系统，通过前端数据采集设备和手机应用实现河道水情实时监控。应用客户端为用户呈现了查看和上传水位信息的界面，河湖的实时水位信息和周围环境可以通过视频或照片的方式在客户端进行传输。系统在对河道及周边环境的视频图像和水位信息进行比较分析后，将结果公开供大众查询。基于河道、湖泊及主要排污口的实时监控状况，已有监控站点的信息可以实现共享。对于那些未设立视频监控措施的重点河湖保护区域，特别是易污染和易排污的河段，可以通过增设视频监控系统来实现实时监控。

（三）河道巡查轨迹管理系统

河道巡查轨迹分为无人机轨迹、巡河轨迹及自定义轨迹，并在“一张图”内显示轨迹图。基于手机 LBS 网格化管理系统，河道巡查轨迹管理系统作为一款面向基层巡查员的移动信息管理平台，能够整合河道巡查、分析决策、指挥调度等功能。它通过手机网络与大数据平台接口，为巡查人员提供图像、数据、策略建议等信息。这个系统可以将巡查人员、河道水质、各类监测设备的工作状况等信息在手机应用程序中进行直观展示。通过图像视觉化查看、数据分析报告输出等功能的实现，为河湖管理的监控和决策过程提供了强有力的支持。

（四）大数据综合集成系统

依托大数据平台，对初建河道水质在线监控站点数据、视频监控站点信息、水文部门已有的基础雨量、水文站点，以及中小流域（容易发洪区）的水文数据、水利部门的水库监测数据，以及环保、水利、气象部门等已建完善的河道水质监测站点收集的相关资料进行后台整合。根据实际需求，对河湖的责任区划分，对各辖区内的河道断面水质探测站监控信息、中小河流水文监测站、防汛指挥系统的水雨情监测站等数据信息进行标准化接入，使各类探测站点的即时数据接入和分享成为可能，同时依据河长制的职责与管理机制，对河道管理的原则、河道污染的应急方案、响应措施、反馈机制等关键环节采用数字化、挨个化处理，使所有基础数据实现大数据仓库模式的综合集成。

（五）大数据洪水预警预报系统

此子系统与市场上当前的大数据洪水警报预测服务集成，借助洪水预测模型进行数据分析，以完成管辖区内任意径流过程的预测，同时提供定制产品和服务以满足实际需求。各级河湖主管通过手机 App 平台获取未来 24 小时内不同时间段的洪水总量、洪水过程、最大洪峰等预报信息，进而根据本地实际情况对水库、水电站等水利设施进行科学的决策和调度。

（六）河长制云服务平台

该平台以云服务为数据支持，利用统一的短信网关发布平台进行信息发送，通过数据服务和 Web 交换接口实现统一的河长制云端服务，其含有四项服务，即云存储服务、云计算集群、信息发布服务和数据共享接口。云存储服务主要为租用云存储服务，用于河流水系基础底图、河道基本数据、动态运行数据及成果数据的存储，此为一项 20TB 以上的大数据存储服务。通过租用大数据平台，云计算群集为大数据分析、河道治理调度、决策分析提供计算服务，此为一个包含 10 个以上节点的计算服务群集。信息发布服务是租用 Web 应用服务器和短信网关，构建提供监控、预警、调度、决策等专题服务的信息发布通道，涵盖公网带宽 100M 以上的云端 Web 服务和短信网关发布服务两项。数据共享接口是一项租用 Web 服务器构建的统一数据服务交换接口，借助“水利云”和水资源管理调度系统支持平台等系统实现水质预警数据、决策指令数据、河流防汛基础信息等数据的共享交换。

（七）河长制综合管理信息系统

河长制综合管理信息系统允许 Windows、Android、Linux 等多个操作系统之间的互动使用。用户不仅能在电脑上进行数据查阅、系统维护、问题处理等日常操作，也可在移动端如手机上实时查看河流河道（断面）的各类信息。无论是 Windows、Android 还是 Linux 操作系统，河流河道（断面）的显示都十分清晰，并且在不同平台上能够实现互联互通。随着时代的演进、5G 移动网络的普及，就一般用户的使用习惯来说，河长制综合管理信息系统的移动端使用更为方便，它可以随时随地提供断面交接、污染源、河长电子公示牌等信息。各级河（湖）长只需通过屏幕，便可进行各类涉河紧急事件的上报、处理、反馈等操作，甚至可以在移动端上写电子版的河长工作日志。公众可轻松进行水质查询、寻找河长、举报投诉等操作，还可以通过定位功能和上传“随手拍”照片来及时体现河道问题，并对问题解决进程进行监督。

（八）社会公众参与系统

公众对河流水环境问题的疑问反映了他们对优质环境的渴望。全面实施河长制的目标是引导社会的广泛参与，特别是从信息科技的层面引导社会的各个部分参与河湖的管理工作。设立社会公众参与系统的目的在于为公众提供一个持久而稳定的参与通道，从而使公众由河湖问题的受害者、旁观者和评论者转变为河湖管理的利益方、参与方和监督方，解决公众对河湖管理工作的信任问题，逐渐在社会中形成政府、企业、社会三方协同治理的健康局面，为水生态治理体系改革创造一个良好的社会环境。

三、信息系统设计原则

按照河湖管理工作的要求及信息化平台建设的实际状况，河长制综合管理信息系统的创建和开发需要坚定不移地遵循四个聚焦点。这些包括“系统化的规划和分阶段的实施，严格的标准和强化的管理，分级的公开和资源的共享，以及安全可靠且能满足需求”的原则。

（一）系统规划，逐步实施

构建信息系统是一个涵盖广泛的信息管理项目，不可能一次性完成。在制定系统设计时，需全面考虑各种需求，以最大化地满足实际工作的要求。并且需要进行全盘的规划和设计，考虑到河湖管理的现实情况和资金保障能力，凸显主要焦点，分阶段推进执行，优先考虑满足一线需求，随后根据实际进展逐步展开。

（二）严格标准，强化管理

在系统构建过程中，至关重要的是设立严密的量化准则，对网络通信、仪器操作、数据处理、测量模式等作出严格的规定。充分调配并利用现有的网络基础设施、业务系统、站点设备等资源，仔细进行现有资源的管理工作，为信息系统的发展、创建以及之后的维护提供坚实的支持。

（三）分级公开，资源共享

构建该系统需要多部门、多平台、多渠道的统一与协作。根据使用权限，对不同等级的数据平台提供授权管理。在保障数据安全的同时，公开的信息需要实现资源共享，从而达到信息系统的互联互通。对于那些不宜公开的数据，通过专门的传输通道在水利系统内部共享。而可以公开的数据，应根据具体条件，依法依规在该系统中进行公开。

（四）安全可靠，满足需求

在当今的网络时代，确保信息安全是系统开发的一个核心需求。数据安全不仅影响到决策的准确性，还与国家的信息安全息息相关。首要，要求遵循国家关于信息安全的各项政策和规定。其次，要根据系统开发和管理的需要，创建和完善相应的安全管理结构体系，要从防止信息泄漏的预防措施和应急计划、公开信息的管理规则等多个角度构建一个安全可靠的防护机制，以确保系统运行的高度可靠和安全。

第二节　河长制智能学习平台

一、河长智能学习平台设计

（一）平台需求分析

河长制是我国正在积极推行的一项制度，近几年做出了明显的成效。经历了多年的成长，大量的河长投身于这个制度的推行和建设中。随着河长人数的增长，新的阶段产生了新的责任，主要是提出了对河长管理和训练的更大需求。但同时从实践中可以发现，管理平台的建设已走在前面，当前为了满足各个层级河长的学习需求，构建一个便捷的学习平台是十分迫切的，而对智能化学习平台的需求及要求也产生了新的改变。

在设计河长智能学习平台的需求判断过程中，要考虑客户的要求是全功能河长平台，另外对外部使用环境也要有清晰明了的认识。因此，对平台需求的判断包含了对项目需求强度的评估，研究需求性的讨论，以及平台需要解决的具体问题。与此同时，也需要明确实现目标的预期结果，以确定研究的深度与广度。在细节上，需要探究用何种方法和工具进行研究，以保证最后能达成研究要求和达到最佳效用。最后，需将上述种种情况进行综合，并决定最终的研究方案，以此方案为准绳，推动剩余的研究工作，以系统性的规划和设计保证河长智能学习平台的有效性开发和应用。

（二）业务需求分析

我国在国家级别上出台了相关政策以推行河长制，近年来陆续发布了《关于全面推行河长制的意见》和《关于在湖泊实施湖长制的指导意见》。我国立足于长期考虑，决定解决复杂的水资源问题，以确保我国的水资源安全，这是我国生态文明建设的重要部分，同时也影响着经济社会的发展。近年来，各地的河长制建设发展迅猛，河长数量直线上升，出现了对河长进行学习、培训和管理的巨大需求，同时也提高了对河长的要求。中华人民共和国水利部部长李国英 2021 年 12 月 9 日在《人民日报》上发表的文章《强化河湖长制建设幸福河湖》中明确指出了需加强数字能力的提升，而这一需求与河长智能学习平台的设计相互呼应。

（三）用户特征分析

我国的河长制实行了一种自上而下的责任链模式，采用分级管理。因此，可以看到不同级别的河长之间，由于职责层级的差别，需要管理的事务、方式、区域也各有不同。因此，根据河长们不同的学习需求，提供特定的智能学习推送方案，让有相似学习需求的河长能够相互推荐学习资料，有助于填补知识空缺。

首先，通常是由当地行政长官担任的区域总河长。这就意味着，多数担任河长的人年纪较大，对网络学习平台的操作可能存在不熟练的情况。因此，对河长智能学习平台提出了简单易操作的需求。其次，河长同时还是地方行政长官，日常工作任务繁重，所以，学习模式需进行相应调整。课程内容应尽量精简，后续练习不需要过长，只需选取一些典型案例达到学习效果即可。还可以通过关注相关微信公众号，主动发送推荐信息，提醒完成学习任务，充分利用河长的碎片时间，既节省了时间也提高了学习效率。此外，河长所在地区的差异性也不可忽视。我国地大物博，地形各异，山川河流遍布全国。区域内的河湖类型受到当地气候和地貌的影响较大，不同情况需要不同的河湖治理方式，因而也需要对河长的地区特征进行定位。

（四）用户需求分析

在进行用户需求分析之前，要先确定用户群体。河长智能学习平台的主要用户群体是各级河长。只有对用户有足够的了解，才能准确分析出他们的需求。他们的核心需求是要通过平台系统地学习河长管理的具体课程，以便能解决在推进河长制过程中遇到的各种问题，帮助他们更好地完成工作任务。在此基础上，还有一些细节需求，比如节省时间，提高学习效率等。为了满足这些需求，此处主要介绍智能推荐算法的应用。通过对用户需求和课程内容的相关性进行计算，能够为用户推荐最合适的课程，使他们能在最短的时间内找到合适的课程。这样既节约了他们搜索的时间，也提高了推荐的精确度，极大地提高了学习效率，节省了时间成本，满足了用户的基本需求。此外，一旦用户找到了所需的课程，能否掌握课程中的知识并应用到实践中解决实际问题，也是平台需要考虑的问题。对此，平台通过分析用户的考试成绩来判断学习效果，如果发现用户在某方面掌握不够，根据他们的具体情况，加强相关内容的推荐，这样既满足了用户的基本需求，也提升了用户体验。

（五）非功能性需求

1. 安全性需求

维护系统的安全十分关键，面对未得授权的用户，必须进行遏制和管理，以确保内部数据的储存和传递的安全，同时使用户在使用时有更贴心的感受。

2. 可靠性需求

系统的稳健性包括成熟度、健壮度和恢复性，在软件出现问题时能够调整其性能纬度，复原其受损数据的能力，进一步加强了系统的安全稳定性。

3. 易用性需求

易用性体现在易于理解、操作和学习三个方面，这主要反映在用户界面设计的贴近性，这种设计有助于用户理解，学习和操作，从而提高用户的使用体验。

4. 可维护性需求

系统自动纠错的能力，故障的可侦查性，以及可测性，都被归类为可维护性的一部分。系统的纠正、更新、备份、恢复的便利程度将决定系统后续运营维护的费用和难度。随着河长制的深入发展，多种政策建议和各种形式变迁所产生的应对策略都会增加系统后期的运营及维护，并且这也将向日常化的方向更进一步，因此可维护性变得尤为关键。

5. 可移植性需求

可移植性指的是一个软件从一个所在环境转移到另一个环境的技能，包括适应各种环境，安装便利，方便进行在线更新，遵循与软件可移植性相关的标准，以及有在环境中更换的能力。由于河长制智能学习平台将在现有的河长制信息化平台上整合数据，并对其自身的数据进行共享，因此其可移植性也是一项重要的需求。

二、系统架构设计

（一）展示层

展示层部分采用了 VUE 框架，其主要职责是显示平台的多功能模块，以便接收用户的请求（图 9-1）。展示层接收到的数据会传到后台处理，并在经过后台处理后再返回展示层，最终交由用户查看。这样的设计有效地实现了前端的数据交换。

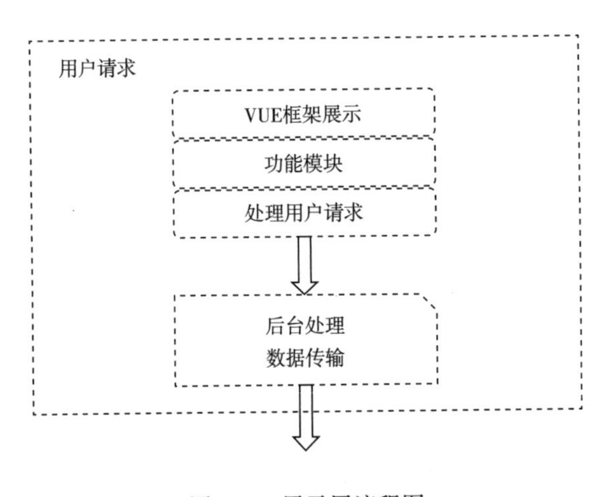

图 9-1　展示层流程图

（二）服务层

服务层的根本服务是利用平台设计的多样功能模块为用户提供各类服务，同时对用户的请求予以响应，通过处理各功能模块的业务，最终实施功能（图 9-2）。同时，通过从基础数据和其他数据中提取并保存，构建关系型数据库。数据库中包括用户的关键信息数据，如搜索记录、学习记录、考试成绩等，将这些关于他们的兴趣爱好、学习效果等提取出来，再通过构建算法模型进行数据处理，生成智能推荐，最后反馈至展示层，为用户提供智能推荐。

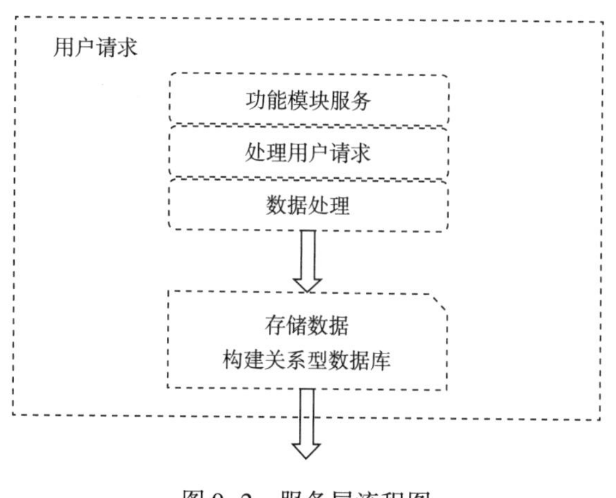

图 9-2　服务层流程图

（三）数据层

河长智能学习平台在数据存储上选择了 MySQL 数据库和视频云存储（图 9-3）。应用于平台上的众多学习资源大多是视频形式，故而采取了视频云存储技术，这是目前被广泛运用的视频存储技术。对于基础数据以及新生成的记录数据，该平台选用了 MySQL 数据库进行存储。MySQL 的适应性较强，能迅速存储大量的数据。选择这两种不同特性的存储技术，足以满足河长智能学习平台在数据存储上的特定需求。

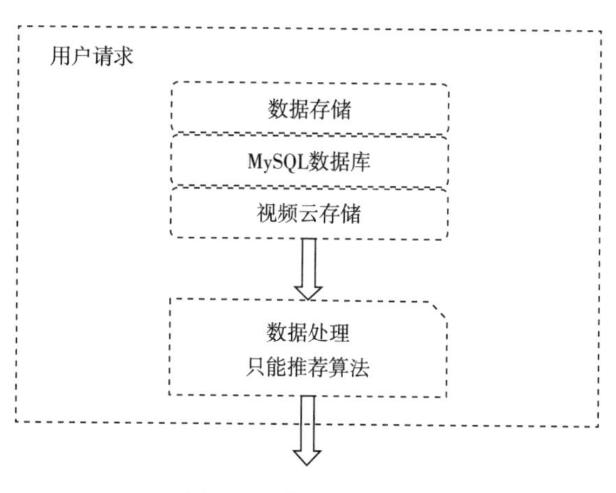

图 9-3　数据层流程图

河长智能学习平台整体流程图如图 9-4 所示。

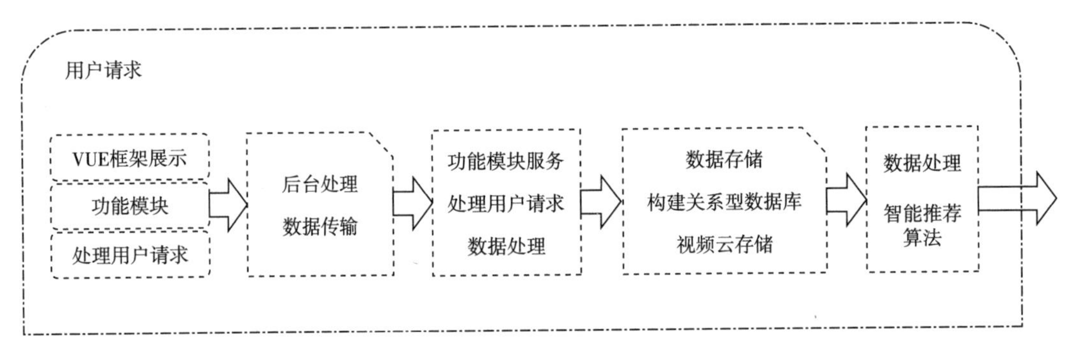

图 9-4　整体流程图

三、功能模块设计

河长智能学习平台的模块设计分为用户端、后台管理端两个部分，如图 9-5 所示。

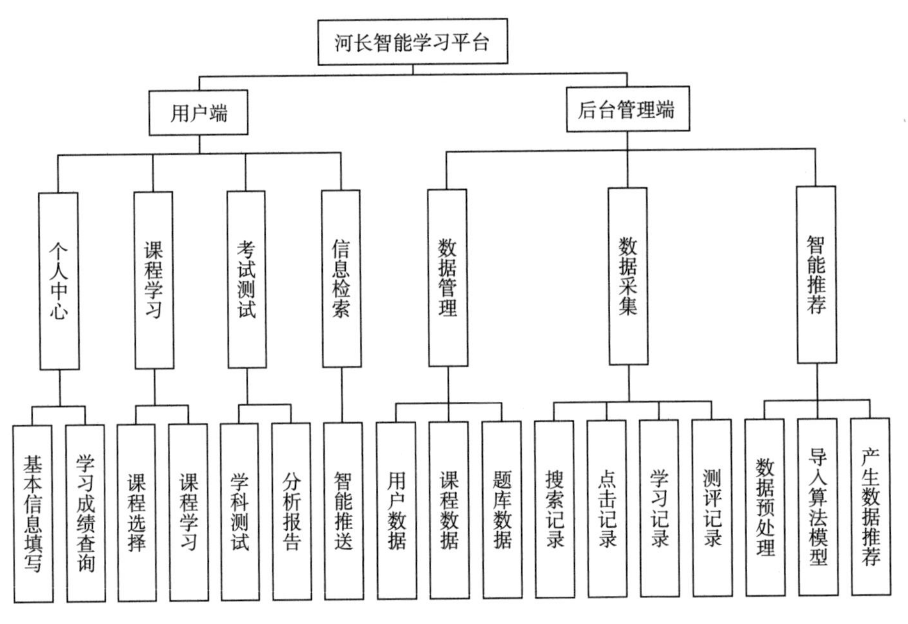

图 9-5　系统功能模块图

用户端主要包括个人中心、课程学习、考试测试和信息检索四个模块。

个人中心模块主要负责收集用户详细信息作为初始数据，以便对用户进行初步了解。学习成绩查询模块则为用户提供学习反馈，以帮助他们规划接下来的学习路径。

课程学习模块为用户提供丰富的课程选择以及相应的学习服务。

考试测试模块则设计了各种形式的测试，以提高学习效果，增强知识记忆，并为后续的智能推送提供坚实的数据支持。

信息检索模块方便用户快速查找所需内容，提供了快速反馈，优化了学习体验。并且后台将处理的检索数据应用于模型计算，得出智能推送的数据，通过前端显示层为用户提供智能推送服务，进一步增强推送内容的精确性，优化用户学习体验。

后台管理端包括数据管理模块、数据采集模块和智能推荐模块，为前端提供强有力的支持，为用户提供更智能的服务，提高用户的满意度。

数据管理模块对用户、课程和题库数据进行整理和分类，为后续的算法模型提供基础数据。数据采集模块收集搜索记录、点击记录、学习记录和测评记录等关键数据，这些无疑对智能推荐模块的功能有重大影响。

智能推荐模块是平台的核心，负责数据预处理和分类，构建统一的数据类型数据库，以便算法模型运算，以及提高推送结果的精确性。最后，系统通过前端显示层展示智能推荐给用户。

四、数据库设计

河长智能学习平台采用 MySQL 创建数据库，以其安全、便于使用的特性满足需求。此数据库旨在为平台提供支持，平台运行非常依赖存储在后台的数据以及前台用户活动过程中产生的新数据。

平台主要服务对象为用户，而用户是产品需求的创造者。因此，从逻辑关系角度切入，对河长智能学习平台的用户与平台提供的产品之间的关系进行建模，并依据各类关系数据集，从平台模块需求角度详细设计数据库，以产生用于构建数据库的各类数据集合。

（一）数据关系图

图 9-6 所示为选课关系图，用于构建用户和课程之间的关联。首先，通过为用户和课程界定属性进行区分，用户的信息，包括身份、账号密码等主要特征，被有序地记录在用户特征数据库中。课程的信息，比如名称、类别等特征，被明确并存储在课程类型数据库中。

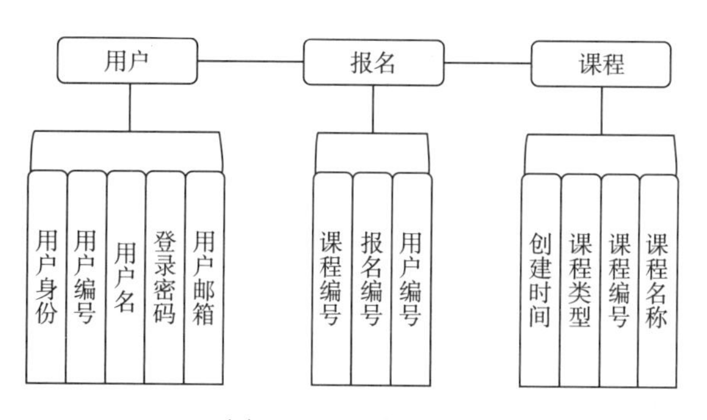

图 9-6　选课关系图

在用户选择课程的过程中，系统会调取用户编号和课程编号进行匹配，以确保所选课程能与相应用户关联起来。生成的报名编号然后被录入选课信息库，为后续的管理和数据分析提供必要的支持。这种设计的选课关系流程的主要目标是建立用户和课程之间紧密且有序的联系，确保选课信息的可靠性和系统的平稳运行。借助这个关系图，可以清楚地理解用户与课程之间的联系方式，为河长制相关的智慧教学管理系统的正常运行提供可靠的基础。

测试关系图如图 9-7 所示，其中用户通过测试模块完成考核。首先，需要设立试题信息数据库，然后根据用户进行测试所产生的数据进行记载，建立测试记录数据库。

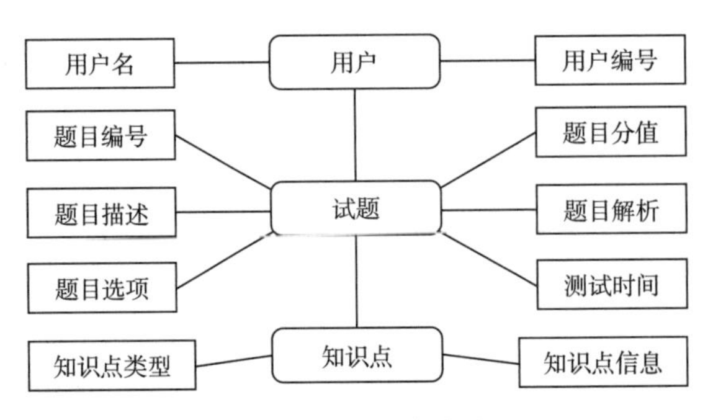

图 9-7　测试关系图

用户与试题之间的关系，以及试题与对应知识点之间的关系，可以推导出用户对该知识点的掌握状态。通过查询知识点类型，找到对应的课程，从而进一步推测用户对相关课程的掌握程度，以此提高河长制实施队伍的基本专业素养。这一过程还为后续智能推荐模块提供数据支持，推动其实现。

智能推荐关系图如图 9-8 所示。此图展示了根据用户在平台上的各种活动记录进行数据收集的过程，包括课程听课记录、测试记录、评分记录、时间记录、点击记录和搜索记录等。

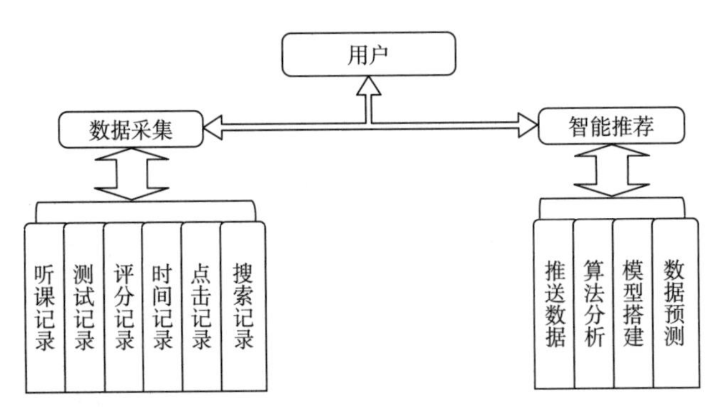

图 9-8　智能推荐关系图

另外，还会收集用户在用户中心留下的基本信息，进行全面的与用户以及学习过程相关的数据收集，并将这些数据发送到后台进行预处理。预处理后的数据类型集中后，一旦所有数据都满足智能推荐算法的需求，便将其导入预先构建好的数据模型中，使用推荐算法进行分析，最终产生供推送的数据。

通过前端的展示层，将智能推荐展示给用户。

（二）数据信息表

数据库的搭建依赖多个数据表的构造。通过对上述各类关系的研究，针对需求数据以及新生成的数据进行分类和信息采集，建立各种数据信息表，最终实现数据库的完整构建。

第三节　流域水生态环境监测与管控体系

一、我国现行水环境监管模式

（一）区域监管模式

区域监管模式如其名，是基于行政地区划分，依赖地方政府和环保部门，以解决特定行政区域内水环境问题为目标的环境监督模式。这种模式前提是现行的行政管理组织结构体系，是具有属地性质的传统环境监督模式。它主要是利用国家的权力，通过立法等强制措施来直接监督管控环境问题，并依赖地方环保部门来执行环境监管职能。

区域性环境监管模式的优势是：环保机构监管权限明确，政府部门有极高的权威性，相关的水环境法规和政策能有效实施和执行。然而此模式有显著的局限性，各行政区间缺乏有效协作机制，难以解决中国跨行政区水环境监管的难题。此外，由于环境监管工作长期在单一行政机关的掌管下，很容易形成地方保护主义现象，从而导致环境监管过程中的低效率和腐败，使监管结果缺少公众信任。

（二）流域监管模式

流域监管模式强调的是以水文区块为依据，地方各级环保部门针对特定水域的环境保护、水资源的开发利用等涉及水的活动，实施跨行政区域的联合监管，旨在实现水环境监管的协调统一。

目前，我国的流域监管模式主要有两种实践形式：首先，在重点水域，设立专门的流域管理机构进行统筹监管；其次，是通过加强跨省份的协作，利用联合调研、磋商协同方案，联合会议、联合执法等方式，规定跨行政区水污染防治及水质管理的协作机制。

流域监管模式有助于整合地方政府和职能部门的执行力度，通过跨行政区的合作实现对流域的统一监管。然而，根据现有经验，我国的水环境监管中依然以“命令控制型”手段为主，即使在跨行政区的流域监管模式下，也需要依赖各地政府部门的力量，公民、社会组织、媒体等第三方力量在环境监管中的参与仍然有限。由此可见，仅依赖流域监管模式也难以达到理想的水环境治理效果。

（三）混合型监管模式

混合型监管模式结合了区域、流域及社会监管方式，本质是政府对水环境的一体化管理与部分涉水项目的非公有化相融合的模式。该模式沿袭了政府主导原则，由地方各级环保主管部门起引导作用，负责综合监管各自区域内水环境问题。面对跨行政区水环境问题，则是由地方水环保主管部门与社会第三方力量联合应对。

从一定程度上看，将区域、流域及社会力量结合所形成的混合型监管模式是一种更科学的方式。它既能发挥区域与流域监管的各自优势，又能消除两者监管上的隔离，尽可能避免各自运行机制的不足，有效应对我国跨行政区水环境监管的困境。同时，该模式鼓励第三方介入环境监管，有助于改变政府单独主导环境监管的状态，更好地利用社会力量在技术、设备和人力资源方面的优势，提升环境监管效率。

然而，混合型环境监管模式并非银弹，它也存在问题。主要问题在于，由于政府部门和社会监管权独立混合，可能产生职责划分困难、各部门间利益冲突以及责任分摊问题。另外，在传统组织结构影响下，当前环境监管部门多归地方政府管辖，即使有第三方监管力量参与，其财政、人事、权责配置仍可能受地方政府制约，难以脱离地方政府的过度干预。

二、水环境监管在河长制信息平台的实现

河长制是水环境监管架构的显著改进，给水环境治理注入了新动力。为了在河长制信息管理平台上实现水环境问题的全过程封闭处理，并将其划分为数据收集、水质评估和协同解决三个步骤来进行深入阐述。

（一）数据收集

水质信息包含诸多数据，其中包括水质检测站的基础信息、水域功能区的基础信息、地下水和地表水检测站的信息、大气降雨水质检测站的信息、水质监测数据记录、关键水域功能区的预警指标，以及水质检测等数据。收集这些信息需要秉承信息共享与交换的理念，对接各个环保已经建立的检测站点，包括自动化的水质监测站、重点水域、河流源头、饮水源地、排污口和生态保护区等，以便实时获取监测数据。需要注意的是，监测断面主要包括地表水监测断面、饮用水源断面、交接断面及“水十条”断面，其具体位置应能反映所在区域环境的污染特征，并通过最少的断面获取有足够代表性的环境信息，同时也需考虑实际采样的便利性与可行性。

在设定检测断面时，需要考虑水体及其周边环境的生态类型、人为干扰的强度，以及生物监测技术的特殊要求。为满足监测和评估目的，应遵循以下几个原则：

（1）尽可能保持与历史观察点位一致；

（2）在监测点采集的样本需要能够较好地代表研究水域的单一或多个指标；

（3）生物监测点位应与水文测量、水质理化指标监测站相匹配，以尽可能获取充足的信息，以解读观察到的生态效应；

（4）生物监测点位应尽量覆盖不同的生境类型；

（5）在确保达到所需的精度和样本量的前提下，监测点位应尽量减少，以平衡技术要求与费用投入。

（二）水质评估

水质评估方法极为多样，主要包括指数评估法、灰色相关法、模糊数学评估法、人工神经网络评估法、水质标识指数法及主成分分析法等。其中，由于指数评估法能对河流水质进行定性和定量的评估，并能指出目前水环境中的主要污染源，因此应用得更为广泛。根据计算方法及评估目标的不同，指数评估法可以分为单因子评估法和综合污染指数法，其中内梅罗污染指数法是综合污染指数法中常用的一种。

在挑选评估指标过程中，需要进行一定程度的权衡。例如，由于生物指标和脆弱性指标评估周期长、时效性差，不能准确地反映出极端天气条件下河流环境的变化，因此在选择指标时不采用这些指标。主要挑选的指标参见第七章河长制下的河流健康评估。

（三）协同解决

1. 协调机制

在河长制管理信息平台上，对河湖水环境问题的解决采取了协同责任机制，着重问题导向和以人为本。通过对人的管理和限制，确立了人们对河湖问题的主导保护，以达成维护河湖健康的目标。在河长制的管理中，以各级河长为引导和组织，建立了水平协调机制。依靠各相关责任部门的辅助参与，也建立了垂直协调机制，形成了全省覆盖的河长运营管理网络。这确保了全省河湖管理工作的协同一致性，从而实现了对河湖的联合管理和保护。

2. 解决流程

（1）横向协调机制解决：横向协调机制主要依赖断面水质评价结果和河长在巡查过程中发现的水环境问题，以河长作为主要负责人，联合水务、环保、农业、林业、气象、土地、住宅建设、发展改革、交通、公安等相关部门进行综合会议。针对各种水环境问题，制定相应的方法和措施，并由基层执行人员负责水环境问题的治理和保养，形成了河长制下水环境问题的两侧协同机制。

（2）纵向协调机制解决：纵向协调机制侧重于省、市、县、乡、村级河长及相关联动部门的五层管理，通过信息的上报和任务的下发形成连贯的作业链。这个机制可以让信息在五个级别的部门之间及时有效地传递。河长担任整个纵向协调机制的发起者和执行者，负责领导和组织，使水环境问题的解决流程和目标明确。并且，对于解决问题的任务能够进行适当的分级，使各相关部门在问题解决过程中有明确的责任和任务划分。

参考文献

[1] 周少君．河长制管理信息系统建设的研究[J]．农业科技与信息，2022（17）：29.

[2] 颜海娜，吴泳钊．数字技术何以助推公众参与——以广州市“共筑清水梦”平台为例[J]．学术研究，2023（9）：52-59，177-178.

[3] 吴宸晖，姜翠玲，鞠茂森．河长制水生态环境修复监控管理平台的探讨[J]．中国农村水利水电，2021（6）：38-41，48.

[4] 陈翔宇，阚飞，卢鑫，等．河长制管理信息平台在水环境监管中的应用[J]．四川水利，2019，40（6）：124-128，132.

[5] 颜思琳，罗火钱，钟子进．“互构论”视角下信息技术嵌入河长制的有效性分析——以福建省S市Y县“河长制智慧管理平台”为例[J]．中共福建省委党校（福建行政学院）学报，2021（2）：91-98.

[6] 唐锚，尹晓楠，李霞．北京河长智慧移动终端应用设计与开发[J]．人民黄河，2020，42（3）：164-168.

[7] 沈定涛．长江科学院空间信息技术应用研究所研发的“河网通”智慧河长管理信息平台取得软件著作权[J]．长江科学院院报，2018，35（5）：157.

[8] 王禹杰．“互联网　智慧河长”信息管理系统设计与实现[D]．合肥：合肥工业大学，2020.

[9] 赵士星．智慧河长信息化管理平台的研究和实现[D]．郑州：华北水利水电大学，2021.

[10] 张慧，王连勇，王吉永，等．基于多终端的河长制管理云平台设计与实践[J]．灌溉排水学报，2020，39（S2）：104-108.

[11] 吴文会，李冰．基于云服务的河湖长制综合信息管理平台设计[J]．测绘工程，2019，28（3）：41-45.

[12] 丁春梅，吴宸晖，戚高晟，等．水体监测物联网技术在河长制工作中的应用[J]．人民黄河，2018，40（10）：57-60.

[13] 王冠，孔宇．沙坪河河道流域智慧水务建设方案研究[J]．给水排水，2020，56（3）：148-152.

[14] 陈娜，蔺志刚，刘瑾程，等．基于智能视频监控系统的河湖四乱巡检技术研究[J]．水利水电技术（中英文），2022，53（S2）：455-462.

第十章

地区河长制水域生态治理经验

在中国这样一个水资源丰富的国家，历朝历代都少不了对水资源的管理。中华人民共和国成立后，国家对水资源实行分级分部门的管理体制。这种条块分割管理水资源的模式虽然健全了水行政的垂直管理结构，强化了地方水利管理，但在改革开放后，经济迅速发展、水环境迅速恶化的情况下已变得不适应，不得不开始重视流域的系统性，学界及政府都开始主张对待具有系统性特点的流域应当采用系统管理的理论。河长制的发展经历了无锡首创河长制、太湖流域推广河长制，再到地级市、省级、全国推广深化河长制改革的历史进程。

第一节　省级河长制政策

一、浙江省

浙江省水资源丰富，但随着经济的飞速增长，水资源短缺、水质下降及生态失衡等问题逐渐浮现。2014 年，浙江启动了“五水共治”项目，一个重要的部分就是采用河长制。浙江在全国率先执行了河长制，并创新了一系列措施，成功地改善了水环境的质量。2016 年，中央政府要求全国各地实行河长制。中华人民共和国水利部和中华人民共和国环保部等部门纷纷召开会议，将浙江的成功经验在全国推广。大体上，浙江河长制的特点可以概括为四点：管理方式采用分层和区域化的方法，责任配置实行全包制和协同合作，运行机制追求科学和信息化，监督和评估则以多元化和严格制度为准则。具体如下：

（一）管理模式层级化、属地化

河流作为生态系统，展现出的特性包括整体性、流动性和混合性；然而，作为管理对象，河流却属于不同的政府级别和行政区域。河流的管理需要在自然法则和社会法则的一致性上建立。浙江依据河流的特性和行政等级，设定了省、市、县、乡、村五级河长。穿越县区的河流由省领导担任省级河长，河流经过的市、县、乡、村的领导分别担任市级河长、县级河长、乡级河长和村级河长，跨县、跨乡镇、跨村河流的河长也按此模式决定，从而在河流管理上实现了生态整体性、管理层次和责任地的平衡和统一。浙江还将五级联动的河长系统向下延伸至沟渠、塘等小水体，通过设立渠长、社区网格长，形成了纵深全覆盖、横向全面的河长系统，确保所有级别和类型的水体都实施河长制。

（二）职责配置包干化、协同化

水资源的管理和使用涉及多个部门，部门间的责任不明确和互相推诿是水环境恶化的重要原因。要实现河道治理的目标，解决多头管理的问题是关键。为此，浙江省确立了各级河长是河道管理的第一责任人，对其管理区域的河道污染治理和生态改善负责，从而让河道治理的主体明确，责任清晰。同时，浙江省通过设立联席会议制度、成立联合执法机构和建立信息共享平台等措施，加强了环保、城管、林业、水利、国土、公安、司法等部门的合作，各个执法力量各负其责、联动协治，真正发挥了协同治理的作用。浙江省公安部门于2014年开始推行与各级河长配套的“河道警长”，严厉打击水环境犯罪行为，保证了治水工作的顺利进行。此外，浙江还创新了协调机制，为省、市、县、镇四级河长指定了专门的联系部门，以辅助落实河长的指导、协调和监督职能。在河长的直接领导和指示下，这些联系部门充分发挥专门性、日常性、联络性和协调性的功能，包括河长公示电话的接转、问题发现的上报、治理任务的传达与所涉部门的沟通等，根据河长的指示，在河长的职责范围内，与各相关部门协同有效地进行水环境治理工作。

（三）运行机制科学化、信息化

河道的治理和保护直接关系到经济社会发展的长期利益和人民的基本利益，实行河长制必须建立持久、合理、科学的运行机制。浙江省以问题为导向、以目标为导航，在河道治理中探索出科学的水资源治理流程，包括现状调查，建立一河一档——问题分析，制定一河一策——创新机制，确保长期有效运行。同时，建立了常态化的工作机制，如河长巡查制度、投诉举报制度、重点项目协调推进制度、督查指导制度、定期会议和报告制度等。同时，浙江省积极探索了“互联网+河长制”的管理模式，推动了河长制管理信息系统的建设，强化了实时监控、动态管理、信息共享和公众参与，实现了水质查询、污染源分布、巡查日志、举报处理、应急指挥、统计报表等功能的集成。目前，省内已初步实现了河长制信息平台、各类应用程序等平台的全面覆盖，为各级河长建立了信息化、智能化的水资源治理大平台。

（四）监督考核多元化、刚性化

为确保河长制各项任务的有效实施，而不仅仅停留在表面，必须构建完善的监督和评估机制，其中包括内部和外部的联动，以及激励与处罚的平衡。在监督机制方面，浙江省设立了多元化的监督渠道：首先，省级辖区内设立了督查组，率先在每季度对执行不力或治水效果不理想的河长进行明察暗访和约谈；其次，公开了河长名单，并在一些河道显眼的位置设置了公示牌，公示牌包含了河长的责任范围、职责、整治目标以及监督电话等，以接受公众的监督；第三，通过设立专门的媒体栏目和新闻报道，对河长的履职进行宣传和曝光，并推动义务治水监督员、志愿者队伍，对各级河长的履职进行24小时全方位的监管反馈。在评估机制方面，为确保河长制真实有效地执行，浙江省各级市一直在努力推行河长制度管理考核办法，实施了月度评估、季度公布、年度评估及不定时抽查等多种方式，评估内容包括管理机制、整治工作及整治效果等。浙江省还创新了考核方式，采用河长制管理信息系统平台，对各河长的履职情况进行线上巡查和电子化考核。对于河长制的考核结果，浙江各地主要实行经济和政绩的双重奖惩机制。在经济上的奖惩机制是采用河长保证金制度，根据河长对应的河道水质考核结果，进行奖惩；在政绩上的奖惩机制，是将河道水质考核结果纳入地方政府党政主要负责人的工作业绩考核内容，作为干部任命或行政问责的重要依据，甚至实行“一票否决制”。这种全面的监督和严格的考核，为浙江省各级河长的勤勉履职提供了强有力的驱动力和激励措施。

二、河南省

截至2020年底，河南省拥有1839条河流（包含湖泊、水库），其中63条河流已完成划界。该省已全面建立了省、市、县、乡、村五级河长体系，所有级别的河长累计超过76000人。为有效地推进河长制的实施，河南省委办公厅在2017年制订了详细的河长制工作计划，根据时间线，确定了2017年底应实现的目标，并设立了“河长办公室”小组，这标志着河长制政策在河南省的正式实施。2018年，省“河长办公室”根据省委省政府的决策部署，加强了省级工作制度和机制的设计，经过省级总河长会议的审议，正式构建了包括“四个指导文件+八个方案+十项制度”在内的整体工作布局（图10-1）。

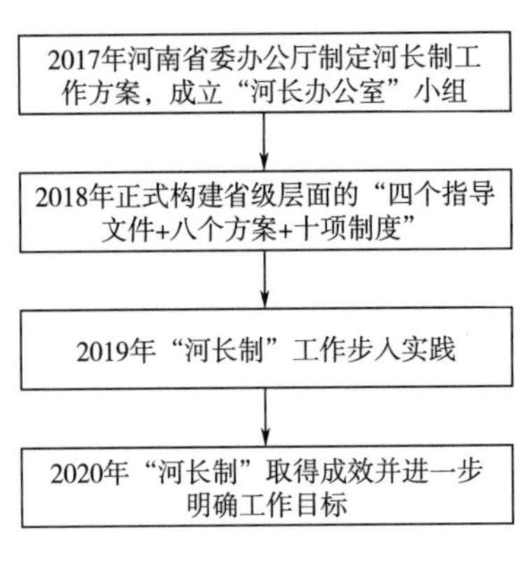

图10-1　河南省河长制

在河南省的河长制政策中，六条主要河流均有专人负责。这六条主要河流分别是黄河（由省长负责）、伊洛河（由省委副书记负责），淮河、卫河、唐白河、沙颍河（均由副省长负责）。河流的支流则由流经其区域的市长或副市长负责。河南省推进河长制工作的主要经验如下：

（一）创新工作机制

河南省许昌市颁布了多项管理保护条例，如“河湖水系管理保护条例”“考核奖惩办法”“督办制度”及“责任追究办法”，进而增强了河长制考核评价体系。信阳市则从环保、住建、农业、林业等五个市直部门调配人员至市河长办公室，以提升联合作战能力。新乡市辉县为了更有效地推进河长制工作，调派了水利部门的九名中层干部至九个乡镇水利站，以提高基层河长办公室的运行效率，以及保证上级文件和通知能及时传达和执行，以解决乡镇水利站老龄化问题。这种调配方式给乡镇河长制工作带来了新的活力，加快了乡镇河长制的建设，确保了基层信息的完整性、准确性、时效性、可用性和一致性，极大地提高了河长制工作效率。濮阳市将河长制工作与基层党建工作有机结合，并将河长制作为“五好基层党支部”评选的一项重要内容。同时，该市还定期组织基层党员干部在河边开展保洁清理活动。

（二）创新工作方法

在河南省，水利厅以四大水利综合执法协作区为支点，设立了一个常规的密查长效机制。郑州和信阳等地区也已设立县级水质监管断面并实施县区生态补偿机制。洛阳和濮阳市积极利用“民间河长”“企业河长”及义务监管员，对河长制工作进行有效补充。驻马店市政府以行政和经济惩罚等手段，推进河湖管理保护。济源市把所有人工湖泊以及小微水体纳入河长制的管理之内，实现了全部覆盖。汝州市要求其河长在巡河时进行亲水活动，如下河游泳，“以身试水”，保证河道水质达标。濮阳市充分利用卫河河务局流域管理优势，尝试跨省河道河长制的联动管理。在 2018 年 5 月，举办了濮阳市与邯郸市的卫河流域河长制工作座谈会，这是跨行政区划的一次有益探索。

（三）创新监管执法手段

焦作市武陟县在全省内首创设立驻河长办公室检查官联络和河道综合执法大队，有效地实现了河道行政执法与司法的无缝连接。南阳市则由县公安局、水利局、环保局联合成立了保水质警察大队，以严厉打击水体污染、河湖破坏等违法行为，从而确保水质的安全。许昌市致力于强化水区的治理管理，通过深度研究，制定了一系列有效的制度，包括河长巡查制度、工作督办制度，以及责任追究暂行办法等六项制度。基于这些制度，该市设立了一个严格的三级督查体系，包括市河长办公室的月度督查、对口协助单位的全面督查，以及市委监察委和市政府督查室的重点督查。

（四）创新宣传形式

河南省借助“世界水日”和“中国水周”两个重要的时间节点，开展了河长制和湖长制的宣传活动，如深入推广“保护母亲河青年在行动”和“河小青”志愿服务活动，漯河市的组织者采取主题为“实施绿色发展理念，全面推行河长制”大规模的集中宣传活动。他们充分利用报纸、电视、电台和网络等媒体进行宣传，以提高全社会对河长制工作的认识。位于澧河的市级河长和市委副书记王勇，个人组织了一次以“保护母亲河、关爱水源地”为主题的全媒体采风活动，进一步提高了全社会的环境保护和河流爱护意识。南阳市河长办公室主动和南阳电视台、南阳日报等媒体合作，利用资源优势，共同打造了一系列优秀的栏目，对河长制工作进行了全面、多角度、深层次的宣传报道，有效引导全民参与到爱河护河的活动中，并营造了浓厚的社会氛围。在《南阳新闻联播》和《宛都播报》等节目中，开设了《河长风采》《护河卫士》和《行走碧水间》三个专题栏目，每天对河长制工作进行专题宣传，对上级党委、政府在河长制方面的政策措施，各级河长、各部门在水源保护和水源治理工作上的新动态，以及社区中的水资源保护模范进行报道，形成良好的舆论氛围。

三、江西省

江西地处长江之南，水系发达，河流众多，湖泊水库星罗棋布。境内水系主要属长江流域，境内鄱阳湖流域面积 16.22 万 km^2，约占长江流域面积的 9%。全省流域面积 10km^2 以上河流有 3771 条，流域面积 50km^2 以上的河流 967 条，河流总长约 18400km。2014 年，江西省被列入首批全国生态文明建设先行示范区省份，江西省将河长制工作作为生态文明建设和贯彻落实“五大发展理念”的重要制度创新。2015 年底，江西省委办公厅、省政府办公厅联合印发《江西省实施河长制工作方案》，在全省江河湖库水域全面实施河长制。2016 年底，中共中央办公厅、国务院办公厅印发《关于全面推行河长制的意见》，决定在全国全面推行河长制。按照中央要求，结合江西实际，2017 年 5 月，江西省委办公厅、省政府办公厅制定出台了《江西省全面推行河长制工作方案（修订）》。2018 年 5 月，江西省委办公厅、省政府办公厅印发了《关于在湖泊实施湖长制的工作方案》，并将湖长制工作内容纳入河长制组织体系、责任体系和制度体系，一同部署、一同推进、一同落实、一同考核，形成河长制（湖长制）工作“江西样板”。

（一）坚持党政同责，打造“4+5+4+3+3”的组织体系

江西省在全国率先建立起党政同责、区域和流域相结合，覆盖全省所有水域的高规格组织体系。这一体系既具有全面性，覆盖了所有的水域；又具有高标准，明确了党政同责的原则，强调了区域和流域相结合的重要性，构建河长领衔、部门协同、流域上下游共同治理的河长制运行机制。这是一种以河长为主导，部门之间相互协同，上下游共同治理的运行机制。这样的机制充分发挥了各方的积极作用，提高了河湖治理工作的协同性和效果。

“4”：在省、市、县、乡四个行政区域设立总河湖长、副总河湖长，由该区域的党委、政府主要领导担任。省委书记和省长分别担任省级总河湖长和副总河湖长。

“5”：按照流域设立了省、市、县、乡、村五级河湖长。在赣江、抚河、信江、饶河、修河五条主要河流，在鄱阳湖、太泊湖，以及长江江西段及其跨市支流设立了省级河（湖）长。这一举措，不仅提高了河湖管理的科学性和专业性，而且使河湖的保护和管理更具针对性和实效性。

“4”：共青团江西省委、江西省水利厅、江西省河长办公室共同设立了省、市、县、乡四级“河小青”志愿者组织，不仅引导和动员了更多的青年参与到河湖的保护和管理中，而且也提升了青年的环保意识和环保行为。

“3”：省、市、县三级河长办专职副主任基本就位。在省水利厅、市、县级别增设专职副主任岗位。这些专职副主任，是河湖治理的重要力量，他们全身心地投入河湖治理工作，以专业和科学的态度推动每一个环节的顺利进行。

“3”：各级检察机关在省、市、县三级水行政主管部门设立了生态检察室。创新性地将生态环保和检察机关有机结合，形成了河湖的法治保护，使河湖治理更为规范和法

治化。

（二）夯实基础工作，健全基础制度体系

不断完善制度体系。江西省政府办公厅秉持“制度先行”的原则，持续优化制度建设。政府办公厅推出并修订了6项制度，包括河长制（湖长制）会议制度、信息工作制度、工作督查制度、工作考核方法、验收评估方法和表彰奖励方法，形成了一套较为完善的工作制度体系。

不断健全法规体系。在江西省人民代表大会常务委员会的支持下，2016年修正并颁布的《江西省水资源条例》已明确涵盖全面推动河长制的相关条款。2018年，省人民代表大会常委会审批并颁布了《江西省湖泊保护条例》，其中明确记载了河长制（湖长制）。同年8月，江西省政府常务会议审议并原则性地通过了《江西实施河长制（湖长制）条例》。

加强基础保障工作。江西省已完成《江西省河湖名录》的编制工作，省、市、县、乡四级河湖的“一河一档”“一河一策”已经全面实施。同时，省级河长制河湖管理信息平台的建设和上线运行也在积极推进中。自2016年以来，江西省级财政已安排2.5亿元专项资金投入。此外，江西省也在加大对河长制（湖长制）的宣传力度，包括开展河长制（湖长制）宣传标语和主题标志社会征集活动，编制和发放针对中小学生的河湖保护教育读本，以及创新性地将河长制推进到市、县两级党校的教学中。

（三）强化监督考核验收评传全面到位

加强巡河督导检查。江西省河长办公室通过发出“河长令”和“督办函”等方式，多次进行问题的督查，以达到推动河长制（湖长制）的实际效果。在过去的三年里，各级河（湖）长已进行了超过40万次的巡河督导以及河长制（湖长制）工作的日常监督检查。同时，全省已设立了超过1.3万个河长制（湖长制）的公示牌，并公开了投诉举报电话以接受社会的监督。

强化考核约谈。江西省政府将河长制和湖长制的实施纳入了市、县的科学发展（高质量）综合考评体系、国家生态文明试验区的建设以及生态补偿机制之中。江西省河长办公室则组织了生态环境厅以及其他13家省级责任单位，对全省的11个设区市和100个县（市、区）进行年度河长制工作的考核，并以省政府办公厅的名义公布了考核结果。同时，各级河湖长的履职情况也被纳入了领导干部年度考核述职的重要内容中。自2017年起，江西省政府也将省级责任单位承担的河湖长制重点工作任务及完成情况纳入省政府对省直部门绩效考核责任体系，以鞭策相关责任单位履职尽责。

开展河长制验收评估工作。江西省河长办公室于2017年11月委托第三方对市、县、乡、村四级的河长制“四个到位”和清河行动等工作的执行情况进行了验收评估，这使江西省成为全国最早宣布全面实施河长制工作的省份之一。此后在2018年1月，水利部对江西省全面推行河长制的工作进行了中期评估，并给予了高度的评价。

（四）加大部门协同力度，联动格局基本形成

江西省将涉及河长制（湖长制）工作的职能部门设为责任单位，充分利用河长办公室的职能在综合协调、调度督导、考核等方面发挥关键作用，确保各部门依法执行其在管水、治水、护水等方面的职责。为此，江西省政府已确定24家直属省级部门为河长制（湖长制）任务的省级责任单位，进一步明晰了各责任单位的职能和任务。通过总河长会议、河（湖）长巡河、联席会议、联络员会议及信息简报等各类平台，及时向各地区和各部门履职情况进行通报，通过研究、讨论、解决在推动河长制（湖长制）工作中遇到的困难和问题，逐步建立起良好的协作和联动机制。多个省直部门根据清河行动统一部署，牵头开展相关整治行动，解决了许多影响河湖健康的突出问题，亮点频频，成为在全国范围内推广江西省河长制（湖长制）工作的典范。

四、陕西省

2017年2月，陕西省发布《陕西省全面推行河长制实施方案》，全省各地区以及相关部门都高度重视并积极执行各项工作，形成省、市、县、乡四级的联动模式。至2017年底，各级河长制已基本完成建设。河长制的六大工作制度完成省、市、县、乡四级全覆盖。河长制的技术服务体系已经建立，并配备有《陕西省河长制工作手册》和《陕西省河湖库渠名录》，以便集中管理和汇总全省的河长制政策和制度等相关信息。其主要做法如下：

（一）河长履职，强力推动

陕西省委省政府主要领导参与，通过会议的形式研究策划并启动河长制工作。各级的河长都积极参与了调研和巡河工作，解决了在河湖库渠管理和保护方面的关键问题。2017年，省级河长进行了26人次的巡河，市级河长进行了450人次，县级河长进行了11591人次，乡镇级河长进行了更是高达107436人次。各级河长通过积极履责推动了市、县两级河长制机构的建设以及工作经费的投入，使全省新增了33名市级河长制专职人员和152名县级人员，并落实了约4000万元的工作经费。

（二）明确目标，制定标准

各级都已明确提出了各自辖区内河长制工作的主要目标。譬如，西安市提出了“一三五”治污方针，也就是一年内解决垃圾河、黑臭河问题；三年内全面消除劣V类水；五年内实现生态修复，重现“八水绕长安”的美景。在成功实施“一河一档”“一河一策”的基础上，省河长办公室还编撰了《陕西省“一河一策”方案编制指南》以提供技术指导，协助全省的“一河一策”方案制定。

（三）问题导向，综合整治

近年来针对河道采砂、水资源保护、水域岸线管理、水污染防治，以及水环境治理方面的主要问题，尤其是2016年严格水资源管理制度评估和中央环保督查反馈的河道占用、超标排放、违规采砂以及水电站生态流量不足等问题，陕西省都在第一时间进行了整治和问责。2017年被确认为“综合执法年”，对所有风险点进行了仔细的梳理并纳入了河长制管理。另外，还发布了《陕西省整治河道倒垃圾排污水采砂石专项行动实施方案》，对9228个倒垃圾、排污水、采砂石问题进行了登记采录，进行了1134次的联合执法和436件的立案查处，关闭了32家超标排放企业和869处违规排放口，并强制性地迁移了1300处位于河湖管理范围内的畜禽养殖场、农庄、洗车站、煤场（煤炭转运站）及废旧物品堆放点，从而重新焕发了河湖库渠的面貌。

五、山东省

山东省以河长制办公室的组织架构为决策落实的中心，负责协调和组织河长制相关的具体工作，同时对河长的决策行为进行立即的实施和跟踪。其河长制的运行经验如下：

（一）联席会议制度

省市地方各级的河长制办公室主任主要负责召集联席会议，会议的参与者通常包括各相关单位部门负责人或其他有关人员，主要的议程是对当前工作的进展进行汇总报告，增进部门间的协作，集思广益，并对接下来的河流水域工作进行规划和指导。此外，会议也是为了整理河湖治理任务，提醒各责任主体加速围绕河长制实现对河流水域的保护和管理。

（二）治理工作政务公开制度

自从中央发布了全面推进政务公开工作的指导意见后，山东省积极采取行动，特别是在河长制工作中。山东省建立了专门的“山东河长制”网站，其中设有“工作动态”“政策文件”“地方动态”“工作简报”等多个板块，为公众及其他监督机构提供了了解河长制工作进展的平台。此外，山东省还上线了“山东省河长制湖长制”App和微信公众平台，这些平台不仅提供了政策文件和全省工作进展的公开展示，还设有如“建言献策”“举报投诉”等社会监督模块，进一步推动河长制工作的公开透明。

（三）督查工作制度

目前，山东省的督查工作制度已经落实到县、乡，逐步形成了一个覆盖全省的体系，可以基本实现上下级间的督查工作的连贯性，以及地方工作动态的定期督查和上报推进体系。在各市、各县区的实施方案中，可以看到全省对于河长制工作的督查和推进有着清晰的规划。这些规划基本将督查工作分为两大部分：全面督查和专项督查。全面督查由各级地方的河长办公室组织并协调相关单位参与，原则上每年进行一至两次；专项督查则根据具体情况不定期展开。在督查内容上，这些方案大致都规定了督查主要包括河长的决策部署执行情况、基层责任主体的履职情况、基层部门组织的工作开展情况，以及阶段任务的完成情况等。为了保障督查工作的记录和回溯，这些方案还通过设立督查台账等方式进行备案。此外，根据督查内容制订工作方案，通过督查人员进行现场调查，并及时编写督查报告，以便及时更新工作动态。

第二节　地级市河长制政策

一、江苏省苏州市

江苏省是我国率先全面实施河长制的省份，而苏州市因其地理位置独特，成为江苏省河长制的核心。苏州市通过实施多项措施，如配置河道管理官、建立联合河长制策略及创建智能化平台“智水苏州”等方式，全方位推动了苏州市河长制的进步与发展。

（一）苏州市概况

苏州市位于江苏省的东南方向，坐落在长江三角洲的中部核心区域。它东边与上海的嘉定区和青浦区接壤，南部邻近浙江的嘉兴和湖州，西部环抱着太湖，北部靠近长江。苏州市境内地形平缓，河流和港口交错，湖泊星罗棋布，水域面积高达 3205km^2，占总面积的 36.6%。苏州有 22643 条河流，394 个湖泊，被誉为“东方水城”。2008 年，江苏省政府在太湖流域首次引入了河长制。在 2016 年中央全面推行河长制的决策部署后，江苏省迅速行动，扎实进展，于 2017 年 12 月正式宣布全面实施河长制，成为全国首个实行河长制的省份。河长制实施后，全省水环境有了显著改善，黑臭河道整治以及 13 个淤泥清淤工程获得省政府认可。洪泽湖和骆马湖地区全面实施禁采政策，现在两湖水域几乎没有非法采矿活动。同时，《江苏省河道管理条例》被江苏省人大常委会逐条审议并于 2018 年元旦正式执行，将河长制正式纳入法规，为河长制工作赋予了法律权威（图 10-2）。

（二）苏州市河长制的主要做法

1. 配备河道主官

关于全面推行河长制的中央决策出台后，苏州市深度推进了河长制改革。苏州明确了河长的角色，制定了相关的政策和方案，形成了由地方党委政府领导的四级河长网络。然而，作为各级河长的地方党委政府领导，日常工作任务繁重，抽出时间进行河流巡查、问题发现、对策研究和工作指导等相当困难。为此，苏州市为每一位市级河长配备一名“河道主官”，协助河长工作，负责组织协调、指导和督导等相关工作。河道主官的职责包括

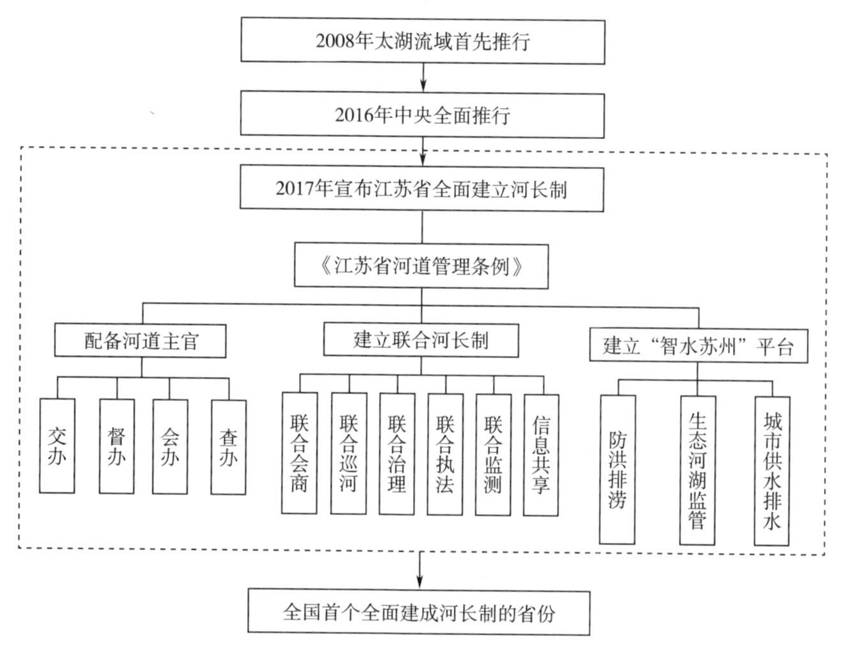

图 10-2　苏州市河长机制

协助河长进行工作，与河长一同巡查、发现问题、研究对策和督导检查等工作，同时负责大量的日常沟通联络工作。在河长忙碌无法开展工作时，河道主官会根据河长的授权独立开展巡查、协调、指导和督导等工作。这一措施在实践河长制的过程中，实现了工作的顺畅沟通、高效协调、有力指导，有效解决了工作协调和落地难题。逐步形成的河长牵头，河道主官作为“纽带”的工作机制，使“交办、督办、会办、查办”的工作流程更为顺畅。2017 年，苏州河长“配备河道主官”的做法，被评为中国水利“十大经验”之一。

2. 建立联合河长制

多年来，跨区域流域的治理一直是防治水污染的关键和难题，跨区域的治理通常会遇到责任划分困难、上下游推诿、协调难点等问题，因此，边界河湖常常陷入“责任推诿”的困境。苏州位于太湖的下游，与上海和浙江的交界河湖非常多，这些跨界河道中有很多都曾是“反复处理、处理反复”的黑臭水体，为了改变这种情况，苏州的行政管理部门主动与周边省份的行政管理部门沟通协调，共同致力于水质改善，共建持久的合作机制。在 2020 年，苏州创新地首先在全国范围内全面建立联合河长制，发布了《关于全面建立跨界河道联合河长制的通知》和《跨界河湖联合河长制实施细则》。各相关部门以高度的责任和忠诚来对待这项工作，密切协调配合，全面执行相关工作，把联合河长制落实在地方上，推动其深入发展，以提高河湖治理的有效性。细则明确了联合会商、巡河、治理、执法、监测和信息共享六项工作机制。苏州市顺应了长三角一体化和融合发展的潮流，努力建立了共商共治、整体联动、高效协同的联合河长制工作模式，积极创建了“建立联合河长制”治理跨界河流污染的典范。

3. 建立“智水苏州”平台

水利现代化是离不开城市经济社会发展的重要因素，它不仅是现代化建设必要的支撑，也是生产力发展的关键平台。在这个新时代治水观点“节约优先、空间平衡、系统管理、双管齐下”的引导下，苏州做出了全国先行的智慧水利实践。2016 年起，苏州开始推行智慧水务创新，以精准管理为目标，政府规划将智慧水务平台引入，借助先进的技术和专业人才，推动水务工作走向数字化、网络化和智能化，利用物联网、云计算、大数据、人工智能等新兴信息技术，实现全方位的感知、全面的业务覆盖、全过程的监控，以达到科学、精准、法治、全民的治水目标。

“智水苏州”项目主要包含防洪排洪、生态河湖监管和城市供水排水业务三个部分，致力于提高防洪应急保护和指令调度的能力，突出提高水利设施管理的专业化、精细化和标准化水平，全力支持供水排水业务的运行监管、指挥调度和决策支持。项目利用人工智能和云计算技术，重点对河道违规行为进行智能监管，建立多部门信息共享和协调的河道管理信息化平台，实现管理的智能化和简便化。人工智能识别技术可以实现无间断的视频监控，通过收集监控摄像头的数据，由算法代替人进行全天候地监控判断，一旦发现河道异常情况，即时报警，由后台人员进行处理。该技术通过结合技术创新和业务流程，突破了传统行业管理的限制，实现多部门信息共享协调，有效运用信息管理系统，形成了迅速智能防护机制。该“智水苏州”平台将构建苏州水利管理的信息化系统，建立全市水利物联网管控平台，完成应用支持平台和信息集成指挥调度中心的建设，提高城市水利安全运行保障能力，以实现“治水安民”，同时提高河道监管效率，降低监管成本，为苏州市河长制的建设提供有效支持。

二、四川省成都市

（一）成都市河长制发展历程

作为全国的主要中心城市，成都市积极响应中央的重大决策，推行河长制政策的初步构建。2016 年 8 月，成都市开始调查区内水环境，积极研究明确区内河湖流域状态、水环境污染现状、水环境治理问题和水网体系建设情况等多个方面内容。依据调研和分析研究成果，成都市水务局设立成都市河长制办公室，统筹安排推进全市河长制工作。2017 年 2 月，成都市委市政府及市水务局通过了成都市的河长制政策，在成都公布《关于全面实行河长制管理工作的实施意见》（以下简称《实施意见》），成都市实现河长制的全面覆盖。同月，基于广泛征求成都市各级政府及相关职能部门的意见，成都市颁布了一系列文件，进一步完善了河长制配套制度，使河长制政策能够有序进行。在《实施意见》发布执行后，全市 20 个区（市、县）因地制宜、因河施策，接连制订了各自的河长制工作方案，并按照要求在 2017 年 3 月底实现了河长制政策的全覆盖。在具体执行过程中，成都市的河长制政策构建了一个包括成都市管辖的各级政府及村（社区）在内的三级党政领导、四级河长管理的组织体系。此外，成都市各级政府根据自身实际情况制定了详细的河长制政策执行规定，并建立了河长制工作联席会议制度、巡查检查修正制度、信息上报制度及河长制管理评核办法等制度规定。至2017年底，河长制政策已完全落实。全市的295条河流、1377条总渠道、293座水库都纳入了河长制的管理之中。2018年5月，成都市的河长制管理信息系统正式上线。这个系统整合了成都市辖区内所有的河流、水渠、湖泊、水库的基础水源数据。同时，根据行政划分，对党政主要领导人在市、区、乡村四级进行明确的职责划分。这构成了各级河长进行日常巡视，实时上报巡河情况的执行模式。通过这种“互联网+大数据”的技术应用，“成都e河长”为公众参与河长制工作的监督管理提供了技术支持，从而形成了“责任明确、信息共享、监管到位、全民参与”的智慧治理模式，进一步推进了治水的深度和广度。

（二）成都市河长制的做法

1. 明确目标对象

成都市的河长制政策涵盖全市所有的水系，包括但不限于295条河流（如锦江等）、1377条总渠（如东风渠等）以及293座水库（如紫坪铺水库等）。根据《实施意见》，成都市河长制政策的总体目标分为短期、中期和长期三个阶段，分别希望在2017年底、2020年及2025年前达成。目前，成都市河长制政策的短期和中期目标均已实现。成都市也在2021年的河长制工作要点中提出了本年度的主要目标，并在成都市总河长令（第2号）中提出了两年的任务目标。

2. 因地制宜实施行动

成都市河长制政策的主要行动，包括水资源保护、河湖水域岸线管理保护、水污染防治、水环境治理、水生态修复，以及相关涉水执法监管等六个方面。根据不同地理条件提出具体策略，并设立了批判性的红线，如水资源使用总量限制、利用率、水功能区污染限制等，以推动水环境质量的持续提升。

3. 落实政策保障措施

保障措施包括强化组织领导、完善工作机制、增加资金投入、建立补偿机制、加强省市联动、社会公众动员等七个方面。强化省、市合作，通过召开联席会议，制定具体的实施方案，进一步推动河长制政策的执行。同时，通过公示牌、信息系统等公开监督渠道，鼓励公众积极参与河长制政策的实施，创造全民参与保护水资源的良好氛围。

三、浙江省宁波市

（一）宁波市河长制信息化建设历程与成果

宁波市河长制信息化的实践始于2014年的“五水共治”，建立了以河道管理和治理污染为重点的河长制系统。随着全国河长制工作的推进，为了适应新时期的需求，2017年开始在已有的基础上构建第四期系统。

这个系统包括三个主要部分：首先，是服务于河长办公室、总河长的 PC 端平台。这个平台可以帮助用户获取全市河长制的综合数据，提供全面的数据支持和功能模块，以便履行监督、协调和管理的任务。其次，是为各级河长提供服务的河长制 App。该 App 为河长提供监管河道（段）的监测数据和业务动态，还具有河道巡检、问题处理、督办反馈等功能，满足河长的需求，帮助他们了解并解决问题。最后，是向社会公众开放的公众 App，为公众提供河长制新闻动态及投诉建议渠道。同时，让公众了解河长制的相关信息，公众也可以实时参与到河道的监督过程中，解决公众参与度低和参与效果差的问题。

（二）宁波市河长制信息化治理经验

1. 区分用户体系，职责归属明确

在市县级的河长实践中，一般存在部署任务多而实际巡河少的现象，一些河长甚至对自己管辖的河流情况和污染状况了解不足。当水质恶化或水环境被污染时，常常由河长办公室的工作人员充当“代理河长”来处理，这对于河长和河长办公室都是不合适的。河长制信息化系统在职责定位上应明确区分河长与河长办公室。河长应负责处理问题，而河长办公室作为督导和协调河长制工作的政府机构，其主职在于监督河长和各合作部门履行职责，将河道责任明确到每一位河长，确保每一项具体任务都有人负责。对于未能按时处理的河道问题，河长办公室可发送督办单来催促河长进行处理。同时，通过设立相关的评估方法和跟踪评估机制，能客观评价全市河长制工作的效果，为河长制的执行提供一个强大的监督管理手段。

2. 闭环化的河长制业务处理流程

河长制的产生源于解决水利管理中多部门协作的问题，其中涉及水利、环保等多个领域的数据，问题的解决也必须依赖各个业务部门的协作。跨部门任务传递的复杂性促使河长制面临“九龙治水”的困境。为了解决这一问题，一个能够将不同用户体系连接起来的河长制业务处理流程必不可少。这个流程包含五个主要阶段，分别是事件来源、事件拆分、事件流程、反馈处理和反馈评价。事件来源可能是各级河长的巡查，河长办公室的督查，或者公众的投诉等。报道的事件会根据河流和河长的对应关系被推送至河长处。河长根据事件内容将处理任务流转到相关的业务协作部门的联络人。业务协作部门处理后会上传处理结果，事件来源在得到反馈后进行评价。这种流程确立了业务部门对河长，河长对河道的责任体系，形成了事件的封闭式处理流程。

3. 引入人大代表角色，完善河道监督体系

河长制的跨部门协作能有效解决协同机制中的“权威缺漏”问题。然而，依赖权威的等级制纵向协作仍存在“责任困境”等挑战。这就要求河长制的执行需要额外的监督，以确保责任的落实和水环境治理目标的实现。除了河长办公室和社会公众的监督，河长制信息化也可以引入人大代表的监督机制。人大代表可利用信息化手段监督河长，通过与政府同步的人大体系，可以弥补河长制监督中的局限性。

第三节 县、区级河长制政策

一、广东省佛山市南海区

广东省南海区位于珠江三角洲中心，其地理位置决定了其广泛的河流网络，包括西江、北江及其支流，使全区纳入河长制管理的河道共有898条，总长约2000km，另外还有38个湖泊和水库纳入湖长制管理。这是一个典型的三角洲网河区。

广东省全面推行的河长制工作领导小组公布了2019年的河长制（湖长制）工作考核结果，佛山市在2018年的基础上，于2019年达到了优秀的级别，佛山市南海区作出了显著的贡献。江门市新会区在2020年获得了江门市河长制水质综合得分第一名，2019年也获得了江门市河长制考核的第一名，同时，新会区关于会城河、紫水河等黑臭水体治理的资料，得到了中华人民共和国住房和城乡建设部、省住房和城乡建设厅的认可，这意味着新会区已经全面消除了城区的黑臭水体，并实现了“长效治理，保持清洁”。南海区和新会区虽然河网发达，地区经济依赖制造业，但与四会市有类似之处，因此，佛山市南海区和江门市新会区的成功经验，对四会市未来河长制工作的推进和发展具有重大的参考价值。

（一）上下级协同实践路径

针对河长制湖长制工作，南海区有着明确的督查和评估制度，包括定期执行的“四不两直”以及“双随机”各种抽查的暗访，还委托第三方无预警进行暗访。监察程序和发现问题的监察报告将被提交给市级总河长，并及时反馈给各区。“人大问询”制度的引入，使区人大常委会每年举行一次关于水污染防治以及三年行动计划进展的专题询问会。2019年的重点询问内容是城乡黑臭水体的整治情况。

流域全面治理原则的推行，改变了原有的镇（街）自治方式，由区级部门进行统筹，实行以水系、片区为单位的流域综合治理，实现流域的统一规划和系统治理。2017年，里水河流域综合治理的启动，由区镇两级财政推动，总投入为21.5亿元。这标志着传统治水方式的标杆项目已进入实现阶段。

每个河段工作台账的设立，使各级河长的责任更加清晰。区、街镇两级河长严格按照区河长办公室颁布的工作台账的规定，真实有效地填报并完整河长所负责的河涌台账材料。“温馨提示”列出每次巡河的核心关注点以及需要解决的问题，以帮助河长进行精确巡河。

创新的激励方式，鼓舞了基层的治理热情。在九江镇的烟南村、大沥镇东秀社区的碧华村、狮山镇山南社区的塘涌北村等成功试点的带动下，分批进行以点带面扩大效果。政府资金补贴方案的出台以“早动工早补助”“先完工多补助”为原则，利用经济杠杆来激励镇街、村居进行“截污到户雨污分流”的工作。结合宣传的倡议，全区累计开展了九次宣讲培训活动，1800人次参加，宣传资料达2200份。

（二）同级协同实践路径

南海区设立了河长制工作领导小组，并根据机构改革及人员变动需求进行组织调整和人员增派。设有河长制工作领导小组办公室，由地区副主任担任办公室主任，从住建水利、生态环境等关键成员单位调派专职人员，并通过政府购买服务、第三方劳动派遣等方式增强河长制工作领导小组办公室的执行力并保证办公资金。同时配备河长助手，以便更好地协助区级河长进行巡察，推进和协调责任河区的整治等工作。

统一城区网络运营单位。截至2020年底，南海区完成了26座生活污水处理厂的建设，河管网近1830km，已实现运营的生活污水处理厂规模达102.4×10^{4}t/d。为进一步加强设施的管理和运营，采取污水管网系统（含泵站）统一运营管理的方式，实现污水管网的一体化、智能化管理。

全面执行污水排放许可制度。南海区住房和城乡建设局已落实对大型楼盘、市场、餐饮业及学校四大场所污水接入市政污水管网的监管工作。并首次出台《佛山市南海区建设项目排水工程规划建设管理实行办法（试行）》，强化全过程管理。

积极探索和建立“河湖长+检察长”协同工作机制，利用协议框架实现了检察长与河（湖）长的协作，增强对河湖法规执行的严肃性，推动河长制度执行与检察监督工作的深度整合。

坚定落实城乡黑臭水体整治的长效机制。首先是落实整治方案，针对每条黑臭水体分别制定整治方案，明确具体的项目、时间节点、责任单位。其次是推动项目的实施，实时追踪整治项目的推进情况，加强水质监控和分析，并加强水质恶化的提醒。再次是对稳定达到验收要求的水体及时进行验收。最后是巩固治理效果，继续加强对已通过验收水体的水质检测。

（三）政社协同实践路径

实行“民间河长”制度，以人大代表、政协委员、党员代表、环保热心人士及周边企业代表作为优先选拔对象，监督企业按照环保标准执行，并且针对民间河长设置了一份鼓励机制，通过精神激励和物质奖励，让民间河长感受到成就和价值，提高工作积极性。

增设广东智慧河长、佛山12345双二维码，丰富和畅通政府与人民的交流沟通渠道，市民可以通过扫描二维码进入平台直接提出投诉。进一步完善信息透明度，通过政府网站、微信公众号等方式定期公开水质监测数据、黑臭水体治理动态。

南海区与市团委、绿盟公益基金及南方日报签订四方合作协议，创新环保公益生态链，推动佛山志愿服务向专业化和社会化发展。策划并实施了“河湖讲述者”“守望故乡水”“我是小塘主”等多种志愿活动，吸引了5000余人参与，网络访问量超过一百万。同时创立佛山水义工志愿服务总队，打造“水义工”志愿服务品牌。通过开展志愿活动，营造出爱护和保护河水的良好氛围。

二、广东省江门市新会区

位于广东省中南部、临近珠江三角洲西南部的江门市新会区，东边与中山市相邻，东南临近珠海市斗门区，南部和南海接壤，西南与台山市交界，西面和开平市相邻，西北方向是鹤山市，而北部则与蓬江区、江海区相连。实施河长制管理的河流有198条、水库82座、山塘52宗，另外还有两个人工湖泊纳入湖长制管理。

（一）创新河湖长制工作机制

实施推进“互联网+河长制”方案，除了使用“广东智慧河长”进行河流巡查，还开发和推广“河掌云App”作为新会河长制综合管理平台。2020年，区、镇、村三级的河湖长共进行近5.5万人次的巡查。通过建立河湖长制工作述职制度，全面推进各级河长工作全覆盖，进一步压实了河长和部门治水的责任。深化水质问责机制，制定《新会区河长制水质考核奖惩工作方案》，全区设立93个河长制水质监测点，对水质不达标的镇级河长进行通报。

聘请专业机构定点设置水质监测点，对跨界的河湖进行月度水质监测预警和通报排名，督促各级河长主动治水。采用第三方社会机构进行常态化明察暗访，定期通报巡查情况，同时通过巡查督导结果反馈来倒逼问题整改落实。

推广河湖警长制模式，成立区级河湖警长制工作领导小组和办公室，并设有区级河道警长和镇级河道警长，强化河湖执法行为，打击涉水违法犯罪。设立生态环境保护竞赛，针对在工作上有显著成效的镇（街、区）给予奖励。落实水库山塘承包退出机制、采纳绿色养殖技术，并推行鱼塘排水申报制度等，以促进新会区全面治理工业、农业、生活、林业“四大污染源”。

（二）拓宽民众参与河湖长制渠道

探索“人大+河长”“战友+河长”“志愿者+河长”等新型治水模式，广泛发动民众参与河（湖）长制，招募民间河长456名、护河志愿者4478名，营造共建共治治水格局。开展线上+线下宣传，利用微信、微博等新媒体平台发布工作成效推文，联合学校在广场商圈开展护河巡河志愿者宣传活动，提升民众保护生态环境、护河护水工作参与度。

三、重庆市酉阳县

2017年，酉阳县委和县政府发布了《酉阳县全面推行河长制实施方案》（以下简称《方案》）。至同年5月底，乡镇（街道）级河长制工作方案已编制完成，全县已建立县、乡、村三级河长组织架构。到同年7月底，县河长办公室出台了全面推行河长制的各项制度。而后在2020年12月3日，重庆市第五届人民代表大会常务委员会第二十二次会议上通过了地方性法规《重庆市河长制工作条例》。自此，重庆酉阳县河长制工作的基本架构已经构建完毕。

（一）明确河长制运行基本原则与组织体系

酉阳县在治理过程中严格遵循四大基本原则，分别为“以生态为先，推行绿色发展”“在党政领导下实现部门联动”“以问题为导向，标本兼治”和“在严格监控之上进行科学考核”，为河长制工作的实施提供了明确的方向。以党政领导责任制为核心的责任体系，需要在河库的管理保护与开发利用之间取得均衡。针对各个河库的实际情况，实施“一河一策”和“一库一策”，并依法进行水管治理。同时，也积极开拓社会各方参与的路径，营造全社会都关心并积极参与保护河库的氛围。

在运行的组织体系上，首先，酉阳县结合自身的特点，从村（社区）、乡镇（街道）、县三个层级构建了完全的河长机构体系。在县级政府中设立了总河长、常务副总河长、副总河长三个职务。其中，县委书记担任总河长，作为全县河长制度的首要责任人；县长则担任常务副总河长，兼任乌江（酉阳段）河长，负责协助总河长进行统筹协调和督导考核河长制度的执行；同时，县政府的分管水利、生态环境的副县长担任副总河长，分别负责监督乌江流域和洞庭湖流域河长制度的执行。此外，他们还分别担任乌江流域和洞庭湖流域面积超过 $50km^2$ 的跨乡镇（街道）河流的河长。至于面积不足 $50km^2$ 的，以及没有跨越乡镇的河流，则设立为县级重点第二级河流，由所在乡镇的乡镇长（街道办主任）担任河长。对于每一个河流所在的乡镇（街道）、村（社区），都分级、分段设立了河长和水库库长、副库长。其次，酉阳县设立了河长办公室，该办公室主任由县水利局的主要负责人担任。同时，县委组织部、县委宣传部、县水利局、县生态环境局等 22 个职能部门为河长制县级责任单位，主要负责人也为责任人。

（二）落实河长制主要任务与保障措施

酉阳县在《方案》中细化了中央提出的全面推行河长制的六个“主要任务”，并与本县的实际情况相结合。第一，着力加强水资源的保护。鉴于酉阳县的水资源相对缺乏，该县采取了严格的水资源管理机制。到 2020 年，为县内的江河水量制定了完备的分配方案，全县所有江河的水质达标率高于 85%。第二，加强对水域岸线的管理保护。鉴于酉阳县拥有众多流域，强化涉河建设项目和河道采砂的管理是必要的。到 2018 年底，实现了对河流和水库的划界确权，全县的自然岸线保有率控制在 85%以上。第三，强力防治水污染。酉阳县积极执行《水污染防治行动计划》，并为河库水污染设定具体的防治目标。到 2020 年，地表水水质达到或优于Ⅲ类的比例保持在 100%，工业企业的达标排放率以及城市生活污水集中处理的比例超过 95%。第四，强化治理水环境。酉阳县注重水体质量的管理并致力于综合治理河库的水环境，到 2020 年，全县河流和集中式饮用水水源地的水质达到或优于Ⅲ类的比例均保持在 100%。第五，加强水生态修复。酉阳县持续推进河库的生态修复和保护，逐步恢复河库的自然修复功能，并通过建立生态保护补偿机制，到 2020 年，全县水土流失的治理面积新增为 $203.91km^2$。第六，加强执法监管。酉阳县不断完善河库管理保护机制，诸如违建房、违法排污、违法侵占等有害行为，都将被严厉打击并严肃查处。

在河长制运行的保障措施方面。酉阳县针对河长制工作任务的具体化，制定了一系列的保障措施：第一，强化组织领导。该县通过加强领导和明确责任，最大化地发挥人大的监督功能，以及实现政协参政议政的价值，进而在酉阳县进行河库管理和保护的多方协作。第二，完善相关工作机制。酉阳县建立了河长会议机制、考核问责体制、部门联动工作机制和信息共享发布机制等，将制度建设视为河长制工作的重要内容。第三，加强考核问责。县级对主要河流的河长制实施情况进行了考核，并将河长制工作纳入乡镇（街道）的党政经济社会发展实绩考核中。第四，优化管理。酉阳县在全县河库管理方面构建了政府和社会的多元监管机制，并致力于提升河库管理保护的信息化管理水平。第五，强化资金保障。酉阳县依靠水库建设、河流治理、生态修复、环保等相关领域的财政支持，为河库管理领域构建了稳定且长效的资金保障机制。第六，加强社会监督。酉阳县通过公告河长名单，鼓励社会进行有效监督。

（三）强化河长制制度建设

在 2017 年 7 月 20 日，酉阳县河长办公室接连推行了一系列的制度，这些包括河长会议制度、信息通报报送制度、工作督查制度、考核问责和激励制度、验收制度、部门联动工作制度、河长巡查制度以及信息公开与共享制度，共计八项制度。具体如下：

1. 河长会议制度

该规定确定了每半年举行一次的河长会议和每年一次的总结大会。参会人员包括县级河长，乡镇（街道）总河长，各河长制县级责任单位（22 个部门）的主要负责人，县河长办公室的主任、副主任，县河长办公室的工作人员等。另外，县级总河长根据需要确定出席会议的其他人员。

2. 信息通报和报送制度

此条规定强调信息通报需遵守及时、准确和高效的原则。信息通报的内容涵盖河长制的实施、工作部署与执行、年度目标、重点项目的前期推进和后期完成，应急处置重大意外事件，以及对各级政府、各部门河长制工作的督查考核结果。同时，也包括奖励表彰、通报批评以及对责任的追究。

3. 工作督查制度

在督查工作中，坚定实事求是、全面协调、明确分工、层次分明的原则。县政府的督查部门、县河长办公室负责对各乡镇（街道）党（工）委、乡镇人民政府（街道办事处）、各相关责任单位进行督查，督查内容包括河长制工作方案的编制与执行，河库级别名单的确定，组织结构的构建与运作，河长、库长体系的建立情况等。

4. 考核问责和激励制度

县河长办公室根据协调、动态、责任对等、差异化的原则，对各乡镇（街道）党（工）委、乡镇人民政府（街道办事处）和县级责任单位的工作体系建设、河长制基础任务实施进行评估。制定出对生态环境损害负有终身责任的制度，并依据规定严格追责对生态环境造成损害的责任主体。对于在河长制工作中表现不佳并产生恶劣影响的领导团队及其成员，按照相关规定严格问责。

5. 验收制度

县河长办公室负责对各乡镇（街道）党（工）委、乡镇人民政府（街道办事处）进行跟踪，对其在河长制的实施、布局，包括但不限于方案的编制和发布、体系构建、日常任务执行、责任担当、政策制定以及监管考核机制的搭建等方面进行核查。

6. 部门联动工作制度

县河长办公室和各责任部门以认真负责和创新性劳动为核心，强化了跨部门的对接和交流，整合并利用各类信息平台以实现信息的共享，充分发挥规划功能以达成更好的协调指导。根据工作要求，建立了由部门主管担任召集人，相关单位负责人为成员的联席会议。针对重点事项，定期或者不定期进行联审，详细汇报进展情况，将问题暴露、查找原因、制定解决方案，推动相关方及时进行改正。定期或者不定期进行联审，反馈进展情况，及时协调解决面临的难题，进一步提高行政效率和服务质量。

7. 河长巡查制度

酉阳县出台了一系列措施，以进一步完善河长制工作体系，加强规范化的河长巡查，并记录其责任和工作情况，确保县、乡镇（街道）和村（社区）级河长能积极参与治水活动。按照制度，县级河长至少每季度巡查一次，乡镇（街道）级河长至少每月巡查一次，村（社区）级河长至少每周巡查一次。巡查内容主要包括：是否存在河面漂浮物，河岸是否堆放垃圾，河岸是否存在非法直排污水的行为，是否有人非法倾倒废土、废渣等废弃物，河道中是否存在垃圾淤积，河长公示牌是否良好等。

8. 信息公开与共享制度

为提升政府的行政效率，酉阳县河长办公室遵循及时性、主动性、准确性、高效性、免费性和安全性的原则，推动各个责任单位之间的工作交流。借助河长公示牌、新闻媒体、互联网等，公众能及时掌握河库管理的最新进展，包括但不限于河库分级目录、河长名录、河长职责、全县河长制工作的推进情况、河长制工作的成绩和河湖的管理保护情况等。行政部门根据其职能获取需要的政府信息，以便更好地履行职责。

参考文献

[1] 刘涛，吴思．中国环境治理的本土实践及话语体系创新——基于“河长制”的话语实践考察[J]．新闻界，2022（10）：4-24.

[2] 王勇．水环境治理河长制的悖论及其化解[J]．西部法学评论，2015（3）：1-9.

[3] 钱誉．河长制法律问题探讨[J]．法制博览，2015（2）：276-277.

[4] 贾绍凤．河长制要真正实现“首长负责制”[J]．中国水利，2017（2）：11-12.

［5］刘青．河南省河长制工作的创新点［J］．河南水利与南水北调，2019（5）：92-93.
［6］宋义东．河南省中小河流“一河一策”方案编制的思考［J］．河南水利与南水北调，2019（1）：13-14.
［7］吕志奎，钟小霞．制度执行的统筹治理逻辑：基于河长制案例的研究［J］．学术研究，2022（6）：72-77，177.
［8］姚毅臣，黄瑚，谢颂华．江西省河长制湖长制工作实践与成效［J］．中国水利，2018，（22）：32-35，31.
［9］成程，李惟韬，彭杰．地区环境治理与中国城市经济增长质量——来自河长制实施的经验证据［J］．经济问题，2022（5）：99-110.
［10］高杰，党婉宁．陕西省河长制推行现状分析及对策［J］．陕西水利，2018（3）：1-2.
［11］吴迪，韩凌月．基于河长制的黄河流域综合管理模式再思考［J］．延边大学学报（社会科学版），2022，55（4）：133-139，144.
［12］徐祥民．《黄河保护法》执行权模式选择［J］．甘肃社会科学，2022（2）：125-135.
［13］王雅琪，赵珂．黄河流域治理体系中河长制的适配与完善［J］．环境保护，2020（18）：56-60.
［14］丰云．河长制责任机制特点、困境及完善策略［J］．中国水利，2019（16）：16-19，51.
［15］胡光胜．河长制：我国流域治理现实困境与创新趋势［J］．大连干部学刊，2019（5）：59-64.
［16］陈耀龙．借力河长制助推长江经济带生态补偿的思考［J］．中国水利，2018（10）：7-8，3.
［17］董战峰，邱秋，等．《黄河保护法》立法思路与框架研究［J］．生态经济，2020（7）：22-28.
［18］李长健，赵田．水生态补偿横向转移支付的境内外实践与中国发展路径研究［J］．生态经济（学术版），2019（8）：176-180.
［19］赵崇祎．汾河流域水生态系统保护与修复综合治理探析［J］．山西水利，2012，28（6）：9-11.
［20］陈涛．不变体制变机制——河长制的起源及其发轫机制研究［J］．河北学刊，2021，41（6）：169-177.
［21］熊烨．跨域环境治理：一个“纵向—横向”机制的分析框架——以河长制为分析样本［J］．北京社会科学，2017（5）：108-116.
［22］中共山西省委山西省人民政府．关于2018年度全面推行河长制湖长制工作情况的报告［Z］．晋字〔2019〕第1号，2019-1-26.
［23］王利庆，徐祥林．美丽河湖添彩美好生活［N］．中国水利报，2022-02-16（3）.

第十一章

流域河长制管理成效与经验借鉴

第一节　大流域：以黄河流域为例

黄河源自青藏高原的巴颜喀拉山北麓，流程约 5464km，流域面积约 75.2 万 km^2。起源于西部的黄河穿过九个省份，包括青海、陕西和山东等，最后流入渤海。黄河呈“几”字形布局，根据其干流的流向，可分为上游、中游和下游。

改革开放以来，为了治理和保护黄河，我国发布并执行了大量的环保法律和法规，这些适用于黄河流域。黄河现行立法包含两大部分：一是一般性法规，它们被分散在各种水事法规和水环境法规中，比如由全国人民代表大会制订的《中华人民共和国水法》和《中华人民共和国水污染防治法》，以及由国务院和水利部发布的相关行政法规等；二是针对黄河流域的专门性法规，包括《黄河水量调度条例》和《黄河河口管理办法》等。这些法规虽提供了一定的管理规范，但仍存在局限性。例如，没有把黄河流域作为一个整体来进行立法，而是分别解决各个部门涉及的水事务。

一、黄河流域河长制推进情况及协同治理的工作成效

在 2018 年 6 月末，黄河流域的九个省份（区）已全面实施了河长制。河长制的推广依赖于流域内各省（区）的共同配合。各省（区）关于河长制的具体实施进展如下：

（一）青海省河长制推进情况

青海省成功地建立了包括省、市（州）、县（市、区）、乡（镇）、村在内的全方位五级河长体系，共设立河长 5925 名，具体包括省级 5 位、市（州）级 42 位、县（市、区）级 296 名、乡（镇）级 1324 名，以及村级 4258 名。全省共设立河长公示牌 5801 块，并通过“青海河长制”微信公众号实时公布工作信息。在省、市（州）、县（市、区）设立河长制办公室 54 个。省级部门引领出台了针对河长制会议、信息报送、信息共享、工作督查等共 10 余项工作机制。河长制被纳入对各区域经济社会发展的综合考核评价体系中。全省河长制综合管理信息平台也已成功建立。

（二）四川省河长制推进情况

在四川省的黄河主流（包括若尔盖湿地），设立了省级双河长和由州、县、乡、村构成的四级河湖长体系，共计 165 名河长。在 2019 年，州、县、乡三级河湖长共进行了 1775 次河流巡查，有效地解决了存在的问题。此外，已建立了黄河流域跨省合作联动机制，如今四川省已与青海省签署了合作协议，同时与甘肃省、西藏自治区的合作协议也已经得到完善，赋予了流域内各县在建立黄河流域阿坝段（若尔盖湿地）县级协调联动机制方面的指导。省内黄河主流的基础测绘（包括带状地形图和横断面测量）及洪水频率分析

已全面完成。

（三）甘肃省河长制推进情况

甘肃省发布了《甘肃省河长制督察方案》，总计设立了26138名河长，并设立了6501块河长公示牌，同时组建了省、市、县三级河长制办公室。省委书记担任省总河长职务，带领省级河长发挥示范效应，各级河长尽责履职，解决河湖问题，推动河长制任务的执行并取得成效。省河长办公室积极与四川、陕西、宁夏等兄弟省区协调跨省界河流的联防联控合作事宜，制定联防、联控、联治合作协议，进一步加强跨省界河流的管理和保护。在黄河流域的52条流域面积超过1000km^{2}的河流中，已完成6条的划定，总计划定长度为810km。

（四）宁夏回族自治区河长制推进情况

在宁夏回族自治区，党政领导共有3770名被任命为河长，包括自治区级河长6名、市级河长56名，县级河长255名、乡级河长1203名，以及村级河长2250名。全区乡级及以上河长制办公室均已对外挂牌办公。全区的840个河湖水系已纳入河长制工作范围，并设立了1832块河长公示牌。自治区政府发布了《宁夏回族自治区河湖管理保护条例》，并启动了河长制的6项制度修订。自治区政府也发布了断面交接制度，并与甘肃、内蒙古等省、自治区建立了跨省河流河长制工作和水污染治理的协作联动长效机制。

（五）内蒙古自治区河长制推进情况

内蒙古自治区设立了双总河长的制度，分别由自治区党委书记和自治区人民政府主席担任第一总河长和总河长，自治区党委副书记和分管水利工作的人大常委会常务副主任担任副总河长。五位人大常委会常务副主任和自治区党委副书记，各自负责黄河等五条主要河流的河长职务。区域内盟（市）、旗（县）、苏木（乡、镇）四级共设立了6694名河长，另外设立了9202名村级河长。截至目前，流域面积超过1000km^{2}的河流，已经完成了60个河段的界定，水域面积超过1km^{2}的湖泊已完成了112个湖泊的界定任务。

（六）陕西省河长制推进情况

在陕西省，省委书记和省长共同担任双总河（湖）长。省委省政府的领导者亲自担任8条主要江河的省级河长。具体来说，省委书记作为总河长同时还担任渭河的省级河长，而省长作为总河长同时担任汉江的省级河长。此外，全省设立了3.53万名河长和2156名河警。省级河长的任命在《陕西日报》和陕西电视台上公开公告，并在全省范围内设立了10145块市、县、乡河长制的公示牌。

（七）山西省河长制推进情况

山西省水利厅和生态环境厅的9名副厅级以上领导全体担任了9名省级河长助理的职务。在市、县（市、区）总共确定了605名河长助理（包括市级的85名和县级的520

名）。全省共计8145名巡河员。此外，在全省范围内的公安部门中，成功落实了3450名河流警长的职位，从而在省、市、县、乡、村五个层级上建立全面的河流警长工作体系。同时，实施河长制成员单位的合署办公制度，新增设立了一处河长制工作处，在水利厅内开展日常工作，以及调整并设立了一个省河长制管理中心，为省河长办公室提供技术支持和保障，并开发建设了一套河长制综合管理平台。

（八）河南省河长制推进情况

在河南省，原先的9名省级河长已增至目前的19名。省委书记成为第一总河长，省长担任总河长，并担任黄河下游的省级河长。在黄河流域，设立了5名省级河长。全省范围内共有5.25万名市县河长履行职务，采用了“河长+警长”“河长+检察长”“河长+三员（巡河员+保洁员+监督员）”等多种工作模式。省河长办公室根据机构改革的需要，将原有的16个成员单位调整为18个，每一个单位都会协助一名省级河长进行工作。

（九）山东省河长制推进情况

山东省全面实现了省以及市、县、乡、村五个层级的河长制。省长担任黄河和东平湖的省级河长，并在黄河沿线的9个城市中设立1155名市、县、乡、村级河长。全省共制定了约1.3万项各类制度，包括黄河沿线各市制定的6800多项制度。此外，针对涵盖黄河、东平湖在内的16个省级重要河流、南水北调和胶东调水主线，以及12个省级重要湖泊（水库），皆已完成“一河（湖）一策”的编制。另外，已上线包括山东省河长制管理信息系统、巡河App以及“山东河长制”微信公众号。

二、黄河流域河长制协同治理存在的主要问题

（一）跨省的黄河水事协调难度大

黄河的自然属性和水的流动性导致了在水资源、水污染、水生态等方面的问题常常会超越行政区域的边界。尽管沿黄的各省（自治区）已经共建了跨省（自治区）合作机制，而且黄河委员会自2018年起主导并举办了两场黄河流域（片）省级河长办联席会议，旨在总结各地河长制工作的经验，并协调解决相关问题。但是实际操作中，对于局限在单一省份内的黄河水事问题，地方河长办公室相对容易协调沟通和解决。但是，一旦水事问题涉及穿越省（自治区）级行政区域的边界，在目前的管理体制下，协调工作会遇到重重困难，尽管已进行大量的沟通协调，然而效果常不如人意。

（二）河长办公室对成员部门的组织协调能力不足

河长办公室作为河长制的落实机构，肩负着组织执行具体工作、实施河长决定的重任。通过审视沿黄各地河长办公室的设置发现，这些机构大多被定位为协商协调的机构，多数设在水利部，少数设在环保或农业部。然而，它们并没有固定的人员编制，专门的工

作经费也极其有限。因此，河长办公室在组织协调工作时常感力不从心，缺少了必要的工作手段及协调能力。在各地河长办公室进行治理性工作的对接时，其成员部门经常互相推诿责任，导致水利部门常常扮演“独角戏”的现象。

（三）黄河信息资源共享对接不畅

实施河长制后，黄河沿线各地已建成包括河长制综合管理平台、卫星遥感影像分析系统、巡河 App 和河长制微信公众号等工具，初步完成了信息化和数字化管理。2001 年，黄河委员会启动了“数字黄河”工程，已完成建设包括全行业最大的计算机广域网、数据中心、黄河防汛抗旱和水量调度应用系统在内的网络，全面覆盖了黄河流域的水文站网，“黄河一张图”基本建成。然而，沿黄各地河长办公室之间，以及河长办公室与黄河委员会之间仍然存在信息数据共享不及时、平台对接和信息沟通不畅等问题，经常出现重复开发和收集的情况。具体问题，一是信息封锁，各单位或部门之间存在信息资源垄断，人为设置了信息互通的壁垒，导致信息共享困难。二是低效使用信息，各方都掌握大量黄河数据资源，但信息整理和挖掘不足，常常闲置，效率较低。三是平台对接问题，由于各自开发数据平台，技术标准和规范不一致，导致各平台之间无法有效对接。

（四）流域管理与河长制协调治理作用发挥有限

黄河水利委员会作为流域管理机构，在流域治理中主要负责防洪抗旱的协调指导和水资源管理，但其在水环境保护方面的职权明显不足。在水资源管理上，黄河水利委员会拥有的只是监审权、执行权和有限的分配权，并无法直接参与具体的地方水资源管理。其水行政执法的职能主要通过监督和调处权来行使，但缺少强制权。在实际操作中，沿黄各地对黄河水利委员会的水行政管理职能认知模糊，导致其作用发挥极为有限。例如，在黄河“清四乱”行动中就经常遇到当地并不清楚黄河水利委员会的水行政许可审批手续，进而导致审批手续不全。在与地方河长办公室协同开展水行政联合执法行动时，黄河水利委员会处于边缘地位，联合执法的效果往往达不到预期，难以得到地方相关部门的全力配合。

三、管理问题成因分析

（一）黄河流域河长制协调治理的法律不健全

首先，现行法律法规对于黄河的管理职责界定尚不明确。1988 年实施的《中华人民共和国水法》作为我国第一部全面涉及水资源领域的法律，其后基于此形成了涵盖 4 个法律、11 项行政法规和 43 个规章的水法规体系，为黄河的治理保护提供了专业、全面的法律支持，基本确保了黄河各项水事活动有法可循，为黄河流域的开发、治理和保护确立了法治化的基础。然而，现行法律法规对黄河流域管理的职能划分仍存在模糊之处。例如，《水法》规定“国家对水资源实行流域管理与行政区域管理相结合的管理体制”，《中华人民共和国水污染防治法》则规定“县级以上人民政府环境保护主管部门对水污染防治实施统一监督管理”，然而对于具体的管理事务，各地河长办公室与流域机构的管理职能和事权划分如何，法律规定的针对性和操作性并不明确，容易在实践中导致各方在事情进展顺利时争权，而在困难时推诿。

其次，流域的河长制法律体系并未确立。《中华人民共和国水法》《中华人民共和国水污染防治法》《中华人民共和国环境保护法》等法律法规为各级党政主管领导人担任河长的管理模式构建了法律依据，沿黄九省（自治区）中的山东省、河南省皆已出台了《黄河河道管理条例》，宁夏回族自治区颁发了《河湖管理保护条例》等相关法规。

最后，黄河流域的综合性立法进程相对滞后。早在 1993 年，水利部向全国人大常委会秘书处提交了有关立法规划的报告，首次倡议制定黄河综合管理的立法文件——《黄河法》。在此后的许多年里，水利部、黄河水利委员会以及相关机构就《黄河法》立法问题投入了大量的工作，进行了立法的必要性和可行性研究。然而，截至目前，我国对于流域综合管理的立法力度仍然偏弱，导致黄河流域综合管理的法规建设显著滞后于国家的涉水法规建设进程。

（二）沿黄各地河长制建设发育不足

首先，现行政府涉水部门的职责分工模糊。整治河流、维护其生态通常涉及水利、环保、农业、交通、规划、国土、城管等多个部门，但由于各部门职责分工不明、权责不清，存在对工作任务进行碎片化管理的倾向。此外，由于各部门的日常工作任务繁重，往往只在必需的情况下才会配合河长办公室的工作，这无疑降低了河长制的协同效率。

其次，河长制的考核问责制度尚不完善。在实际执行过程中，地方政府加快了组织架构设立和相关工作制度制定的进度，但对于考核问责制度的完善却相对滞后。沿黄各地的考核标准多以结果为导向，通常以水质改善为目标，然而这种“一刀切”的考核标准并不科学。在问责的实践过程中，由于问题复杂，保证问责结果的准确性和公正性困难重重。

再次，与河道权属划定有关的基础工作进度缓慢。目前，沿黄一些地区在黄河河道的管理范围确权划定工作中遇到了阻碍，完成进度未过半，这不但妨碍了黄河的治理和保护工作，也增加了水行政执法的难度，特别是影响了黄河汛期的安全管理。此外，黄河干流及主要支流重点河段的岸线保护和利用规划、采砂规划的编制等基础工作的开展也相对落后，影响了地方河长办公室与黄河水利委员会进行协同管理的基础。

（三）流域整体治理与河长制区域治理的目标追求存在差异

河长制是一个创新的河流区域治理制度，其主要目标是在改善和恢复黄河水资源、水环境和水生态条件的前提下，助力流域的社会经济发展。但由于地方经济发展对地方领导晋升速度具有显著影响，为了在任期内获得显著的政绩，沿黄地方政府有时会出现区域保护主义或“顺风车”现象，偏向于强调本地利益，而忽视对黄河整体利益的维护。

目前的管理体制下，黄河流域管理属于纵向的管理，而沿黄各地的河长制属于横向管理，两者之间并未建立起直接的隶属关系。在全力推行河长制的过程中，黄河水利委员会主要发挥协调、指导、监督、监测等职能，而在与沿黄地方河长办公室开展协作治理过程中，双方各自的优势并未能充分发挥。

四、黄河流域河长制协同治理的优化路径

通过对黄河流域河长制的运行状况及存在问题的详细分析发现，在协同治理过程中，仍面临着跨省（自治区）水事问题的协调难题、河长办公室组织协调能力不足、信息资源共享不顺畅、流域管理与河长制协同效应有限、流域综合规划与区域规划割裂等问题，这些都在一定程度上限制了黄河流域的综合治理和社会经济的健康发展。种种问题的根源包括法律对于河长制协同治理的支持不够充分、沿黄地区河长制的发展和完善程度不足，以及流域整体治理与河长制区域治理的目标存在冲突等。河长制体现了我国特色，国外并无直接可供参考的经验。协同治理是我国社会治理模式的新趋势和方向。于是，从协同治理的视角出发，结合黄河的实际情况，以解决问题为主导，从构建黄河流域河长制协同治理的法律体系、加强黄河流域河长制协同治理的制度建设、加速沿黄各地河长制建设和工作推进步伐，以及确保流域综合规划与区域规划协同一致等方面着手，全方位地完善和提升黄河流域河长制的协同治理（图 11-1）。

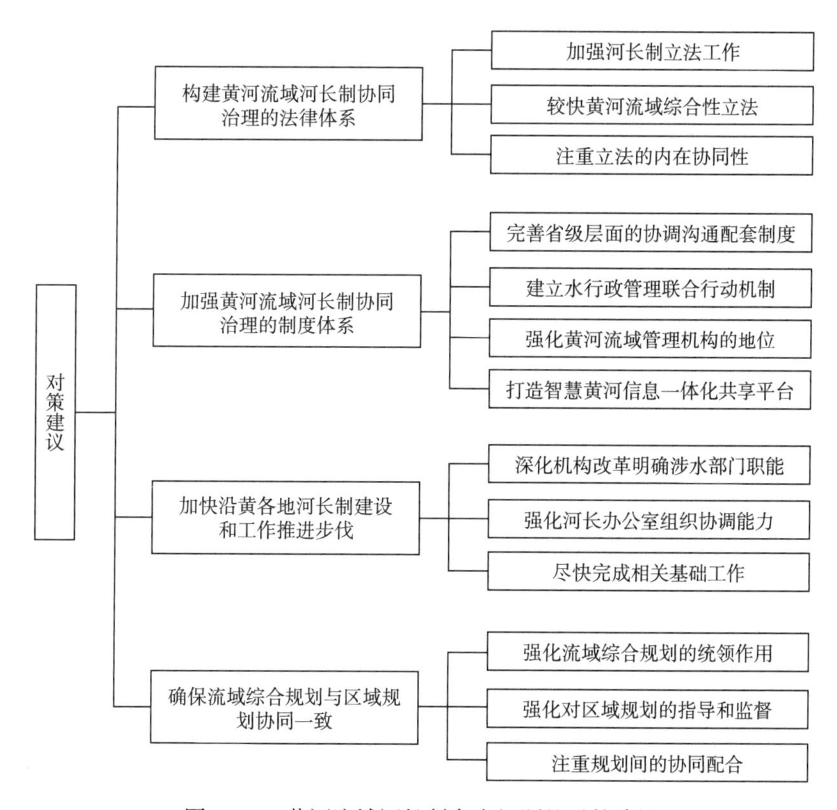

图 11-1　黄河流域河长制存在问题的对策建议

（一）建立黄河流域综合管理体制机制

鉴于黄河流域的整体性特征，为了维护并保护其生态环境的健康周期，在进行黄河流域的全面开发和利用时，需进行全方位的策划和统一的治理。外国如美、澳、日等已经依法设立了权威机构进行流域的全面管理，并且对该机构赋予了大量的行政管理权力，以便其对其他各部门进行协调。如果想让我国的黄河流域实现高效且优质的全面管理，首先需要在法规中设立一个强大的黄河流域管理协调机构，并直接受国务院的管理。其次，须明确黄河流域管理协调机构的法律地位及职责范围等内容。再次，将流域内的各省级河长引入黄河流域管理协调机构，有序地开展合署办公的实践。最后，将河长系统与黄河流域管理并行推进，将流域与行政区域管理结合起来，这也是实现黄河流域全面管理的基本保障。黄河流域管理协调机构的功能范围包括：统一监测黄河流域跨行政区的污染预防，进行统一监督黄河流域内环境保护部门的执法活动，统一管理黄河流域内的土壤保存以及生态保护工作，统一协调水利和森林等相关部门对于黄河流域内资源的使用与保护的关系，并赋予该机构相应的行政执法权，以实现对黄河流域的全面管理。

（二）强化河长制的队伍建设

河长制作为一种特别有效的制度，在新时代下，在黄河流域的综合管理过程中发挥了重要的作用。因此，加强河长制队伍的建设以充分发挥这一制度的优势成为紧迫的任务。

首先，培养河长制工作人员的生态环保意识。《全面推行河长制的意见》强调了河长需要进行水域的全方位治理，这意味着河长们不仅需要完成水质的标准化任务，还需要对河湖水岸线进行管理，并进行水体行政执法的监督。然而，这些工作仅依赖河长们的自觉是难以完成的，需要改变以往的治理方式。黄河流域的“河长办公室”应定期进行评估，每年设定一个特定的时间，进行河长制工作人员的考核，如设立“保护河流”先进个人奖、优秀河长奖、河长制美丽河流奖等。再者，通过知名媒体进行宣传，能更好地提升黄河流域工作人员的荣誉感和使命感，增强他们的生态保护意识。

其次，制定河长制工作的业务培训制度。首先，可以邀请全国知名的水利专家来做专题演讲，以加强河长制工作人员对黄河流域生态环境保护专业知识的理解和掌握。然后，结合公务员培训的要求，定期举办各级河长的培训班。最后，开展涉水业务的研讨，以提高工作人员的业务能力。

第三，建立黄河学术共同体。从政府部门、高等学院、专业机构等地方聘任专家，建立黄河学术共同体，为进行黄河流域相关的决策工作或其他需要的情况提供专业的意见和建议，以提高决策的科学性和专业性。

第四，开展联合办公。抽调河长制工作人员来进行办公，生态环境、农业农村、自然资源、住房和城乡建设等对黄河流域生态环保工作起着关键作用的行政机关应派人员长期驻守“河长办公室”。

（三）健全河长制的监督考核制度

对黄河流域河长职责的全面评估，应该综合考虑自然生态和社会功能等因素。通过定期进行交叉审查，各级河长可以相互借鉴管理经验，推进监督机制的有效构建。不同级别的河长之间的职务和责任需要进行协调。上级河长作为责任主体，需定时进行巡查，避免仅在检查前进行针对性的管理行为。下级河长需要定期向上级河长汇报，确保工作在每个层面都得到实施。此外，建立第三方评估制度是必要的。如前文所述，政府内部的监督有时不能真实反映河长制在保护河流生态环境中的实际工作问题，极可能存在贻误实情的情况。相比之下，社会第三方的评估更具公正性，评估结果应及时公开。同时，建立健全的奖励和问责制度能促使监督评估得到有效执行。

（四）河长制与黄河流域生态保护补偿机制嵌套

我国黄河流域覆盖众多行政区，已经构成了流域生态环境管理的挑战。“2017 年政府工作报告”中明确要求全面实施河长制和完善生态保护补偿机制，全面推行河长制和完善黄河流域生态保护补偿机制相结合，将行政区内跨境水质生态补偿扩展至其他行政区域非常重要，具体可以从以下几个方面进行：

一是构建黄河流域生态补偿组织机构。黄河流域包含多个政府和管理机构，因此，需要一个专门的机构来统一协调管理黄河流域生态补偿机制的建立，河长制为此提供了优秀的组织架构。建议黄河流域生态补偿的管理机构可以依托中央，结合各省（市、自治区）总河长，联合成立黄河流域生态补偿工作委员会。该委员会成员由各省（市、自治区）政府领导担任，生态环境部和水利部参与其中，下设黄河流域各级生态补偿办公室，统一处理全流域生态补偿事务。二是全面建立黄河流域横向生态补偿机制。横向生态补偿机制能为黄河流域利用单向补偿对财政转移支付系统提供强有力的补足，能显著缓解中央财政压力。2020 年 4 月，财政部、生态环境部、水利部以及国家林业和草原局四大部门共同推出《支持引导黄河全流域建立横向生态补偿机制试点实施方案》。这个方案为黄河流域横向生态补偿制度的创立奠定了框架基石。在实践中，涉及资金和补偿方式等复杂问题，仍需依靠河长制去构建与黄河流域综合治理规律相契合的横向生态补偿制度，也即让各级党政主要负责人担任河长，借助他们的影响力在上下游地区进行补偿的基础上，全力推动横向生态补偿制度的创立，实现让补偿主体自行补偿受偿对象，同时使受偿对象主动进行流域生态保护投资。

第二节　中流域：以嘉陵江流域为例

嘉陵江是长江上游左岸的主要支流，其流域穿越了陕西、四川和重庆三个省、市。根据全国水利普查的数据，嘉陵江的主流全长为 1132km，河流的总落差超过了 2000m，平均比降为 0.205%。嘉陵江的全流域面积大约为 1.59 万 km^2，占长江流域总面积的 9%，并被列为省级重点河道的管理。嘉陵江源自陕西秦岭南部，经过徽县流向略阳，至两河口与西汉水交汇，其水流经过阳平关进入四川，在广元昭化镇与白龙江交汇，然后流经苍溪，在阆中和南部县处，由东河和西河汇入，最后在蓬安、南充和武胜等地与渠江、涪江交汇，在重庆合川地区，然后向东南方向继续流进重庆北碚，最终汇入长江，合并成一个巨大的扇形水系。

一、嘉陵江流域南充段河长制协调治理现状

（一）价值理念——形成基于官僚制的价值追求

政治动力是推动协同治理实际执行的重要因素。南充市利用当前的管理体系，迅速构建了由市、县（区）、乡、村四级组成的河长系统，这使每一级河长都能对其管辖地区的河流治理和保护承担起主要责任，提高了各级河长对于此项工作的关注度，使责任得以逐级落实。他们以履行各自的职责为基础，在自己负责的流域内建立新的价值观，不过这种价值意识可能仅局限于遵从当地河长的工作布置或受到年度考核的影响，各涉水部门以此为导向在短期内会有效地参与协同行动。然而，协同治理的长期性和稳定性尚未得到保障，因为河长（即党政主要领导）的更替可能带来变化，对所管辖地区的河湖治理产生不利影响。

（二）制度设计——制度系统的协同治理制度

南充市政府主导制定了一系列工作计划，对该地区河长制工作的职责、准则、组织结构和重点进行了翔实的阐述，发布了一系列包括《南充市全面实行河长制管理工作方案》《南充市河长制管理 2018 年度工作要点》以及《南充市河长制管理 2019 年度工作要点》等指导文件。2017 年起，南充市各级政府也纷纷推出了对应的工作策略和关键点。乡、镇级及以上的三级政府机构都相应地设立了包括河长会议、信息共享与提交、督查、考核问责及激励、验收的六项基本制度，区级及以上的两级政府组织额外增加了督导检查、河长应急单位、河道警长+基层河长联合巡河三项管理制度。完成河湖册、“一河一策”管理策略、编制“一河一策”治理与管护方案指南、编写嘉陵江流域“一河一策”治理与管护方案以及负责目标的“四大清单”，并完善了本市流域内 108 条跨县河流、396 条跨镇河流及 38 个湖库的手册。该区也实行分层“一河一长”制度。

（三）组织管理——建立跨部门跨地区河长制体系

2017 年 4 月，南充市结合地方实际，由市委、市政府联合发布了《南充市全面实行河长制管理工作方案》。设立了负责本市所有河流治理整体工作的南充市河长办公室，其职务与其他涉及河流治理的部门平级。以下市、区（县）、乡村级别逐层设立了河长办公室，形成四级覆盖全面、工作进度全面、责任执行全面的河长制组织结构。南充市任命了第一位总河长，分别由市党委和政府主要领导担任。对南充市内 27 条主要河流分别配置市级河长，由市级领导同志担任。在 7 个县（市、区）和各辖区乡镇设立了总河长，由县（市、区）的党委书记和乡镇的党委书记担任，并在其辖区内纷纷设立了各级各段的河长。

截至2019年，嘉陵江南充段涉及7个县（市、区），56个乡镇（街道办事处）和321个村，市级、县级、乡（镇）级、村级河长的人数分别为29名、139名、433名、3276名。另设有河道警长389名、河道检察长22名、记者河长53名及民间河长500余名。实现河长制工作的一个明显转变，即从有形到有实。

（四）技术赋能——数字化管理增强部门信息互动

2017年，南充市河长办公室起步建设南充市河长制管理信息系统，把全市所有河流、水库、湿地以及升钟湖干渠纳入信息化“一网管理”。系统主要分为工作平台、“一切在图”管理、河长执行、电站管控、考核管控、日常办公、基本数据七个模块。同时，研发了“南充河长通”巡河应用，旨在市、县、乡三级河长巡河过程中，高效便捷地处理各种问题，从而将以往复杂的线下流程简化。数字化管理打破了部门之间的壁垒，允许治水政务信息互联，增强了部门之间的信息交互。

二、嘉陵江南充段河长制协调治理的成效

（一）推动水岸协同治理

遵循“水岸同步、地域管理”原则，致力于水域治理和岸线发展同步，主张由单一河湖治理向流域水岸联动管理的演变。其一，突出源头治理，加强岸线管理。为开展全市范围内的砂石资源运营管理体系的改革，实现砂石资源的优化配置，减少过量砂石船只，并且取缔非法的砂石码头，带来了最佳的社会效果，最大的经济效益，以及最优秀的生态效果。启动了河湖“四清”特种行动和河道管理划界，使河道管理有明确的依据，岸线管理规范而有序。其二，重点采取整顿措施，全面提升河湖水质。执行了水质不达标的小型流域的挂牌整顿和劣V类断面的专项整顿，采用了小型流域的污染防治断面考核机制，使小型流域的达标比例稳步上升，而且加大了对黑臭水体的治理力度。得到了全国城市臭黑水体治理典范市的称号，而且城市建立区域内的臭黑水体消除度均达到了100%。其三，精选项目建设，源头治理全面加强。加快污水处理设施的建设进程，使城市建设区内黑臭水体全面清理，而行政村生活污水治理率达到了59.5%。同时强化了对饮用水源地的保护，使当地全区内全部集中型饮用水源地的水质优质率均保持在100%。加强了农业面源洪染的预防，逐步解决了“源”头问题。

（二）联合执法推进治理

集中精力于管控、执法、监察等环节，建立职责明确、管理严格、保护有力的管控体系，促进河长制全面落地生效。首要措施是设立联合执法机制，设有河道警长，对违规和违法行为进行联合执法，已经提出公益诉讼13件，制定38份行政处罚决定，转交了一起涉嫌刑事案件。增强了对水土保持的监管执法，已经查处了违法违规现象77处，并整改完毕的销号现象452处。其次，持续修复河湖生态环境。试点保护目标责任制，借此鼓励

各部门协同合作，实现了全市湿地面积达到50万亩的目标。全力实施嘉陵江绿色走廊建设，精选河湖湿地、滨河公园23处，设有省级湿地公园7个。严格执行长江流域禁捕规定，1367艘有户籍渔船全部退役上岸，全面完成了2106名渔民的安置工作。创建“美丽四川，宜居乡村”达标村1200个，建成水美新村65个。

三、嘉陵江流域南充段河长制协调治理中的主要问题

（一）制度设计不完善，减弱协同积极性

目前，南充嘉陵江流域协同治理的各区域、各部门间的合作是建立在一套全面推进河长制业务的系统框架下的，包括信息共享、定期联席会议和联合执法等相关机制。然而，这些制度的设计过程主要考虑了便捷性，却对合理性和有效性的关注不足。嘉陵江流域涉及的六个区、县（市）虽然签订了联防、联控协议，也在协作过程中有一些互动并解决了一些问题，但总体上存在联席会议、联合执法等仅仅作为形式的现象，问题解决效率不高，协同效率不高。

同时，与此相关的区、县在河长制工作中存在地方主义，不能同步开展工作，特别是针对一些难点问题、热点问题和敏感问题，由于各部门出于自身利益和跨层级的考虑，不能及时、准确地分享信息，导致区域协同效果不明显，影响协同效率，导致一些问题拖延不决。

此外，由于上级部门对河长制考核工作的资金投入有限，激励措施的范围较小、奖励资金相对有限，这使激发各地积极参与河湖长制工作的积极性、主动性和创新性仍有待提高，在很多地方，河湖长制工作只是按规定执行，工作缺乏热情、创新精神和动力，协同性不强。河湖长制结果对成员单位的约束力不强，对各级河长的任用落实缺乏制度保障，尤其是河长离任，审计和任用方面缺乏紧密结合，没有形成足够的警觉和威慑力。

（二）组织管理有缺陷，协同治理不科学

区（县）域的协同治理是河（湖）长制打破行政障碍、各自为政与分散管理的重要方法。通过整合上下游、左右岸及主支流，推动共同治理的实现路径。同时也是河（湖）长制工作的主要着手点，实现流域环境保护的统一标准、一致评估、共享监测，以及协同执法，从而形成水环境治理保护的合力。在此过程中，区县之间、乡镇之间的协作是关键环节，许多工作需要在基层具体落实。

然而，区（县）领导在担任河长的实际工作中，差异在于个人的专业能力、精力投入，以及具体能力。担任河长这种对专业性要求较高的职责，往往会出现一些短板。目前的河长由多个行政部门的领导组成，因为职务的差异，可以调配的资源有别，这也导致了下级部门执行治理工作的决策效率差异。此外，河长办公室设立在水务局，本身存在设计上的缺陷，由于河长办公室和其他参与协同治理的部门在行政级别上相同，会导致其在协调和指挥涉河部门处理工作时效果欠佳。同时，组织结构的科普性也很重要。制定河流的

“一河一策”管理保护方案是每条河流科学管理的基础。目前，在全面推行河（湖）长制的过程中，南充市河长制办公室对各部门的河湖保护治理项目把握不准确，导致了“一河一策”方案的针对性和操作性不强。在此背景下，各区（县）河长办公室的工作相对独立，工作上的横向交流少，导致在嘉陵江流域“一河一策”管理保护方案的编制、执行和评估过程中存在协同治理的科学性不足的问题。

四、嘉陵江流域南充段河长制协同治理路径

（一）加强价值理念培养，引导公众协同参与

在南充河段的嘉陵江河长治理中，上级的绩效评估反馈可以促进各级政府（部门）推进治理工作。然而，这种管理方式可能导致一部分工作人员只是为了达到标准而敷衍应付。因此，强化对南充地区及相关部门的管理意识和发展理念的培训是必要的，以使它们建立正确的水环境保护意识，提高管护河流的自觉性，实现从以数字优化为目标的价值观到真正让嘉陵江成为造福于南充人民的幸福河流的转变。

南充市政府和相关涉河部门需要通过多途径、多方式培养和推广，将公众和非政府组织吸引到治理过程中，实现全社会共同治水的目标。要持续推进河（湖）长制“七进”宣传，继续评选“最美家乡河湖”“优秀河湖卫士”等活动，创新开展“推广河（湖）长制，建设人民幸福河湖”等宣传专栏，不断提升公众爱护河湖的意识。通过激发公众对河流保护的热情，形成共同、和谐的保护河湖的良好环境。

（二）完善制度保障，强化协同体系建设

提升协同机制的完善程度是解决问题的初步。河流管理的进步，不仅取决于时代和科技的进步，更关键的是理念的革新。从协同治理的角度来看，规划嘉陵江流域的河流管理制度，能用全局思维和整体思维有效解决河流健康发展的问题。

在提升水环境各项指标的基础上，更追求提升水质、改善生态环境以及改变人民生活，这就是深化并落实河长制要实现的长效维护效果。统一监督是河长制体现政府管理职能，用于建立河道管理和维护的长久监督机制。虽然具体的监管任务落在河长办公室，但由于河长办公室在项目审批和执行监督方面没有权力，在统一监管上没有抓手，因此，要在重要的水利项目管理方面给予河长办公室一定的话语权甚至决定权，这样才能更有效地发挥河长办公室在项目规划、实施和验证阶段的监管作用。在河道监察管理和执法方面，以纪检监察、法院、检察院等部门的合作为重点进行改进，建立完善的“河长+”制度，通过法律手段严厉打击违法违规行为。

同时，强化考核激励机制，包括使考核方式更科学化，把考核结果应用于实际。在制定考核体系时，尤其要注意考核指标、量化标准以及自身条件的差异性。不能对不同的评价项目使用同一套评价指标，应采用不同的计算方法和评价标准；对各流域的评价指标也不能一视同仁，因为各流域的地区发展状况、所面临的挑战和治理水平都不尽相同。此

外，考核结果必须得到落实，要增加河长制考核激励资金，充分调动各区域对河长制工作的积极性、主动性、创新性；提高河长制工作考核得分在总分中的权重，增强对河长制成员单位和各地区的约束力，充分发挥考核的“指挥棒”作用。

（三）强化部门合作，全力促进区域协同

1. 强化顶层设计

在嘉陵江流域水环境管理中，要考虑上游和下游，干流和支流，左岸和右岸等的综合协同治理。统筹项目是在明确河道治理目标的基础上，正确实施“一河一策”。上级相关部门应指导地方有序进行河流健康评估，科学编制并实施“一河一策”。省级领导担任河长时，“一河一策”应征询相关流域管理机构的意见，由省级河长审定后的“一河一策”需及时上报相关流域管理机构。

河道的管理和水环境的保护是系统性的工作，问题的出现也是各个因素累积的结果，解决问题可能需要不同领域间的协同工作，如产业、建设、道路、水利等。在各部门独立推进各项工作的基础上，由河长办公室进行顶层规划设计与管理，系统地治理和划分工作。

河流水环境的保护以及恢复自然水生态的过程，需要各个管理部门的协作。在区域规划工作中，需要实现多规协调、多规合一，系统性的规划任务和分工，以实现环境、水利、城市建设、道路、资源、住建、产业等各方面的规划协同合一，形成一个系统规划的顶层设计机制。只有做好统筹规划的顶层设计，才能从根本上解决河流治理的反复性问题和各部门在涉水工作中的责任问题。

2. 加强区域协同

加强区域间的协调联动是重要的，需根据《四川省嘉陵江流域生态环境保护条例》进行持续的协同治理，明确并实施各级河长的职责，整合各方力量，共同形成强大的工作力量。对于跨省级行政区域的河湖，应根据实际情况，建立联合会议、联合巡查、联合执法等共治机制，设立联合河长、建立共建联合河长办公室、互派河长等，以确保河湖保护治理管理目标一致，任务协同，措施协调。

持续深化嘉陵江流域的系统河湖管理，常态化进行联合巡河巡湖活动，完善并实行市（州）的河湖联防联控联治机制，持续深化广元、广安等市（州）的合作共治，有效解决河湖管理中的重点问题。各区（县）应根据不同河流的水环境基础制定分阶段的目标，依据改善的程度分配每个阶段的治理任务，区（县）间协同工作，持续巩固河湖治理的成效。

对于污染严重的区域级河流，主要侧重于监测水质指标达标，而污染较少的乡村级河道的检查重点应更关注水质清晰和生物多样性。各区（县）需根据实际情况制定不同的目标和任务，充分利用河长制的统筹监管作用，在河道治理和维护方面建立长效的区域协同管理体系。

3. 深化资金统筹

资金的统筹管理是实施河长制工作的核心驱动因素。水利、环保等部门在使用财政资

金进行系统治理的过程中，必须根据具体情况进行调整，并由河长进行统筹规划，最后由各部门实施。资金统筹的目标是实现各部门的资金的有效利用，以产生联合效益，实现系统优化，并激发现存资金的效用。同时，对新增的系统治理规划资金，需要发挥引导和调动作用。

在金融协调的问题上，各级河长在河道治理方面具有不等的投入权力。市级、区级、乡镇级河长拥有不同的财政权力，在其管辖的河道治理过程中拥有资金的使用和调度权，然而街道和乡村却没有专项财政资金可用。乡村级河长只能反馈问题并协调解决，对于大小水利工程项目，他们需要得到上级财政的支持。

在金融的统筹和协调上，可以考虑采取“专项引导资金”和“部门关联资金”协同的方式。比如，通过整合环保、水利、住建等部门的资金，政府可以设立专项引导资金，设置利益转移协调机制，以调动社会资本参与河流治理。

（四）提升技术水平，赋予河长办公室整合能力

1. 拓展软件相关功能

目前，河长信息管理系统的主要功能是进行治理工作的统计和上报，但协同的深度还有待提升。可以考虑将各级河长和相关管理人员纳入河长信息管理系统中，使他们能够在系统上处理问题、制定决策并发布指令，以加快治理流程，提高嘉陵江南充段各级人员处理问题的效率，缩短问题处理时间。

此外，可以在系统上增设类似腾讯会议的在线联席会议功能，实现会议的自动记录功能，同时将视频、音频转化为会议的实时记录。这将消除会议时间和地点的限制，并能根据需要随时召开会议，快速做出决策，大幅提升工作效率。

2. 降低硬件接入成本

现阶段，南充市河长信息管理平台对于移动通信设备的软硬件需求相对较高，并且“南充河长通”巡河 App 的开发程度还不够成熟，稳定性也因设备硬件的水平而有所差异，因此其实际效用有所受限。考虑到改变硬件条件的投入较大，为了降低成本，可以尝试将该系统的部分功能接口转移到微信小程序上，这将使受众范围更广，使用更加便捷，无需单独下载 App。这一举措不仅降低了设备接入成本，同时也提升了信息管理平台的统筹协调能力。

3. 技术赋能巡河模式

使用无人机进行巡河可以有效地提升效率，全面地发现问题，并增强溯源能力，它优化了原本以人工巡河为主的模式，显著降低了巡河的难度，并为河道的保护、开发和治理提供了强大的技术支持。科技的力量可以利用到创建立体化的水域河湖监管网络，消除传统徒步巡河的盲点、低效率等问题，实现全面、无遗漏、高效率的水域巡察和情况记录。通过科技赋能，巡河模式前进了一大步，从传统的人工巡河变为智能化管理，这不仅提高了巡河的效率，同时也提升了发现问题的能力。

第三节　小流域

一、汾河流域

汾河流域在山西省中占据较大面积，人类活动繁密，水资源和水生态问题突出，综合治理方案的实施地位显著，具有辐射效应且重要、迫切。这也是执行山西省生态保护总规划的关键一环，应从技术角度落实规划。山西省的主要和具有代表性的脉络之一就是汾河流域。该流域横跨山西省中部至西南部，以带状分布，东西长 188km，南北跨 412. 5km，覆盖面积 39471km^2，占据全省总面积的四分之一且为我国北方涌泉最多的流域。同时，这也是山西省水资源和水生态问题最严重的流域。

习近平总书记曾在视察山西时提出“让山西的母亲河波澜壮阔，水元素活跃，风景更美”的重要指令，按照这一指令，山西省人民政府发布了《汾河流域生态修复指导意见》和《汾河流域生态修复管理指导意见》，对汾河的生态修复治理从省级角度进行了总体布局。

自 2017 年 3 月 1 日起，《山西省汾河流域生态修复与保护条例》开始实行，该条例是山西省历史上首部专门对一条河流制定的地方性法规。山西省下属人民代表大会常务委员会接连通过多项法规，彰显了对流域生态修复的法律的支持。2019 年 1 月 7 日，省委书记骆惠宁召开省委全面深化改革委员会会议，审定《关于进一步深化河湖长制改革的工作方案》，山西省河长制从有形到有力迈出重要步伐。

为维持河湖治理的持续性，山西省对河湖问题实施“一河一档”“一河一策”制度。“一河一档”指通过深入调查，详细记录河流初始状况、整治方案及效果。“一河一策”则要求河长上任时对河道状况进行深入调查，并坚持问题导向，提出问题清单、目标清单、任务清单等 5 个清单，明确治理目标和措施。至 2017 年 10 月，山西省完成“一河一策”方案编制，形成了以“一河一策”推进七条重要河流生态修复治理的步骤。

（一）保护成效

水生态修复带动经济效益。2017 年，汾河流域进行的水土保持治理项目覆盖面积达到 130 万亩，官方实施的绿色造林项目覆盖了 82. 8 万亩。2018 年，山西省在加强水库管理的同时，充分利用现有的水源工程向河道补充了生态水量，汾河河道补充的生态水量约为 4. 6 亿 m^3，永定河和桑干河补充的生态水量分别为 1. 2 亿 m^3 和 5000 万 m^3。这些水生态修复工作不仅产生了生态效益和社会效益，还带来了经济效益。例如，刘胡兰镇的王家堡村吸引了社会资本，将 1000 余亩湿地改造为 900 余亩的生态湖，每年可向地下补充 60 多万 m^3 的水，这个地方已经变成了集农业灌溉、特色养殖和休闲度假于一体的旅游景区。

临汾市涝洰河的水生态修复和河道管理使涝洰河区域的价值不断提高，居民的满意度也随之提升。

水质达标率提高。在 2017 年，全省 100 个省级监测断面中，地表水的优良水质断面占比提升到 56%，比上一年增加了 8%；而质量较差的劣 V 类断面占比下降到了 23%，比上一年减少了 5%。进入 2018 年，全省 58 个受到国家考核的地表水监测断面中，优良水质断面增加到了 34 个，比 2017 年多出了 2 个，严重污染的劣 V 类水质断面减少到了 13 个，比 2017 年少了 2 个。山西的“母亲河”汾河的主要污染物，如氨氮和总磷的浓度值，与 2017 年相比，分别下降了 77%和 58%。同年，临汾市汾河出境点的上平望断面在 8 个月内的水质达到了 V 类以上，占了 66.7%。与 2017 年同期相比，该断面的主要污染物，如化学需氧量、氨氮和总磷浓度都有所下降，分别下降了 17.6%、45.2%和 30%，水质有了明显的改善。

（二）汾河河长制治理经验

1. 明确组织体系及职责分工

目前，汾河实施的河长制度已经构建了五级河长组织结构，包括山西省总河长、汾河河长林武，以及各级河长，这些河长分布在汾河流域的市、县、乡（镇）、村。五级河长都由相应的省长、市长、县长、乡（镇）长和村主任担任，他们的职务随其职位的变动而变动，同时，上一级河长有责任对下一级河长进行监督。

各个级别的市、县乡村河长负责各自辖区内的河湖的治理工作，主要包括水环境的保护，防止三废非法进入汾河，以及流域岸线的防护与修复等职责。在遇到重大水质污染等问题时，各级河长应共同协作治理，并逐级上报。汾河河长办公室统一组织协调和考核下级河长，并通过激励与问责机制加强他们的责任感。山西省水利厅负责设立省河长办公室，对全省各级河长的汾河治理工作进行统一管理。目前，山西省正在推进综合执法制度，进一步明确各级河长在此体系中的权力和责任。

2. 实施治理重点任务

推动落实“清四乱”工作。通过结合农村居民环境改善和村庄清洁整理行动，针对沿汾河线的“四乱”问题进行了特别整改，并创建了问题追踪系统，以确保每个问题都能得到解决。这样做已经实现了目标，使汾河两岸的风景能够给人留下深刻印象。至今为止，沿线已清理垃圾 3150m^3，拆除猪圈 300m^2，彩钢房 40m^2，民房 300m^2，清理报废车辆 20 辆，新建围栏 1800m，警示牌 300 余块，种植杨树 295 棵。

严格落实排污审核制度。对流域内排污口进行严格限制与审查，处理过后达到标准排放；一处进行深度治理工程；最后九处为雨水口或退水渠，都有专人定期清理，以防止污水入汾河。将汾河流域水环境治理与全面推行河长制有机结合，履职尽责，主动作为，制定了汾河流域水环境治理实施方案和年度计划，建立了任务清单和工作台账，明确了责任人员和完成时限，以确保任务准确无误地进行。

（三）汾河流域河长制的主要问题分析

1. 纵向体制有待加强

首先是过度依赖行政权威。在各级行政机构中，党政主管作为河（湖）长，以行政角色承担了治理河（湖）水体的责任，任务明确，责任落实情况良好。利用组织权威和职务权力，河（湖）长在短期内执行了相应的工作任务并取得了良好效果。然而，过度依赖权威可能导致潜在的风险：一方面，协作稳定性风险。领导人员的调动可能使已构建的合作机制无法有效运转，或者当政治压力未能有效转化为行动时，河湖治理可能会受到冷遇。部分基层政府为了表面应对上级检查，可能会对水环境治理成效进行粉饰。有的市、县（区）在河水治理中存在视野狭窄的问题，过于注重河道景观的建设，忽略了本应全面面对的污染问题。另一方面，过度依赖行政权威可能妨碍制度化、规范化的建设。若过度看重行政权威，可能会出现恶性循环：只有在领导参与时，协调才能成功；当领导“不在场”，各部门之间的协作就可能再次陷入“非合作”的局面。水环境治理是一项长期的任务，其决策行为不仅需要符合规律，还要保持稳定性和连贯性。如果不能以法制和相关制度约束和规范对行政权威的过度依赖，这种“人治”最终可能对河（湖）长制的长期发展产生影响。

其次，各级河长办公室组织基础薄弱。山西省及 11 个城市已设立河长办公室。然而，在全省的 119 个县中，有 21 个县级的河长办公室仍在水务局，因为他们的组织结构未得到正式审批，从而导致河长制工作由县级水务局工作人员兼任。在省、市、县级的河长办公室中，工作人员主要是来自水利部门的借调人员，显示出人员组成的单一性和专业覆盖不全等问题。河长制的执行需要依赖于像河长办公室这样的专门组织，因此，组织基础薄弱、人员编制不落实和结构不合理等问题成为山西省推进河长制工作的一大阻碍。

最后，河湖治理资金短缺。水环境的治理并非与公司管理相同，公司的投资能看到明显收益，然而环境治理的资金是单向消耗，这导致了在水环境治理中有资金及积极性两大问题。当前，专门用于河湖治理的资金不足，资金来源过于单一。水生态修复是一项综合工程，包括湿地建设、河道治理、生态修复等，持续时间长，资金需求大，有限的财政资源严重阻碍了水环境治理的进度。例如，大同市的生态补水主要依赖黄河，但黄河水的补水费用较高，省级财政只能提供一部分资金补助。大量的资金投入和不完善的生态补偿机制导致大规模的投融资模式无法形成。例如，汾河流域的生态项目主要由县管理，在规模投资和吸引社会资本方面存在困难。此外，《山西省汾河流域生态修复与保护条例》要求县级以上政府设立专项资金并逐步增加财政投入，但这一条款在多数市县（区）尚未得到全面实施。

2. 考核问责流于形式

河长制能否成为持久的机制，关键在于构建完整的制度框架及责任体系，而考核问责机制是该体系的重大保证。政绩考核、“一票否决”等概念虽然流传多年，实际上很少有不尽职尽责的河长被从晋升途径中剔除。目前，考核问责机制主要是一种以自我监督、自我考核、自我问责为主导的内部制度，2017 年山西省河长制考核结果便是一个证据。在考核的 11 个地市中，有三个被评为“优秀”，其余八个均为“合格”，没有一个不合格。如此平均主义的考核方式实际上并未起到真正的效果。

（四）完善汾河流域河长制的对策建议

整体性治理的核心理念在于整体性思维，即政府与其他相关主体的联动，实现多主体的共同努力，而这些主体所基于的是公众的认同。在实行河长制的过程中，各级河长需要负责他们管理范围内的河段治理，他们是河长制实施的主要主体。但是，河流治理不能仅依赖河长这一主体，还需要包括企业、公众等更多主体参与，以保证治理的效率和效果。这些主体之间需要相互配合，使过去分散的力量整合为一个有力的整体。

1. 完善河长制下流域治理的体制机制

在绿色生态发展理念指导下，汾河实施的河长制需要更进一步优化，以与汾河的具体情况相适应。

首先，需要改善河长制的协调机制，促进各个部门、机关、组织之间的有效配合。河长办公室需要处理好各个相关部门及组织之间的合作，寻找并处理解决合作中的困难和矛盾，使各个职能部门之间形成强大的协同治理力量。

其次，建立污染预警和反应机制是重要的一步。当污染排放超过规定标准时，这一机制应能迅速确定污染源，定位治理责任并能迅速采取行动，对违法行为进行有效制止。

第三，多元融资体制是实现有效治理的关键。除了核心项目的管理和政府资金之外，还应积极寻求从农业、林业等相关部门及上级政府获取资金支持，同时，引导和激励各方社会资本参与汾河水环境的治理，形成政府引导、市场推动、多元投入的融资体制。

2. 加强河长制下水污染治理执法力度

流域水质的恶化是水污染的直接结果，执法力度的增强则能推动政策的有效执行并提高治理效果。当前，汾河的联合执法效果不佳，需要进一步加大力度，以保持和提升其成果。

首先，需要转变执法理念，树立可持续的环保意识。尤其是对党政一把手级别的各级河长，因为在我国自上而下的行政体制中，由上级推动的观念是最有效的治理手段。

其次，改进执法方法，提升协同执法，改变单一执法方式。各职能部门需要形成执法小组，加强信息化设备的使用。这些措施可以克服目前执法效果不明显的问题。

最后，严格执法，特别是在水量大的时候，要运用河长制，统一调度环保、水利、公安等部门，加大力度。不仅要关注河道的综合管理和监督，而且要严厉惩罚违法排污活动。对于违法行为，要实行严厉的制裁，包括扣押车辆、人员，责令立即整改、限期整改或吊销执照等措施。将河道监管落实到位，从根本上打破执法软弱的现状，消除不能按期完成执法目标的各种障碍。

网络化、信息化工程建设也需加强，建立统一的河长制水环境治理网络信息平台，是实现数据信息实时共享和各个职能部门之间有效交流的途径，能够提高综合治理效率，并为决策提供依据。

3. 加快生态修复，减少水土流失

生态退化是导致水土流失的主要因素，它包含人类行为对生态系统的负面影响，以及

恶劣的自然条件导致的生态退行。就汾河水土严重流失的问题来说，需要从汾河流域的实际自然条件出发，尽快进行生态修复，以减少水土流失。

这个过程不仅需要进行生态补偿和优化生态流量规划来保障下泄的基本生态流量，也需要合理分配水资源利用。在保持经济利益的同时，也需重视生态利益。

水土流失防治的资金投入需要增加。而为了更好地了解汾河流域的水土流失状况，还需要加大水土流失治理的力度，针对流失严重的重点区域进行具体的工程治理。这包括建造护坡、护堤，执行人工种树、草木，等等。同时，全流域的水土保护监控也需得到加强，如制作并设置宣传牌，提升全河流域内的水土保护意识。

4. 加强宣传和公众参与

在河长制下，水环境治理是一项需要全民参与的综合工程系统。成功的水环境治理案例，在国内外都展现了每个治理环节都需要公众的监督和支持。针对汾河，需要发挥和运用舆论的导向和监督作用。

首先，需要利用各种新闻媒体和传播方式，开展多层次、多方式的宣传、推广和教育活动，及时且准确地对汾河河长制下水环境治理情况进行权威解读和信息发布。这将提高公众对水环境保护的认识和主动性。其次，应扩大公众参与渠道，如开设 24 小时热线电话和微信公众号等，简化举报流程。公众的投诉和意见反馈应在规定时间内认真处理，并及时有效地公开处理结果，既能提升政府公信力，也会增加公众参与的积极性。只有通过提高公众参与度，强化社会对河流保护法定责任的认识和自愿意识，共同形成一个良好的氛围，才能达到清澈的水、顺畅的河流、绿色的岸边和美丽的景色的治理目标（图 11-2）。

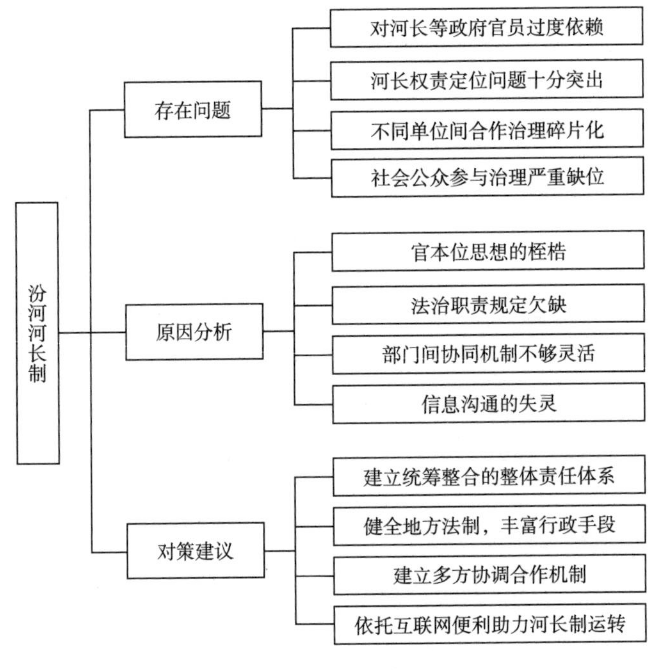

图 11-2　汾河河长制

二、抚河流域

（一）抚河流域河长制治理经验

1. 创新管理模式

江西省抚州市建立了升级版河长制，构建了市、县（区）、乡（镇）、村四级河长组织管理体系。该项目涵盖防洪减灾、市政建设、生态修复、产业转型、文化保护、旅游开发、城市景观、智慧管理等公益性和经营性方面，并从生态和文化两大优势出发，以抚河综合治理为契机，通过培育中医药、文化创意、休闲旅游、数字经济等六大新兴产业，构建绿色产业体系。与一般的PPP项目（政府与社会资本合作的项目）相比，其体系宏大复杂，包含270多个子项目，由于项目数量多、内容复杂而采用“统一模式、分级管理、明晰债权、控制风险”的管理模式。

2. 压实责任主体

抚河河长制进一步健全落实区域和流域相结合的市、县、乡、村四级河（湖）长组织体系，市委、市政府主要负责同志担任市级总河（湖）长，10名市级河（湖）长、118名县级河（湖）长、668名乡级河（湖）长、1795名村级河（湖）长共同织就覆盖所有水域的河（湖）长组织体系。10名市级河（湖）长全面开展巡河、巡湖督导活动，累计发现并解决影响河湖健康的突出问题32个。各级党委、政府主要领导既挂帅又出征，主动谋划部署重点工作、主动调研重要情况、主动督战重点问题、主动协调关键环节。发现并解决影响河湖健康的突出问题600余个。

3. 落实共建共享

建立健全联防、联控、联治机制。先后与南昌市签署《昌抚跨市河湖管理合作协议》，与吉安市签署《乌江流域河长制合作协议》，探索建立抚河及乌江流域跨市合作协作机制，并与南昌市联合开展巡查活动，推动抚河及乌江流域上下游、左右岸、干支流联防、联控、联治。深入推进水生态产品价值实现。市GEP（生态系统生产总值）核算体系和资溪县GEP精算体系逐步完善，资溪两山转化中心运营推动生态资源变现。乐安县深化水利投资内生增长的长效机制，将城乡供水一体化项目建设产生的供水收益及河道采砂经营收益作为抵押，向国家农业发展银行申请生态水利建设贷款资金81000万元，推进水系连通及水美乡村建设，项目所需资金除中央补助外，均从生态水利融资中支出，在水利设施建设领域具备较强的可操作性和可复制性。宜黄县、资溪县以《河道经营权证》明晰河道所有权、管理权、经营权的三权关系，积极开展河道经营管理权承包到户的“河权改革”试点，让“沉睡”的乡村河道资源成为村集体和百姓增收的经济“活水”，有效实现从政府单一管理到群众共同参与的转变，走出了河道长效管护和水生态价值实现的新路子，协同推进助力乡村振兴。全市共配备河湖管护、保洁人员3600余人，积极做好河岸垃圾清理、水面保洁、河道清障等工作。2023年以来，全市共清理打捞各类水面垃圾3000余吨。

广昌县推行河湖巡护等农村基础设施一体化长效管护机制，实现河道常态化巡查管控。

4. 做实问题整改

常态化开展清河行动。出台《抚州市 2022 年“清河行动”实施方案》，持续整治乱占乱建、乱围乱堵、乱采乱挖、乱倒乱排等突出问题。全市共梳理排查并整改销号各类清河问题 250 个。加快治理妨碍河道行洪问题。共梳理妨碍河道行洪问题 15 个，已整改销号 15 个。纵深推进河湖“清四乱”治理。共排查整改河湖“四乱”问题 67 个。持续推进生态抚河流域建设行动。重点推进工作任务 83 项，建立“月调度、月分析、月督导”常态化工作制度，目前已全部完成。开展市凤岗河（含梦湖）水环境治理提升专项行动，6 个监测断面全部达到或超过Ⅲ类水质，水环境质量稳步得到改善。

（二）抚河流域水生态环境主要问题分析

1. 河湖水域岸线空间管理边界不清

水域岸线的空间管理界限不够明确，整合的规划对于河湖水域岸线的空间是缺失的，各种功能分区也缺乏协调一致性。管理部门间的协同机制也缺乏必要的支持依据，每个相关部门都根据各自的行业法规来管理水域岸线，各部门都有自己的重心，独立行事，导致管理体系运行不顺畅。根据《江西省河道（湖泊）岸线利用管理规划》，抚河岸线分区达到 19 个，岸线总长 324km，但其他河湖尚未进行岸线功能分区划分，这增大了管理岸线分区的困难，影响了管控实施的有效性。同时，仍存在岸线管理主体不明确，众多行业、部门参与管理的情况；河湖的界定进度落后，已经完成划界的河道仅约 52km；非法采砂活动在部分河段偶尔出现，需要持续加强管制和整治；港口岸线的布局还有待优化。城乡建设与河湖水域岸线保护之间的冲突仍然存在，侵占河湖水域岸线、与水源竞争土地的情况仍然发生，导致水域面积减少、河湖连通受阻，水库的调蓄能力下降，生态功能退化。

2. 水污染防治缺乏系统性

抚河流域内的工业企业主要沿江聚集，污染负荷较大，对水环境带来了较高的风险，需经历长期的优化及调整其结构和布局。具体包括：①抚河的东乡区段由于污染负荷较大，其水质呈现超标情况；②污水收集和处理设施的建设不足，体现为城市污水收集和处理能力不强，部分设施与配套管网无法配套，使污水处理效果不理想，县城已建成的污水集中处理率仅约 80%；③大多数污水处理厂尚未达到再生水的利用标准，污水资源化利用的水平不高，由于老城区河道两岸预留空间不足等问题，雨污分流管网建设不足，使河道水环境的系统治理面临较大挑战；④农村地区的污水处理设施建设相对滞后，现阶段农村污水收集率低于 50%，存在直接排放污水的情况，使这些地区成为农村水环境的主要污染源；⑤由于农药和化肥的应用不合理，小型畜禽养殖的占比高，以及畜禽养殖点布局不理想，使农村地区的面源污染问题显得突出。此外，流域内存在的畜禽养殖场约有 1400 多处，其禽养殖粪便的综合利用率当前不足 70%。

3. 水生态环境局部问题突出

第一，城市污水处理厂规模不够大，配套管网存在缺失和破损情况，污水收集困难，管理体系存在改善空间，导致了流域内部分区域的水质超标，主要是抚河东乡次流域。第二，农村地区的污水处理设施建设滞后，化肥和农药的使用呈上升趋势，畜禽养殖污染控制设施不完备，农用薄膜的使用不合规。第三，水土流失严重，是江西省水土流失问题较为突出的地方，主要是水侵蚀，主要发生在抚河下游的沙丘地，部分县的水土流失严重，导致河道淤积，缩窄，给抚河流域生态安全带来威胁，影响人们的生产生活。第四，虽然小型水库已经完全停止承包养殖，但还有一些水库的水质未达到理想水平。第五，山塘水环境状况普遍较差。山塘养殖和周围禽畜养殖现象仍然存在，生活垃圾随意丢弃和生活污水排放行为威胁山塘水质，全流域城镇生活垃圾处理率仅约78%，农村更低。第六，抚河流域拥有众多的生态敏感区（仅省级以上湿地公园就有12处），但分布较散，且其湖泊主要受水闸控制影响，湖泊环境和资源补充受限，湖边开发和养殖活动进一步压缩了河湖水生生物的生存空间，导致水生物种类下降，对整体水生态系统构成影响。

4. 水生态监测能力较薄弱

现有的抚河流域水文站共14处，水位站共26处，主要位置分布在抚州和南昌两市之内。但是，部分中小河流以及一些大面积堤防并没有设立足够的水文（位）站点，同时，部分重要县城和乡镇周边也存在此情况。流域内的经济社会发展迅速，并带来了对水文信息需求的增长，而当前的站网可能无法满足河湖当前的管理需求。另外，水文基础设备升级过慢，测验手段的现代化程度也较低，信息传输不畅通，实时性差，部分现有的水文（位）站点的测洪标准和设施设备不能满足需要。

在抚河流域，水功能区的水质监测断面已相当完善，但主要聚焦在主河道上，对于较小支流河段的水质监测点位和设备、人员、信息化水平、自动化程度相对不足，水量和水质监测实验室的信息化建设还处于开始阶段，只有少部分机构配备了实验室信息管理评价系统。

（三）流域管护治理路径

1. 加强入河排污口整治

针对一些入河排污口的布局不合理以及监测不充分的问题，应强化对重要工厂排污和重点入河排污口的监督，严格规定管理流程，坚决依法行事，公开透明处理。加强行管内排污口设定的规范性审查，建立完备的入河排污口档案，并定期进行监督检查，及时发现问题并推动修复。以排污总量为出发点，实施入河排污口的动态管理，完善入河排污口的监控设施，实现重要工厂的排污自动监控。实施专题研究，优化入河排污口的布局，并持续改进入河排污口。根据抚河流域的保护治理计划，近期完成一次全面的整改任务，处理所有不合法或布局不合理的入河排污口，实施“身份证”式管理，并实现所有大规模入河排污口100%的监测率，同时进一步规范化小规模排污口的管理。

2. 强化污染源整治

按照以问题为导向、系统规划和综合策略的原则，对抚河流域保护和治理中的主要污染源进行系统性整治，包括生活、工业、农业和船舶港口的污染。对于生活污染，推进城镇污水收集管网的构建和维护，提升污水收集率，执行污水处理设备的提质增效工程和污泥无害化处理工程，以实现污水的全面收集、处理和高效利用。近期将执行城市污水治理的提质增效工程和乡镇污水治理的巩固工程，长远的规划则是逐步扩展到人口稠密的中心村。

对工业污染，强化污染源头的管理，优化工业企业的结构和污水排放布局，鼓励企业节约用水和减少排放，不允许高污染的下游企业转移到上游，实施工业园区污水的集中处理，加强排污的自动监测和联网监控设施的建设。近期将推进国家级生态工业示范园区的建设，远期将逐步清理距离抚河岸线1km内没有入园的化工企业。

关于农业污染，重点加强对畜禽养殖污染的整治，以规模化、集中化、资源化为目标，发展绿色高标准畜禽养殖业，结合集中处理和分散处理的方法，加强农村污水收集和处理设施的建设，解决农村收集率低、处理标准差的问题。

关于船舶港口污染，推动低排放节能型船舶的应用，改造或淘汰环保标准低的船舶。近期重点加强港口和船舶污染物的接收、转运和处理设施的建设，远期将主要强化船舶港口污染的监管制度和应急处置制度建设，形成稳定和完善的港口船舶污水处理机制。

3. 加强城乡水环境治理

进一步强化对水质较差水体的查处和管理，全面检查环境风险，严格防止出现新的劣V类水体。对于有下滑趋势的区域，及时进行全面查处，分析原因，加速改正情况，以防止水质进一步恶化。近期，将制定并执行一个项目，目的是消除劣V类水体。对于退水口的污染源，加强监控，严格限制污染物的总入河量。

以构建美丽示范河湖为目标，建立河湖生态保护区，形成对河湖的有效保护。面对河道的淤积阻塞，将执行生态疏浚项目，以减少内源污染。通过完善江湖间的连通性，适时进行生态补水，以增强湖泊的自我净化能力。为了进一步改善水质，将分阶段组织实施针对重点河流、水库和山塘的水环境综合整治工程，推动水库和山塘的退养，防止已退养的地区再次养殖，并根据需要适当进行底泥疏浚，推广绿色生态养殖。

4. 完善水生态环境监测体系

优化水生态环境监测网络。借助物联网、大数据、先进人工技术及智能设备等实用工具，致力于在抚河流域建立全覆盖的智能监管网络。对主要河流、重点湖泊库区、市县界河、饮用水源地、河流源头保护区的监测断面进行调整，保证监测数据反映实际情况，逐渐使用自动化监测设备。现有的11个水文监测站、10个地表水质自动监测站、8个界河监测断面和5个国家级地表水环境监测断面作为基础，整合水资源、水环境、水生态、河道岸线、水土保持等各类数据，建立涵盖水利、生态等多个部门的监测站点网络，实现站点布局的协同操作和数据共享，加强在薄弱环节和问题突出区域的站点部署，形成完整的水生态环境监测网络。

在水生态环境监测能力的建设上进行深化工作。完善抚河流域的监测组织结构，建立市级和县级农村饮水水质检测中心，特别重视水质监测和测试设备以及人员专业能力的提升，推动实验室信息化建设，提高数据的采集、处理、分析、评价和交换共享能力，增加水生物的监测能力，提升应对突发水污染事件的应急监测能力，并建立完善的应急监测设备系统。

5. 加强生态流量保障

在现有的控制断面和水利电力工程的最低下泄流量的基础上，将依据生态系统调查的结果，进一步复查并优化河道的生态流量目标。制定并实施抚河流域各水系河流的生态流量保障方案，强化日常的生态流量监管考核和预警监测，确保抚河主支流控制断面的生态水量需求得到有效满足，从而保护流域的水生生态系统。

增强对抚河主流干旱期水环境承载能力的研究，根据提高抚河干旱期水环境承载能力的需求，推进重要区域水系连通等生态工程的建设，制定抚河流域水利工程联合调度方案，保证抚河关键河段在干旱期间的合理水位和生态流量。依靠自然河湖水系、调蓄工程和引排工程，推进河湖水系连通工程的建设，构建一个循环通畅的河湖水系连通格局。

6. 实施重点区域生态保护修复

对抚河流域中的 6 个自然保护区、2 个国家级水产种质资源保护区和 12 个省级以上的湿地公园等重要区域，进行边界定义与功能定位，加强监测与管理监督。在近期，要着力了解生物多样性保护优先区的基本状况，远期则要构建完整的生物多样性观察、评估和预警系统，并针对抚河主流和主要河湖进行增殖放流。推行水土保持生态建设项目，在近期和远期分别完成面积达到 1329km^2 和 2807km^2 的水土流失综合防治。对抚河主流及主要支流进行生态岸线建设，推动沿岸码头、废旧工厂和堆积地、现有的森林“天窗”、裸露地面等的绿化，完成沿岸修复，恢复其生态功能。

参考文献

[1] 姚清，毛春梅，丰智超．跨界河流联合河长制形成机理与治理逻辑——以长三角生态绿色一体化发展示范区跨界水体联合治理为例[J]．环境保护，2024，52（1）：44-49.

[2] 李强，唐幼明．行政督察背景下环境分权能否实现减排增效的双重红利?[J]．南开经济研究，2023（10）：165-184.

[3] 赵崇祎．汾河流域水生态系统保护与修复综合治理探析[J]．山西水利，2012，28（6）：9-11.

[4] 王雅琪，赵珂．黄河流域治理体系中河长制的适配与完善[J]．环境保护，2020（18）：56-60.

[5] 鞠茂森，吴宸晖，李贵宝，等．中国河湖长制管理规范化与标准化进展[J]．水利水电科技进展，2023，43（1）：1-8，28.

[6] 张磊．基于模糊评价的基层河长制实施成效评价[J]．人民长江，2022，53（11）：

8-13.
[7] 张敏纯．党政协同视阈下的河长制体系定位与制度优化[J]．中南民族大学学报（人文社会科学版），2022，42（9）：105-113，185.
[8] 宋维志．运动式治理的常规化：方式、困境与出路——以河长制为例[J]．华东理工大学学报（社会科学版），2021，36（4）：136-148.
[9] 何楠，杨丝雯，王军．政府激励下小微水体治理参与方行为演化博弈分析[J]．人民黄河，2021，43（4）：94-99.
[10] 周琴慧，童道辉，韩雷．河（湖）长制背景下贵州省河湖治理成效和思考[J]．灌溉排水学报，2020，39（S2）：115-118.
[11] 孙飞飞，修镜洋．宁波市县级河长制管理信息化工作探索及实践[J]．水利技术监管，2020（5）：37-39154.
[12] 秦夫锋．莒南县推进河长制管理工作实践[J]．山东水利，2020（9）：76-77.
[13] 徐晓亮．河长制背景下金沟河流域水环境治理问题研究[D]．乌鲁木齐：新疆农业大学，2021：33-51.
[14] 姚立强，冯丽，孙可可，等．河长制下的抚河流域保护治理对策研究[J]．水利水电快报，2021，42（12）：119-123.
[15] 余晓彬，唐德善．基于 AHP-EVM 的江苏省全面推行河长制成效评价[J]．人民黄河，2020，42（11）：63-68，73.
[16] 徐莺．整体性治理视域下广西河长制的经验、问题与优化路径[J]．广西大学学报（哲学社会科学版），2020，42（4）：87-94.
[17] 许光建，卢允子．论“五水共治”的治理经验与未来——基于协同治理理论的视角[J]．行政管理改革，2019（2）：33-40.
[18] 姜明栋，沈晓梅，王彦滢，等．江苏省河长制推行成效评价和时空差异研究[J]．南水北调与水利科技，2018，16（3）：201-208.

第十二章

河长制法治化进程

国家管理的关键在于法治，即便是针对河长制的执行，法律规定同样至关重要。目前，我国河长制的实行主要以政策性文件为依托，尽管部分区域已发布地方性法规，作为河长制实施的支持。然而，河长制的执行过程中还高度依赖行政办法，欠缺权威的法律。这样，部分河长可能对河长制的含义理解不准确，因此不能持久地注重河湖的维护与保护任务，导致河湖保护管理工作没有统一的流程和标准，难以坚决连续地执行等负面结果。尽管《关于全面推行河长制的意见》对河长制的执行作出了规定，但从法律来源来说，该观点仅属于政策性文件，并非法律条款。其所述应通过设立全面的法律体系来表明。因此，我国必须提升河长制的法治保障，通过法律方式规定河长的权责，确认河长制的执行修改和评价标准，以加强河长制的统一性、稳定性和持久性，降低对行政办法的依赖，确保其充分发挥作用。

第一节　河长制法治化现状与实践

一、河长制法治化现状

中国在推进河湖管理和保护方面，既侧重于行政力量和手段的运用，又注重制度的法治化进程。出台法律法规不只是对河长制的确认，也给党政领导者和其他负责人提供了法律依据，使其能够履行职责。法治国家的建设必须取之于法治政府的建立，而依法行政是实现法治政府的关键途径。我国的河长制从起初规范性文件逐渐发展至法律法规，地方政府也积极参与了立法努力。各地方积极依照法律法规，结合本地流域治理的实际需求，推动了河长制的本地落地。河长制的实践也推动了河长制度体系和内容的更加完善。当初在江苏无锡推行河长制取得了成功，其他地方纷纷效仿。2016 年底，在全县推行河长制的背景下，中央和国务院办公厅共同发布了一项指导性政策，全面推进县域河长制。国家正式承认了河长制的法律地位，并将其提升为国家政策。

在 2017 年 12 月中央和国务院办公厅发布的《水污染防治法》中，全面推出了河长制的意见。在修订和审核过程中，部分相关代表认为应将河长制纳入法律体系，来加强党和政府对水资源污染防治工作的责任。因此，《水污染防治法》经过审议后规定：“各级省、市、县、乡必须建立河长制，以组织领导该行政区内的水资源保护、水域岸线管理、水污染防治及水环境治理等工作”。河长制第一次被我国法律所接纳，并在我国法律中有了明确定位，被正式承认和落实，成为我国河湖管理工作的新增制度。

地方政府在试行河长制的过程中，通过制度创新，让这一制度从地方层面逐渐提升至国家层面。在此项环境保护措施最初实施阶段，主要依靠政府文件和部分地方立法规定。江苏无锡作为环境整治措施的先行者，通过长期实践，于 2017 年 9 月 24 日制定了《江苏省河道管理条例》，并于 2018 年 1 月 1 日开始正式实施。该条例详细规定了河长制工作的内容和实施计划。因此，江苏省明确了在全省范围内执行十年的河长制计划。在江苏省实施河长制之前，云南昆明市早在2010年就对《昆明市河道管理条例》进行了审核。这项法规在2010年5月1日开始实施，首次规定了河长制的法律地位。此外，浙江省于2017年7月28日颁布了《浙江省河长制条例》，该条例于2017年10月1日开始实施。这是首次由国家进行河长制专项立法，也是我国第一次颁布关于河长制的法律文件。该次立法标志着浙江省治理河湖水问题的经验总结，并表示浙江省的河长制已经进入了法治化的阶段，确保在法定框架内依法履行职责。

二、河长制法治化实践经验

（一）补充完善《水污染防治法》中关于河长制的内容

多地执行河长制主要依据《关于全面推行河长制的意见》的指示，实际管理过程中法律制度有所欠缺，因此，《中华人民共和国水污染防治法》需要将其对河长制的基本描述转变为具体条款，明晰各层级河长的责任，增强执行措施，协调各方协作，以建立层层督导、一级管一级的工作格局。在此过程中，可以借鉴《关于全面推行河长制的意见》中实施具有操作性的部分，并对其中规定模糊的部分进行细化，以为河长制提供有效可行的上位法依据。

（二）进一步明确河长制的职能定位

《中华人民共和国水污染防治法》是我国各省市制定“河长制实施方案”的高级法律，但它并未明确河长制的职责与定位。从现行实施来看，河长制还未明确其与环境保护部门及水资源保护部门的法定关联。因此，有必要在立法中指出，河长制主要任务组应作为跨地域、跨流域的水资源保护的协调组织，而非行政执法机构，其主要职能包括两类：一是跨地域和跨流域的利益协调和平衡；二是对特定地区的行政监管和督导。

（三）明确规定跨流域的利益平衡机制和转移支付机制

在推进河长制法律化建设的过程中，必须重视跨流域的利益平衡问题。跨流域的利益平衡通常需要借助更高级别的行政权力，往常的解决方案是设立一个更高等级的机构，但这对中央行政机构而言负担过重。因此，另一种思路是通过立法明确不同流域水资源利益的动态补偿制度，构建下游地区对上游地区的生态补偿体系，由黄河水资源利用大省对资源保护任务较重的上游省份如四川等进行利益补偿。现在，关于流域生态补偿的法律主要是《中华人民共和国水法》和《中华人民共和国水污染防治法》。在规定流域生态补偿的问题上，《中华人民共和国水法》强调水资源的保护和使用，《中华人民共和国水污染防治法》聚焦于水环境的治理和改善。但两者都未对生态保护补偿进行明确指定，仍需要进一步明确补偿方式：“包括黄河流域横向生态保护补偿、设立社会资本参与的生态保护补偿基金、创设排污权等多元化、市场化的生态保护补偿方式”。

（四）通过地方立法突出黄河四川段河长制职能职责

《中华人民共和国水污染防治法》引入河长制部分后，实施河长制的具体细则已逐步从各地的规范性文件转变为地方性法规，从而得到了法律的保护。另外，考虑到每个省、市的水环境都有其特殊性，将规范文件转化为地方性法规是为了让河长制能根据具体的地理和水源环境实行。一个完备的河长制法律体系离不开地方立法的支持。因此，四川省借助《中华人民共和国水法》及《中华人民共和国水污染防治法》来加速推进地方性河长制法规的制定，以便为四川黄河段的河长制执行提供法律保障。

（五）明确界分河长职责与监管部门职责

河长制的目标是解决当前河湖管理系统中协调方面的问题，并不意味着取代相关监管部门的角色。以避免角色冲突等问题，有必要在立法层面上对河长和监管部门的职责进行明确。应当按照权责相等的规则，明晰各级河长、相关监管部门的各自职责和任务，设定河长制的协调运作机制、监管机制和问责机制，以使河长制的运行受到法律的规范和保护。

（六）制定合理的河长制考核机制

河长制是否能达到预期成果，关键在于制度能否得到有效执行，以及各级河长是否能恪尽职守，因此，实施有效的监管和制约机制十分关键。根据2014年出台的《中华人民共和国环境保护法》，各行政区域的地方政府对水环境负有责任。在构建河长制考核机制时，需要考虑以下几个方面：

首先，要引入多元的考核主体。考虑到目前的实际情况，政府的内部考核仍然是主要的，同时也可以引入社会公众参与考核，如通过问卷调查等方式。其次，制定多元化的考核标准。考虑到经济发展水平、污染程度、民众素质以及河长可调控资源的差异对水环境治理的影响，考核标准不应一概而论，而要根据具体情况制定适合当地和水源环境的标准。最后，要设立严谨的考核责任制度。对河长进行全方位监督和定期考核，从时间长度和工作范围两个维度严格考核河长的工作。这种监督机制有助于保障河长制的有效实施，促进水环境治理工作的顺利进行。

（七）拓宽公民参与河长制的途径

公民环保权利的实践可以在河长制中表现为参与型元素，即在河长制中创立公众参与机制。首先，加强预防性参与。在初步调查阶段，需要建立一个公众意见反馈的机制，专注于公众对污染问题的关切，并确保公众的监督意见能获得相关部门的有效回应。其次，强化进行中的监督。应由地方政府主动公开河长制的考核结果。环境相关部门也应积极公开污染物排放数据，提供群众监督的依据。对于黄河四川段，除了保留原有的省级双河长之外，也可以在基层邀请环保志愿者担任“民间河长”，让监督工作常态化。最后一步，强化后期的考核。设立具体的考核标准，并把公众对河长制的意见纳入作为考核制度的一部分。

第二节　河长制法治化推进困境与障碍因素

一、河长制法治化的推进困境

（一）过于依赖行政手段

1. 有关立法不足

作为一种法制，河长制的长期有效实施不能仅靠行政手段实现。中国的河长制制度自2007年诞生至今，已经超过了十年。回望过去的十年，河长制的执行和发展，浙江、海南、江西三省和山南市分别出台了地方性法规，同时福建省颁布了省级规章，使河长制逐步走向了法治化的道路。然而，在现阶段，河长制的执行仍然主要依赖行政手段，过度依赖政策性文件。尽管中央的《全面推行河长制的意见》指导下的政策性文件是必要的，但其性质不能替代法律法规。以江西省为例，除地方性法规《条例》以外，其他文件均为政府发布的政策性文件，这些文件虽然指导着河长制的实施，却与河长制作为一种法制的本质有所不符。

2. 河长法律责任不明

河长制对行政措施的过度依赖，可追溯至其本质。如前所述，地方各区党政负责人担任河长，具备首长负责的特征。这种特征引发了广泛的学术质疑，部分学者认为，河长制并非法治，而更偏人治。虽然在一定层面上，河长制未纳入法治范畴，可以提高河湖保护管理的运行效率，例如，每年的河长制考核成效对这些党政领导来说，都属于政绩，为了取得好的政绩，短期内河长制一定能得到有效执行。但是，一方面，地方党政领导除了河长制外还有更多其他的责任，他们不可能只专注于河长制、只注重河湖保护管理，否则会阻碍地方的其他发展。由于缺乏法律上的强制规定，短期的河长制带来的成效很可能导致党政领导有所松懈，进而放松对河湖保护管理工作的重视，从而使水环境污染问题反弹。另一方面，对行政手段过分依赖的河长制可能会导致河长个人权力过于集中。由于河长是党政领导人，因此在河长制的执行过程中，他们享有决策权，可能会导致盲目地决策。尽管河长制的相关机制能够对此进行一定限制，但始终缺乏法律支持。无论从哪个角度看，当前的河长责任都不够明晰，不利于河长制的长期执行。

3. 相关法律法规衔接不顺

长期实施河长制不该仅依赖行政措施，缺乏法律支持的河长制只能被视为紧急手段。为了从长远角度解决水资源环境问题，为河长制的实施提供法律保护，减少对行政手段的依赖，成为必要。尽管当前一些地区已经颁布了专门的河长制法规，但这些法规并未与已有的环境保护法规或责任追究法规进行有效的衔接。

（二）缺乏科学的考核问责机制

1. 河长考核机制存在缺陷

目前，各地建立的河长制考核方法基本类似。以江西省为例，该省在构建和完善河长制过程中，已经进行过多次针对其河长制考核问责方法的修订。虽然方法并未明确考核的具体方式，但强调了每年都需要制订考核计划进行年度审查。江西省每年在发布前一年河长制考核结果的同时，也会同时下发新的一年的考核计划。然而，在实际执行过程中，尚未发现有不合格的考核结果。因为党政领导需要对其领导下的河湖保护和管理工作承担责任，如果下级出了问题，这也意味着上级要负责任。因此，可能出现只报告好消息，不报告坏消息的情况。

2. 河长问责机制不规范

首先，当前并未出台专门的河长制责任追究办法。尽管实施河长制的过程中明确要求，若责任单位违反河长制相关规定导致水环境生态损害，应对相关人员依法处罚，但由于缺乏专门的责任追究方法，河长的责任追究起来比较困难。其次，因为考核和问责都是内部完成的，所以可能会引发公正性的疑虑，或者出现问责只是形式而已的情况。当报喜不报忧的情况出现时，正如预期，没有人会因此受到问责。最后，问责的目标不明确。国家对党政领导人提出党政同责的要求，在我国的生态环境损害追责办法中可以看到，一旦领导干部需要负责，将面临终身追责。

（三）河长组织体系的性质和地位不清晰

1. 河长性质地位不明确

中央发布的《全面推行河长制的意见》并未给出河长制的明确定义，导致相关研究界对河长的性质存在着不同的观点。一部分学者从行政法角度认为，河长是行政机关的一部分，这个概念不仅用于描述个人，而且也包括整个组织体系。然而，一些专家持不同见解，他们认为河长制只是借用了行政法中具有特定法定责任和权力执行者的概念，并不能简单理解为我国河湖保护管理中独立设置的行政管理主体。在研究我国现有的行政法规之后，没有发现河长这个职位在行政体系中的确切位置。因此，河长在河长制过程中可能更多的是起到组织督导的作用。这也解释了各地区党政负责人为什么会被选为河长，这样做的目的是利用他们的行政身份更有效地实施河长制。但是，由于没有明确的法规规定河长的行政性，河长的身份在一定程度上被模糊化，在真正实施河长制的过程中，河长可能只是名义上的责任。

2. 河长制办公室欠缺独立性，组织架构不健全

在河长制中，另一个主体“河长制办公室”与河长面临类似的问题。在大多数地区，“河长制办公室”被作为河长制的工作机构设立，并且在各级水利部门内设立，由水利部门的负责人担任“河长制办公室”的主任。然而，“河长制办公室”的性质和地位并未得

到明确的规定，各地根据其自身情况进行规定。河长制办公室（以下简称河长办）是负责日常具体工作的关键机构，其任务包括组织协调、调度督导、检查考核等。

将河长办置于水利部门之下，显然降低了其实际地位，不利于其发挥组织作用。从普遍观点看，河长制属于水利部门，大部分工作人员也隶属于水利部门，河长办自然成为水利部门的内部机构。而河长办的主要任务是涉及其他相关责任单位，这些单位与水利部门处于同一层级，却要受其内部机构的调度与考核，使河长办的中立性和权威性受到质疑。这造成了河长办定位尴尬，逐渐偏离了最初设立河长制的目标。再者，河长和河长办的建立是为了提升河湖保护管理，是在全面实施河长制的背景下产生的。但是，因为现行法规对其解释缺乏明确性，导致在水环境治理过程中出现了职责冲突。虽然新修的《中华人民共和国水污染防治法》将河长制写入，却没有明确规定党政负责人对各自领导区域内的水环境污染问题负责，反而强调了“地方政府环保部门具有统一监管水环境治理的责任”。这一规定使河长办在组织协调、调度和考核职责上显得力不从心。

（四）公众参与不足

1. 公众缺乏对河长制的了解

当前，河长制作为应对复杂水环境问题的管理模式创新，需要全社会和每一位公民的积极参与。然而，现实中公众对河长制工作的参与热情不足，各级河长和河长办也未有效汇集社会各方意见。水污染的整治工作过度依赖政府，公众参与的通路和方式有待扩展，政府的宣传推广尚不够广泛，这些因素都导致了公众对河长制的认知度和参与度较低。至今，许多民众对于河长制的定义、推广河长制的原因以及具体包含的内容仍然不甚了解。即使部分人明白这些问题，也很少愿意主动去掌握相关政策。公众对于政府在推进河长制的过程中的权责不清晰，对于自身的权利和义务也缺乏了解，这都阻碍了河长制工作的推进。

2. 公众监督河长制程度不足

河长制的政策确实规定了公众应对河长及执行部门进行有实质性的监督，然而，这在很大程度上可以视为一种形式化的参与。在实际操作中，由于责任体系的不健全，人们往往无法或不敢进行监督，甚至会对高级领导作为河长的失职行为产生退让，以免受到报复。缺乏公众的全面参与和社会的详细监督，河长制难以发挥有力的作用，这也使原先设立的远大目标难以实现，最终可能变成形式化的空谈。

3. 公众在河长制决策机制中缺位

我国的管理方式让社会群众在环保治理上比较被动。虽然政府在环境治理中应该发挥主导作用，但河流的污染治理通常涉及庞大的系统性工程、广泛的区域和多样的部门，内容繁杂。河长制的有效执行需要好的决策。不过，目前看来，公众似乎无法参与河长制的决策过程。对于作为决策机构的河长会议，公众并未被邀请参加。例如，前文提到的江西省的河长制会议制度仅规定了河长、河长办人员及相关责任单位人员的参与，予以决策重大问题的权力。在河长制的决策形成后，公众也没有机会提出意见，无法实施监督。

二、河长制法治化的障碍因素

（一）河长制缺乏统领性的法律规范

河长制是针对河湖水污染治理的主要手段。相关的湖泊管理和污染预防法律是实施河长制的基石，但大多数法律规定是河长制在全国推广之前制定的。中央决定全面实施河长制后，各地方政府根据本地情况制定了具体的方案和措施。但这些地方性措施并没有统一的法律依据支持。《中华人民共和国水污染防治法》提到了河长制，但这只是一个宽泛的规定，并未设定明确的执行规定和配套的法律结构。在河长制的推动过程中，由于缺乏法律的支持，污染治理工作面临困难。在湖泊治理中，法定责任成为必然的趋势，这已经被水污染治理的总体环境所确定，具有实践性。但如何落实这一法律制度，目前仍然存在法律手段不足的问题，各项权力和责任并未明确，缺少必要的法律依据。因此，面对当前严重的湖泊管理和水环境问题，国家迫切需要在顶层设计上制定明确的标准和操作规范，建立健全的法律系统，以保证河长制的顺利进行。

（二）河长制考核标准模糊

中央文件《关于全面推行河长制的意见》对河长制的考核机制做出了清晰的规定。该考核机制主要基于差异化的绩效评估，包括每位领导干部在任期内的自然资源资产离任审计结果和矫正情况。各级县级及以上的河长需要对下级河长进行组织性考核，其考核结果被作为对党政领导干部综合评价的重要依据。在全面推行河长制的背景下，相关的法律法规规定了对于由人为因素导致的水资源生态环境损害将受到相应的惩罚，并按照法律追责，为水污染治理提供了坚实的法律保护。然而，在实际执行中，对河长制的考核主要集中在水质上，而且各个部门提交的数据并不一致。目前的考核方式过于关注水质，让大部分的工作精力都集中在水体治理上，对于河岸及水下的其他问题则显得疏忽。因此，对考核方式的科学性需要进行进一步的改革。首先，必须建立清晰的考核标准和法律依据，保证河长制被全面、有效地执行。同时，对考核制度进行规范化和制度化，明确责任分配和问责制度，以提升河长制的实际效果。

（三）河长制过于依赖责任主体

政府的政治职能有两面性。在某些具体地方，政府在解决环境问题上显示出“行政权力”的真正含义，而这常常被看作是导致当地环境问题的直接因素。在河长制下，政府的党政首脑同时兼任河长。在日常管理工作中，河长主导相关决策，并下达给下级部门和执行人员，这种决策方式较随意。同时，由于地方党政负责人还有其他政务需要处理，他们很难亲自参与，这可能导致管理过程中的疏忽，引发工作延误或中断，使河长制的执行变成形式，职务变成空头名衔。由于各河流治理情况不一，河长的地位和权力也多样，所承担的职责依据河道实际情况而变化。然而，在对河长职责的解读中，一些研究者并未明确区分不同层级的河长，而是一概而论地表述："各级河长的职责在于负责领导组织包干河道水质和污染源现状调查，制定水环境治理实施方案，推动落实重点项目工程。"作为河长制下各级基层河道的村级河长，他们是否真正具备了财力、物力和人力等资源，能否胜任对河道水质的全权负责，就不得而知了。对于河长的责任，一些学者虽然提出了"第一责任人"的概念，但对于河长所承担的具体责任，以及哪些责任由河长承担，上级对下级过失的责任划分等问题，并未进行明确的解释。

（四）河长制的传统治理逻辑

河长制以法治思维为基础，在政府职能配置的框架内，通过社会专业组织和公众的参与及监管，构建了内部监督和外部监督相互配合的约束和激励机制。河长制将责任主体仅仅定位在政府，而没有充分考虑到社会多元主体的责任分担。优质的公共生活环境是政府工作的关键目标，同时也是公共生活的重要环节。水环境治理具有明显的流动性和跨境性等特性，它是党委、政府、企业、社会组织和公众共同参与的一项环境公共事务。然而，学界对河长制的理解往往更多地关注党政各级领导和政府的责任，河长管理的主要责任却仍然被限定在不同级别的政府和各级政府职能间的关系上。有学者对无锡市委市政府的监督、评审和奖惩机制进行了深入的解析，显然，政府及其职能部门是具有"官督官办"特性的河长制最重要的责任主体。党委领导人担任河长可以有效提升相关人员对水环境问题的关注，对提升地方党委对水环境的关注有极大的好处。但这也从一个侧面反映出"政府中心论"的传统治理逻辑。

第三节　推动河长制法治化的优化路径

一、加强河长制法律体系建设

（一）加快河长制立法进程

对于河长制来说，制定专门的法律法规是走向法治化的关键一步。良好的法治环境是有效治理的基础，这也适用于河长制以加强河湖的保护管理。目前，各地实施河长制的工作往往缺乏法律依托，只有少数地区出台了专门针对河长制的法规。因此，在国家层面，需要加快专门针对河长制的法律法规的制定和颁布，以便为地方实施河长制和制定相应的地方性法规提供依据；在地方层面，各地应根据实际情况制定适应本地区特点的地方性法律法规。这样，从国家和地方两个层面同时出发，通过强化河长制的立法，为河长制的实施提供法律保障。

（二）明确河长制法律责任

法律必须明确河长制的法律责任，只有通过法治化，河长制才能得到长期有效的实施。尽管河长制已被正式纳入《中华人民共和国水污染防治法》的规范之中，但这只是初级的规定，并没有明确河长制的职能和性质。因此，法律应明确规定河长制的责任，并详细说明河长制的工作任务、考核监控、公众参与等配套机制，以此来确保河长制的正常运行。

（三）落实河长制法律法规与其他法律衔接

实施河长制并不仅仅依赖于专门针对河长制的法律法规，我国其他部门的法律也涵盖了关于水环境治理的规定，因此需要加强河长制专门法与其他相关法律的连贯性。例如，《中华人民共和国环境保护法》已经明确政府需要对环境质量负责，这与河长制中党政对水环境治理承担责任的原则是一致的，但是，该法没有具体提及河长制，从而导致两者之间存在一定的空白区域。所以，在未来对《中华人民共和国环境保护法》进行修改时，应考虑将河长制明确地列入其中，以提高两者间的连贯性。

二、加快建立完善的考核与问责制度

（一）加强外部监督建设，构建科学考核办法

河长制的实行需要整个体系全面协同的完善。河长制是否真正发挥了强化河湖保护管理工作的作用，以及各级河长和其组织机构是否真正履行了河长的职责，这些都需要科学的评估才能作出准确的判断，所以制定科学合理的河长制考核办法是非常必要的。

目前，河长制的考核大部分是行政内部的考核。尽管各地区的河长制内部考核在考核指标的设计上已经下足了功夫，如江西省的考核方案就详尽地规定了河长办公室、审计部门、生态环境部门等责任单位如何进行河长制实施情况的考核。但是这样的考核很可能因为缺乏监督而影响考核结果的公平公正，毕竟河长制实施的目的是改善水环境，而改善水环境的根本目标是让公众能享受到更好的水资源。因此，对于河长制的考核办法需要进行改进和完善，具体做法如下：

首先，需要引入专业的第三方考核人员。第三方的参与能够保证考核结果的公正公平，而且也能形成公众对考核结果的监督。由于第三方通常具有专业知识，而且在考核过程中不需要负责，所以他们更能以客观公正的态度进行评估。

其次，对于行政内部的考核，应选定具有专业知识和能力的单位进行评估。在当前的河长制下，很多上级单位会对下级单位进行考核，但由于上级单位的人员对水环境治理的知识了解可能有限，所以可能造成非专业人员评估专业人员的问题。因此，需要将一些具有专业能力的单位设定为固定的考核单位，由他们负责进行考核。

再次，需要修改考核的周期。如前文所述，像江西省这样的考核通常是一年一次，但

河长制下的水环境治理效果可能需要较长时间才能真正展现。所以，应根据具体的实际情况，将考核周期调整为每 2~3 年一次，以更真实地反映水环境治理的效果。

最后，需要加强考核结果的运用。考核的结果和河长制能否有效发挥其对水环境治理的作用关系密切，所以必须及时公开考核结果并详细说明。对于在河长制考核中不合格的人员和单位，需要进行责任追究。考核结果应与地方党政领导干部生态环境损害责任追究的实施细则相结合，保证党政同责真正落实到位。

（二）促进责任追究实质化，强化河长问责

1. 确保问责有法可依

确保问责有法律依据，是实施河长制问责的主要环节。随着河长制相关法规的逐渐建立，河长制问责的法制化和规范化进程也应当提升。各地应当结合本地实况，针对具体情况为河长制问责制定专门的执行办法，为问责工作提供清晰的法律指引。

2. 强化异议问责

一些专家认为，问责机制不应仅限于内部问责，而应包含外部问责。河长制的问责机制本质上是内部问责，主要涉及行政体系内部。因为河长制的考核需要外部监督，为了保证问责的公平公正，河长制的问责机制也应增设外部问责，实现问责主体的多元化。这既是体制要求，也是实际需要。目前，很多地方在推行河长制时，河长已设定到村级，但担任村级河长的村级领导具有民主自治性质，并不属于行政体系内，现行的问责机制并不适用，因此对他们进行约束就会比较困难。作者认为，强化河长制的外部问责是非常必要的。一方面，应在规章制度层面和实践层面引入人大和法检机关，依据他们的法定职责范围对失职的河长进行责任追究，借由其他部门的参与使问责工作落地生效。另一方面，应让公众参与到河长制的问责过程中，要将相关法律规定的公众参与环境管理的基本原则和各类具体的公众参与细则结合起来，贯彻到河长责任追究的全过程。

3. 明确问责对象及责任

河长制的问责实施基于“一票否决”原则，其执行涉及河长、河长办以及其他责任单位，是一个需要多个部门共同配合的体系。因此在问责前，一方面，必须清楚区分责任主体，明确各责任人和各责任单位的职责。只有将问责深化到每个人和每个责任单位，才能真正实现河长制的责任追究。另一方面，需要明确领导责任的层次。我国的责任划分主要包括全面责任、主体责任、直接责任等，虽然河长制采用了“一票否决”原则，但不能简单地一刀切。必须明确责任所在，不能因为考核不合格就让河长一个人承担所有责任，需要查清根因，如果真的是河长的原因，那确实应由河长负责；如果是其他人员的问题，则应由相关人员承担主要责任，河长承担相应责任即可。

4. 规范问责程序

对于河长制的法律实践而言，建立一套科学的、规范的问责机制是极其关键的。如若缺乏科学的、规范的程序，将使问责的结果难以被接纳。为落实科学的、规范的河长制问责机制，需要在两个方向作出明确的规定：

首先，须明确对于不同主体的问责方式。对个体和单位的问责应采取不同的方式，确保问责程序对不同的责任主体有所区分。除此之外，亦需要制定清楚的问责程序，以确保其公平、公正。其次，要确立清晰的问责流程，包括河长制问责程序的每一个步骤。明确的问责流程应有助于提升问责的清晰性且便于操作。因此，在推动河长制的法治化进程上，建议明确不同主体的问责方式和具体步骤，确保问责机制的科学性和规范性。

三、明确河长制组织机构的地位和性质

（一）规范设立河长职位，明确性质与地位

国家应在保持党政领导担任河长的基础上，逐步在行政体系中确立河长这个职位，使之具有官方性质。目前各地区的河长制落实工作正在积极推进，地区的党政领导作为河长的实施已经到位。虽然从外部看来，河长制属于行政管理体系，但是河长始终没有在行政序列中获得地位，所谓的河长依然是一个名义性的职位，党政领导人只是有了一个头衔。应在行政序列中正式设立河长这一职位、并由地方党政领导人兼任，如同现在我国各地区的公安负责人由地区政府副职领导兼任。确认了河长的地位和性质后，河长制会得到长期的实施。

（二）提升河长办独立性，健全河长办组织架构

对于河长制的核心机构“河长办”而言，应增强其独立性。目前各地将其设置于水利部门，并由此部门的领导担任主任。然而，这在协调其他责任部门进行水环境工作时可能会遇到困难。因此，建议建立一个独立于所有河长制责任单位的河长办。新设的河长办主要任务是执行与河长制相关的任务，包括水环境管理工作。虽然该河长办公室工作人员仍可以在水利部门办公，但该河长办公室具有独立于水利部门及其他责任单位的地位。为了使河长制得以长期执行，必须让河长办作为核心机构，具有超出其他单位的地位。只有在河长办的性质和地位得到确认后，才能有效处理河长制的日常工作，发挥更好的组织协调作用。

河长办的任务是协助河长完成河长制的日常工作，主要职责包括帮助河长加强河湖的保护和管理工作。目前，各地的河长办通常设置在水利部门，主任一般由水利部门领导担任，且成员大多来自水利部门。所以，在重新定义河长办的职责范围、设立标准、机构设定和人员安排时，有几点建议：

首先，河长办的设立应独立于其他责任单位。在这个基础上，需要重新定义河长办的职责范围、设立标准、机构设定和人员安排等。在组织协调方面，县级以上的河长办应发挥核心作用，负责运行河长制的日常工作。因此，主任的职位得益于能够协调其他责任单位，尤其是需要达到县级以上各地的领导级别。如果河长由党政领导人担任，则河长办的主任可以由政府副职领导或者能够协调其他责任单位的领导担任以提高工作效率。

其次，对于河长办的其他成员，建议选拔具有专业背景的人员。由于河长办负责专门

的河湖保护和管理任务，其工作人员需具有一定的专业能力。在不影响水利部门工作的前提下，可以调用部分从水利部门和社会上招聘符合要求的专业人员。

最后，需要合理设定河长制工作机构内的编制。这有助于提高机构的运作效率，确保人员在岗位上能充分发挥其专业优势。

总之，应充分考虑河长办的独立性、主任的协调地位和成员的专业素养，以确保能有效履行协助河长开展河长制工作的职责。笔者期望通过规范性法律文件对河长及河长办的地位和性质进行规定，以使河长制制度更加完善。

四、构建全过程公众参与机制

（一）提高公众参与宣传力度

公众参与河长制的基础是对该制度的认知，因此，必须加大对河长制水环境管理的公众宣传力度，鼓励公众积极参与。我国的水环境问题长期存在，而河长制作为对水环境管理的有效策略已实施超过十年，并在全国范围内得到推广。目前，各地区以在河湖周边设置河长制公示牌的方式，进行信息公示，这是值得肯定的举措，但是还不够。公示牌虽可以被视为政府行政职责的一部分，但主动了解的公众却寥寥无几。水环境的综合治理是一项全民参与的工程，它影响到我们每一个人，因此，在各地区设置公示牌的基础上，应定期以村级为单位开展宣讲活动，主动向公众介绍水环境管理的现状和河长制的实施情况。只有通过积极的宣传，使公众真正了解河长制，公众才能够参与到河长制中，从而更好地参与到我国的水环境管理中。

（二）拓宽公众参与河长制监管的途径

我国的河长制建设呼吁“扩大公众参与方式”，河长制的实行也需要保障公众对河长的监督，这都涉及末端参与。然而，即使在末端参与，也存在科学参与机制的不足。因此，对于末端参与，需要进行科学有效的规划。首先，根据具体情况，设立“民间河长”。“民间河长”是对官方河长的补充，政府可以通过设立“民间河长”，增强与公众的联系。“民间河长”也能更好的代表广大群众，监督河长制的实施。其次，创新监督举报方式。为促使更多的公众发挥监督作用，可以采用互联网手段，通过匿名的方式对河长制执行过程中的违法行为进行监督举报。最后，加强对第三方环保组织的参与。环保组织更有可能使公众更大程度地参与到水环境治理的监督中。同时，为环保组织参与河长制政策开放更多途径，确保他们能充分发挥作用，甚至在适当的时机，引入公益诉讼，加大对河长制工作中的违法行为的打击力度。

（三）引入公众参与到决策阶段

广大公众作为水环境的利益相关方，应有权参与水环境治理决策。而在我国推行河长制过程中的决策阶段，政府应积极引入公众参与。目前，在我国的河长制下，相关决策权主要通过河长会议或河长办进行，并未涉及公众。因此，可以借鉴欧洲莱茵河治理的经验，在制定决策方案时，如河长会议或河长办会议，邀请公众或相关专家参与其中。此外，对于河长制的相关实施方案，也可以采取在法律法规颁布之前寻找各种途径，如征求公众意见，以决定最终的内容步骤。

参考文献

[1] 王丹．我国河长制法律机制研究[D]．桂林：广西师范大学，2022.
[2] 钱誉．河长制法律问题探讨[J]．法制博览，2015（2）：276-277.
[3] 吴勇，熊晨．湖南省河长制的实践探索与法制化构建[J]．环境保护，2017，45（9）：30-33.
[4] 张治国．河长制考核制度的双重异化困境及其法律规制[J]．海洋湖沼通报，2023，45（6）：208-214.
[5] 高甜．我国河长制法律机制研究[D]．成都：四川省社会科学院，2022：15-37.
[6] 侯立安，徐祖信，尹海龙，等．我国水污染防治法综合评估研究[J]．中国工程科学，2022，24（5）：126-136.
[7] 唐楚菡．黄河四川段河长制法治化构建研究[J]．中共乐山市委党校学报（新论），2021，23（2）：87-90.
[8] 刘红梅．西宁治理语境下河长制法治化问题探析[J]．柴达木开发研究，2020（2）：53-58.
[9] 张敏纯．党政协同视阈下的河长制体系定位与制度优化[J]．中南民族大学学报（人文社会科学版），2022，42（9）：105-113，185.
[10] 黄鑫，谢开智．河长制实践的现实困境与路径续造：基于重庆市G区的研究[J]．重庆社会科学，2023（3）：101-117.
[11] 吕志奎．流域治理体系现代化的关键议题与路径选择[J]．人民论坛，2021（Z1）：74-77.
[12] 王清军，胡开杰．我国流域环境管理的法治路径：挑战与应对[J]．南京工业大学学报（社会科学版），2020，19（5）：10-23，115.
[13] 高家军．“河长制”可持续发展路径分析——基于史密斯政策执行模型的视角[J]．海南大学学报（人文社会科学版），2019，37（3）：39-48.
[14] 李波，于水．达标压力型体制：地方水环境河长制治理的运作逻辑研究[J]．宁夏社会科学，2018（2）：41-47.
[15] 刘芳雄，何婷英，周玉珠．治理现代化语境下“河长制”法治化问题探析[J]．浙江学刊，2016（6）：120-123.
[16] 李强，王琰．环境分权、环保约谈与环境污染[J]．统计研究，2020，37（6）：

66-78.

[17] 郝就笑，孙瑜晨．走向智慧型治理：环境治理模式的变迁研究[J]．南京工业大学学报（社会科学版），2019，18（5）：67-78，112.

[18] 张治国．河长制立法：必要性、模式及难点[J]．河北法学，2019，37（3）：29-41.

[19] 刘超．环境法视角下河长制的法律机制建构思考[J]．环境保护，2017，45（9）：24-29.

[20] 黄爱宝．“河长制”：制度形态与创新趋向[J]．学海，2015（4）：141-147.

第十三章

基于横纵管理河长制制约因素分析

第一节　流域间横向管理存在问题

一、跨省河流水事问题协调难度大

大江、大河的自然属性和水的流动性使其水资源、水污染和水生态等问题往往超出行政区域边界。尽管沿线的部分省份已经联合建立了跨省协作机制，相关流域的水利委员会也逐步开始成立，并召集流域省级河长办公室联席会议，来总结各地的河长制工作经验和解决相关问题。但在实践中发现，对于大江、大河的水流域问题，只要问题在单一省内发生，地方河长办公室便能较顺利地进行协调和解决；而一旦涉及的问题超越了省级行政边界，在当前的管理体制下，不同行政区域对于政策、目的的解读差异巨大，协调工作便变得异常艰巨，往往工作量巨大，但结果却不尽如人意。

二、河长办公室对成员部门的组织协调能力不足

河长办公室负责执行河长制的组织实施和具体工作，以及实施河长所决定的项目。目前，多数沿流域地区的河长办公室设立在水利部门，一部分设立在环保或农业部门，以议事协调机构的功能运作。这些办公室没有特定的员工编制，且专门的工作经费非常有限。

因此，在组织协调工作时，河长办公室的能力常常受限，缺乏执行工作和推进协调的必要手段。同时，在进行协同治理时，河长办公室的各成员部门常常彼此推诿责任，水利部门处于“孤军奋战”的状态。

三、河流信息资源共享对接不畅

首先，存在信息封锁的情况，单位或部门独自控制信息资源，制造了信息互动和共享的障碍。其次，信息的使用效率不高。尽管各方都掌握着大量的河流数据，但这些信息各自为政，平时并未对其进行充分的整理、汇总和利用，大部分时间都处于未使用状态，导致使用效率低下。最后，数据平台的对接存在困难。由于各方自行开发的数据平台技术标准和规范各异，导致平台之间无法有效地进行对接。

四、流域管理与河长制协同治理作用发挥有限

流域管理机构的权力有限，且在其职能执行过程中没有强有力的保障。以黄河流域为例，水利部黄河水利委员会（以下简称黄河水委会）作为流域管理机构，在防洪抗旱协调

和水资源管理方面参与度高，但在水环境保护方面的权力较低。黄河水委会只具备监督权、执行权及有限的分配权，无法直接参与具体的地方水资源管理。其水行政执法主要负责审查和调处，缺少强制执行的权力。

在实际操作中，沿黄河的各地并不清楚黄河水委会的水行政管理职能，进一步限制了其作用。例如，在黄河“清四乱”行动中，经常遇到的问题是各个项目在其他如工商、税务、环保等行政审批程序皆已准备齐全，唯独未完成黄河水委会的水行政许可审批流程。然而，当询问缘由时，却被告知并不知道需要完成此审批。

更令人担忧的是，地方领导和职能部门对此也缺乏清晰的了解。黄河水委会在与地方河长办公室共同进行的水行政联合执法中，常常处于被边缘化的位置，还会受到地方各种关系的干扰，使联合执法难以得到地方相关部门的全力支持和配合。

五、河流流域综合规划与区域规划“两张皮”

流域综合规划是流域治理、开发、保护管理的重要依据。按照《中华人民共和国水法》的规定，流域综合规划不仅指导建设水工程和涉水涉河管理，更是专业、专项规划的制定前提。流域内的各个区域规划都应服从流域规划的指引，各专业规划则应遵循综合规划。

然而，在实际操作中，往往有地区在制定规划时，并未完全遵循流域综合规划，导致产业布局和经济发展的推进方式不可持续，并给生态保护带来负面影响。例如，西北内陆地区，是严重干旱和缺水区域，本应推动水资源的节约和利用，但该地区却盲目使用黄河水资源打造人工景观；有的地区为了提升经济增长，过于冒进地规划工业项目，这些项目在地方发展和改革委员会审核通过后，才发现项目可用水量远不足以支持。

另有一些缺水地区，在其发展规划中过分依赖传统观念，没有强调农业项目的节约用水。例如，这些地区缺乏对节水农业工程技术的推广和农作物种植结构的调整，仍然沿用耗水量大的浇灌方式，导致宝贵的黄河水资源大幅度浪费，且利用效率低。

第二节　区域中纵向管理存在问题

一、“人治”而非“法治”的风险

河长制实质上是一种以“一把手”负责、由上至下的责任承包和权力运作机制，它依赖行政力量来进行河湖的紧急和短期治理，其本质是人为主导而非法律主导。水环境的治理需要长期和持久的努力，该制度会带来两个方面的“人治”风险。首先，可能导致行政资源配置的失衡。其次，权力的过度集中可能导致无视实际情况的决策以及滥用职权。

党政领导担任河长后，对所管辖的河湖治理负直接责任，如果治理出现问题或者治理不到位，可能面临被问责甚至处罚。在此压力之下，河长制的存在无疑会加重行政资源分配不均的问题。河长在短时间内会倾向于使用尽可能多的行政资源投入河湖治理中。与此同时，若权力集中在缺乏个人自律和公众监督的人手中，容易导致职权滥用。

二、多头管理职责不清

尽管河长制已带来明显的成果，但是，其领导职责并不明确，并且存在多个领导层次的问题仍然存在。政府机构的改革已经解决了原本权力交叉和重复的问题，但河长制的实施又在河长和功能部门之间产生了多头领导的问题。尽管我国已经实施了《中华人民共和国水法》《中华人民共和国水污染防治法》《中华人民共和国环境保护法》和《中华人民共和国河道管理条例》等法律和法规来进行水资源的管理和保护，但是，目前还没有法律明确规定各级河长的法定身份、权力和责任。河长与相关职能部门之间的权力分配和责任界限也没有明确。

以苏州市为例，在河长制度改革工作推行中，每年的年度考核结果都会报告给市委和市政府，并在社会上公布，作为地方领导的全面考核评价的重要依据。尽管苏州市根据改革计划出台了河长制度的考核、问责和激励措施，但自河长制度实施以来，只有2018年公告过未能履行职责的镇级、乡级和村级河长，但并没有追究责任，也未对相关河长的年绩效考核产生直接影响。

此外，市县两级河长通常由党委、政府、人大、政协四套领导班子兼任，各自负责不同的方面，但是大多数的河长并没有涉及过河湖管理，具有专业管理经验和能力不足的问题。基层河长，尤其是村级河长，通常是由村干部担任，他们中的一些人文化水平有限，人员流动性大，河湖管护方面的专业技能不足。在河网密布的地区，一名村干部常常要兼任多条河道的河长，加上他们本身繁重的日常工作，在河湖管护方面难以履职尽责。

三、资金投入不足，工作经费少

冰冻三尺，非一日之寒。类似地，实施河长制和河湖治理也是一个长期任务，依赖于持续稳定的资金支持。尽管许多城市经济发展水平较高，但在河长制经费投入方面仍存在明显问题。以经济发达、河网丰富的苏州市为例，尽管苏州严肃对待河湖保护并投入了经费，但调研表明，其在资金投入上仍然不足。

据统计，苏州市共有21789条河道，总长达21637. 51km，占地面积11. 29%的河道水域面积则达958. 117km^2。根据2013年的水域面积勘察数据，全市的土地总面积达8657. 451km^2，其中水域面积是3198. 417km^2，占地总面积的36. 9%。依据《苏州市河道养护管理规程（试行）》的规定，各类河道的管护经费应分别不低于3万元/km、2万元/km、1万元/km和0. 8万元/km。

然而，2018年苏州市级政府对河道管护的经费预算为33163. 16万元。虽然总体河道管理经费满足最低标准要求，但在各市（区）之间呈现不平衡的现象，有 3 个市（区）的经费不达标。例如，姑苏区的县级河道经费高达 1741 万元，平均每千米河道经费有 7.7 万元，远超全市平均水平。然而，常熟市的经费投入则不足全市最低标准的 50%。

四、群众参与度低

在执行河长制过程中，常常出现“政府大力治理河流，民众视而不见，甚至存在误解的情况”。让河流达到长久清澈，既要依赖于河长和相关工作人员的努力，也需要全社会的参与。很多地方在实施河长制的过程中忽略了这一环节。在一些支流和小河流区域，黑臭水和污染问题严重，且无人管治，周边的社区往往对河道治理问题关注不足。

近年来，许多地区为了鼓励公众参与河道治理，依托河湖长制信息平台，开发了河长公示牌、网上监督平台、巡河 App 等形式，向公众提供了参与治水的多样化渠道。然而，实际上，公众对河流治理的参与度并没有达到预期的水平。目前，公众参与河长制的政策主要在制定阶段，执行和之后的参与程度较低。因此，公众只在初级阶段参与政策决策，无法全程参与。在公共行政中，公众扮演何种角色、发挥何种作用是一个长期而矛盾的问题。虽然政府主张鼓励公众参与河流治理，但地方政府实施人员对公众参与在河流治理中的作用持有矛盾的看法，一方面认识到公众参与对治理河流的重要性，另一方面也担忧公众参与会提高执行成本。由于河长制自身的特点，过多的公众参与可能会被视为对“责任承包制”的威胁。因此，制约公众参与的主要因素是政府对公众参与在河流治理中能产生积极效果持疑虑态度，从而影响公众参与的程度和过程。

第三节　横纵交叉管理存在的问题

一、立法指导差异

在各流域设立的管理条例中，某些立法的理念和主要概念并未明确或统一，这导致在制订条例时，在水环境保护、相关指标及法律责任等方面存在异议。因此，不同省份在河道环保的投入、治理工作等方面也会有差别。考虑到流域内各区域的治水工作是相互联系的，如果某个地区的治理出现问题，可能会对整个流域的水环境治理产生负面影响。

河长制本质上是由上至下的权力运行机制，它依赖行政力量来快速地解决河湖问题。然而，此种制度可能带来“人治”风险：为了个人的政绩，各级河长可能会在短时间内集中行政资源对河湖进行治理，这可能破坏资源的合理分配，导致河长制长期治理的后续力度衰减。同时，过分的权力集中也可能导致权力过度扩张，给河长制纵向治理带来困难。

二、配套机制差异

在制定流域管理条例方面，各省份之间不仅在立法指导思想上存在差异，而且各种机制的设置也各有特色。以云南、贵州和四川三省的赤水河为例，三省在条例中设定的机制各不相同。例如，在生态补偿机制方面，云南和四川都强调县级以上人民政府应执行长江流域的生态保护补偿制度，探索在赤水河流域进行横向生态保护补偿，建立完善市场化、多元化、可持续的补偿制度。而贵州省则更加具体，提出通过财政转移支付、项目倾斜等主要方式进行生态保护补偿，为上游地区产品进入市场提供便利。

在规划赤水河流域产业时，贵州省强调规划编制应公开征求意见，并要求上下级政府结合实地情况进行协调。此外，贵州省在禁止项目上比云南和四川更为严格，如在赤水河主河道一公里范围内禁止新建或扩建煤矿等项目。

在跨行政区域协同治理方面，云南和四川只规定建立联席会议协同机制，而贵州则明确指出谁应负责协同机制的实施，并与邻省共同完善赤水河流域的联合预防预警机制。并且，贵州还提出与邻省建立健全突发生态环境事件的应急演练和应急处置联动机制。在司法方面，贵州还特别加强了流域生态环境保护公益诉讼，支持此类公诉案件的处理，并与邻省合作预防和惩治生态环境犯罪行为。

三、缺乏专业信息管理平台

在当前信息化的时代，大数据和云平台为管理方式带来了创新，利用信息管理平台已经成为现代发展的一种趋势。在河流环境治理过程中，需要收集各种环境信息。水利、环保、国土等部门在联合治理过程中所获取的水质监控数据、水量情况、排污情况以及视频监控等信息，目前并没有专门的应用程序来合并和分析。许多地方还是依赖传统的即时通信工具，如QQ、微信等进行交流，然后通过人工整理，这大大降低了工作效率，可能因信息传递速度不够快，导致错过工作的最佳时机。

此外，省、市之间在相同河流的信息共享、平台对接以及信息沟通等方面都存在困难，重复的开发和收集情况时有发生。具体体现在三个方面：第一，信息封闭。某些单位或部门可能对信息资源进行垄断，并人为设置信息交流的障碍，导致各方信息无法共享。第二，信息利用率低。各省份掌握大量关于同一条河流的信息，但信息具有分散性，对这些信息的整理、总结和深度挖掘不足，信息在日常制度中大多被闲置，利用率低。第三，平台对接困难。由于各省开发的数据平台的技术标准和规范不统一，使各平台在进行对接时面临困难。

四、流域治理的共同利益问题

流域为水系的集水区，形成了一个具有完整功能的复杂动态生态系统，其水环境既具备环境资源的属性，又具备经济资源的属性，是介于私有物品和公共物品之间的半公共物品。尤其在涉及水污染问题时，流域治理的共有利益成为各省份关注的焦点。

流域水污染的表现具有自然界无国界的特性，即使在我国，行政区域的划分并不能改变流域跨界流动、污染自然累积的基本特性。无论是在流域的哪个部分，只要出现水质或性质的变化，整个流域循环系统都会同时受到影响，这体现了水污染的跨域特性和外部性。

而且，流域水污染还具有非竞争性和排他性。无论各方是否参与，流域水环境治理的成果都会普遍提供给各利益主体。但由于处理水污染所需的经济成本过高，任何一方单独进行水污染治理都会陷入难以解决的困境，排他性的受益就是基于这种高昂的治理成本。因此，尽管行政区域划分可能使某些区域选择以享受环境收益但不承担治理成本的“搭便车”方式，但从长远看，流域水环境的跨域特性和外部性会逐步改变流域生态系统，甚至可能对上游地区产生不可逆转的影响。

五、政策目标方面存在的问题

政策目标的设置需进一步提升其科学性和执行力。在全面实施河长制的当前环境下，各级政府在治理水域问题方面的努力程度空前，但有时却可能急功近利，过度追求政治成果而忽视了事物发展的客观规律。这种趋势在一些地方已经显现，比如有的城市每年的财政收入不足 150 亿元，在水域治理的预算却超过这一数字，有的甚至以“不惜一切代价治理水域”为口号，过度追求短期效应，摒弃科学治理的理念，最终导致效果欠佳。

（一）河长制尚未完全融入现行的流域生态环境管理体制

跨界河湖的管理主要在省级行政区划范围内进行，虽然部分省份已经设立了跨省的联防联控协作机制，但对于大型河流，现行的治理方式（如片段化治理、地方性治理及全权治理）与面向整个流域的整体治理、系统治理和协同治理方式之间仍存在一定的矛盾。与此同时，河长制与生态环境部派出机构、区域审核机构，以及国家自然资源审核机构等在流域或跨区域环境资源监管领域的合作机制仍需进一步完善和强化。

（二）企业主体作用发挥不足

企业在处理污水问题上面临众多挑战，如资金投入、技术问题、管理问题以及知识和信息的获取，这些都限制了企业在环保领域的技术水平和处理能力。此外，一些公司在涉及水资源生态环境治理的信息公开方面，面临着信息不全、不准确和更新不及时的问题，至关重要的信息的真实性有待提高。

（三）多方参与的范围和深度不足

在行政决策、政策制定和评估考核等环节，公众的参与度较低。公众的参与多数时候依赖河长机构以及相关部门的自行决定，不存在制度化、程序化的参与机制。

六、政策工具方面存在的问题

（一）治水资金来源单一，市场化资金严重不足

当前，治理水问题的资金主要依赖政府的投入，而资金短缺已经成为河长制的主要阻碍。鉴于河湖管理项目大多是公共福利性质，其产出效益相对较低，因此从企业及社会各层面获得的投入极其有限。例如，2014~2019年，上海、江苏、广东、天津、北京、浙江和山东等省份，其水利建设资金主要依靠地方财政投入，其中上海、江苏和广东等省份的财政资金占比超过70%，而上海市的比例更是高达98%。

（二）信息化建设有待加强

在现阶段，各级河长工作体系的信息化管理已开始形成，为河湖的管护工作提供了基础的技术支持。但是，从较长的时间跨度来看，智能河长工作信息平台仍需由各有关部门进一步完善。当前，尚未建立一个各相关部门高度整合的智能河湖系统，人工智能技术如智能信息感知、大数据挖掘以及智能决策在整个智能河湖系统中的应用程度和范围较小。河长工作的信息化范围不足，一些省份未将各类污水排放口、水源口以及微小水体等水域基础信息全面标记在河长工作数据“一张图”上，其精细化程度还有待提升。传统的水文和水质监测手段主要集中在前端数据的采集，难以实现对河湖健康状况进行实时、全程的监控需求。

参考文献

[1] 丁瑞，孙芳城．水环境治理对长江经济带经济绿色转型的影响——基于河长制实施的准自然实验[J]．长江流域资源与环境，2023，32（12）：2598-2612.

[2] 张治国．河长制考核制度的双重异化困境及其法律规制[J]．海洋湖沼通报，2023，45（6）：208-214.

[3] 唐见，罗平安，李晓萌，等．河湖长制下跨省河湖联防联控问题及完善建议[J]．长江科学院院报，2023，40（3）：6-10.

[4] 杨明一，秦海波，乔海娟，等．如何完善河长制——基于与流域综合管理比较的视角[J]．中国环境管理，2022，14（1）：78-84.

[5] 吴梦晗．协同治理视角下的河长制问题和对策研究[J]．广西质量监督导报，2020（10）：36-37.

[6] 卫雪晴．河长制背景下流域协同治理问题探讨——基于共容利益理论[J]．四川环境，2021，40（1）：223-227.

[7] 朱光喜，王一如，朱燕．社会组织如何推动政社合作型政策创新扩散？——基于“议程触发—实施参与”框架的案例分析[J]．公共管理学报，2023，20（4）：26-37，169.

[8] 佘颖，刘耀彬．“自下而上”的环保治理政策效果评价——基于长江经济带河长制政策的异质性比较[J]．资源科学，2023，45（6）：1139-1152.

[9] 毛寿龙，栗伊萱．河长制下水环境治理的制度困境及其优化路径[J]．行政管理改革，2023（3）：25-32.

[10] 沈亚平，韩超然．“事责逆向回归”：行政发包中的事责纵向调节机制研究——基于对天津市“河长制”的考察[J]．理论学刊，2023（2）：88-96.

[11] 郭路，郭兆晖．河湖长制在黄河流域治理中存在的问题及对策研究[J]．行政管理改革，2022（9）：70-78.

[12] 熊烨．跨域流域治理中的“衍生型组织”——河长制改革的组织学诠释[J]．江苏社会科学，2022（4）：73-84.

[13] 吕志奎，钟小霞．制度执行的统筹治理逻辑：基于河长制案例的研究[J]．学术研究，2022（6）：72-77，177.

[14] 李灵芝，羊洋，周力．河长的边界：对流域污染治理行政力量的反思[J]．中国人口·资源与环境，2022，32（6）：147-154.

第十四章

泉州河长制长效治理工作机制构建

第一节　党政部门联席联动机制

一、加大行政执法力度

在我国的行政体制改革中，综合执法的改革已经取得了一定的成效，相关部门的执法能力得以明显增强，但从全面的行政执法情况来看，执法力度还需进一步加强。强化行政执法首要的任务是要构建一支专业执法队伍。统筹各政府部门的执法资源，组织成一个统一、权威和专业化的综合环境执法团队，以消除多部门协作执法的不便和互相推诿，从而提高执法效率。其次，需要严格执法。对于企业的未经审批建设、审批中建设、偷排污水、逃避监管等违法情况，可以通过计时处罚、限制产量或停止生产、封禁和行政拘留等多种执法手段来提高企业的违法成本，推动企业法制生产。最后，应建立规范的执法程序。一方面，应防止滥用权力，及时公开执法部门的权力清单和涉及河流的违法行为清单，严肃处理任何形式的钓鱼执法或重复执法。另一方面，应做好综合执法和部门执法之间的有效链接，避免出现执法空白的情况。

二、建立“河长+警长+检察长”联动机制

强烈建议全面实行“河长+警长+检察长”模式。让警长和检察长参与河长制工作，这是依法治河的新尝试，旨在通过强化法律监督来推动依法行政，同时也可以加大执法力度，帮助打造一个联合打击涉河违法犯罪的力量。充分建立起河长、警长、检察长之间的联动机制，确保行政执法与刑事司法的顺利衔接。如果河长制办公室在水环境治理中发现严重的、难以处理的、公众强烈反映的疑似违法行为，应立即报告公安机关协助处理，确保案件依法办理。如果河长制办公室在执行任务过程中发现行政机关在水生态保护领域存在不作为、乱作为或违法乱纪现象，致使公共利益受损并造成水生态环境破坏，应立即将相关情况上报检察机关；反过来，如果检察机关在获悉此类线索后，应立即进行调查取证，并依法履行公益诉讼监督职责，如果确认存在公共利益受损的事实，应通过发出检察建议来督促相关部门进行整改，或对相关部门提起公益诉讼。

三、推动水生态领域检察公益诉讼工作

自 2017 年 6 月 27 日起，我国已经全面实施由检察机关提起的公益诉讼制度。这个制度主要让检察机关在生态环境和资源保护课题中，对那些危害国家和社会公共利益的行为，能够适时地提出民事或行政公诉，从而强化对国家和社会公益的维护。其中，水资源

的保护就是一个关键领域。所以，在这一方面必须加快推动水生态领域的检察公益诉讼工作的展开。南方的一些省份，例如福建和江西，已经在这方面进行了深度的探索，福建在2016年就已经在河长制办公室内设立检察室，让检察官能及时介入相关涉河的违法案件。而江西则是通过跟政府共签文件的方式，形成了案件的移送机制。应当充分采纳这些做法，以便更好地开展水生态领域的检察公益诉讼工作，并进一步扩大法律监督的作用。针对非法采砂、非法采矿、违法建造桥梁以及侵占河道等涉河的违法行为，需监督相关行政机关严格依法履行职责，对于那些拒不改正违法行为或是不履行法定职责的情况，需要依法提起公益诉讼，有效加大司法保障的力度。

第二节　治理责任各级压实机制

整体性治理理论强调了机构的统一性，而协同治理理论则侧重于不同机构间的合作。将这两种理论应用到河长制中，不仅需要将河长、河长制办公室以及相关成员单位的机构框架进行融合，同时也需要对治理的级别、职责以及权责进行统一。此外，也需要保证在区域和各个部门间的合作与协调，这样就能更好地应对河道治理中的碎片化问题。

一、强化河长制办公室职能定位

为了实现以河长为主导的集约式治理体系，对河长制办公室的职责定位进行加强是关键。对于河长制办公室权威性不足、协调性薄弱的问题，建议增强河长制办公室的配置。首先，提升河长制办公室在机构中的级别。现行的以水利局设科室挂牌的方式难以赋予其权威性，还需要专门设立独立机构，并保证其在机构层面与水利局、生态环境局等相当。其次，强化人员配置。为增强协调能力以及获取资源能力，应赋予河长制办公室优秀的领导，以便专门负责相关工作。考虑到河长制工作专业要求较高且工作琐碎，应聘请专业性强的人员，专职负责组织协调、调度督导以及检查评估等工作，避免人员兼职带来的影响。最后，加强河长制办公室成员单位的引领作用。河长制的所有工作都是依赖各成员单位在一线的努力而进行的，因此需要建立工作机制来充分发挥成员单位的作用。目前只有一个联络员是远远不能满足需求的，会导致沟通不流畅、效果不理想。可以通过分拣专员或者建立信息共享机制，并利用现有的联席会议制度来加强协调和沟通。

二、进一步明确河长及各部门职责分工

明确河长分工，划分区域责任。应当在设定河长的基础上，进一步在地理位置上划分河长责任区域，尤其是上、下游河长和上、下级河长的责任划分。进一步细化河长公示牌内容并随着人员变动或环境变化及时更新，利用界碑、界桩等对河长责任区域进行明确。

细化部门责任，建立责任清单。河长制办公室应当统筹具体工作任务和各成员单位的机构职能，将河长制工作划分具体到责任部门，并建立责任清单。建立沟通协调机制和信息共享机制，做到及时群策群力。对于部门职能存在交叉的，充分利用联席会议制度进行协调。

第三节　治理资金投入保障机制

在整体性治理的框架下，应用河长制、信息科技成为实现协同性、协调性和整合性的主要途径。借助信息科技这种新颖的治理手段来满足公众的需求，提供全方位的服务，不仅可以提升办公效率，还可以增加透明度。

一、合理运用财政资金

河长制的实施离不开长期稳定的资金支持，其中最基础也最关键的就是政府公共财政的投入。在河长制的工作中，对公共财政的合理分配和使用非常重要。一方面，需要拓展公共财政的资金来源，如获得财政部门给予的河长制专项保障经费，向水利、环保等部门申请增加对传统水环保治理的资金支持，抑或是积极争取中央和省级财政提供的补助资金。另一方面，在使用资金上要精确有效，合理分配有限的公共财政资金。应优先将资金用于保障最基本的水源安全和水环境的治理，增强水利基础设施建设的投入，同时也须在保证满足河长的办公需求的基础上，提升相关工作人员的待遇。

二、适当引入社会资金

水环境治理是一个耗资巨大且见效较慢的长期项目，这与诸多公共基础设施建设有一定的相似性。因此，可以从已有的成功模式中获取经验，适当吸引社会资本参与河流保养、基础设施建设及污水处理等环节，形成对公共财源的优良补充。目前，我国的基础设施建设项目中，PPP 模式较为常见。在此模式下，政府通过竞标方式吸引企业对公共项目进行投资，并提供长期的特许经营权和收益权作为回报。这样既满足了政府部门的资金需求，也降低了企业的投资风险。

三、加强人才队伍建设

河长制的推广依赖相应资质的人员，以解决现阶段执行过程中遇到的某些任务无人负责或对任务不熟悉的问题，因此增强人才力量的构建就显得尤为重要。一方面，要吸引具有专门水环境治理经验的专业人士加入。可以通过专业分工的招聘、竞聘、人才引入、购买服务或与企业合作等多种方式，吸引并聘请河长制实施所急需的专业人才，进而构建出一支具有执行力的河长制专业人才队伍。另一方面，还需加大人才培养力度，提高现有人才队伍的素质和能力。继续支持河长学院建设，开展河湖长、河道专管员及派驻河长制办公室司法人员培训，提高履职能力和业务水平。不仅需要重视对工作制度的培训，还应着力强化相关专业知识的掌握，通过举办实地观摩学习、邀请专家进行培训等手段，来提升团队整体素质。这种并行推进的方式将有利于保证河长制的高效实施。

第四节　治理过程巡查监督机制

法律是必需的，但它并非包治百病。必须建立多样化的监督体系，并且只有勇于接受公众监督的政府才能赢得人民的支持。作为水环境污染的首要受害者，社会大众有责任和权力监督河长制办公室工作的执行情况。在实施河长制政策过程中，执行人员应广纳上游和下游、两岸的民众意见，并积极接受监督。

一、加强内部监督

河长应积极遵从内部监督，此类监督由环保部门、水利部门、直接上司及同事等共同参与。内部监督的目标是基于河长对受污染水域治理的成绩来评估工作表现，并将评估结果作为绩效考核的一个重要参考标准。执行生命周期责任制度，对于过于关注 GDP、追求政绩而忽略生态环保的干部，应当依法追究其责任。这种绩效考核和责任追究的制度旨在促使河长更积极地尽职，推动生态环境的持续改进。

二、加强公众监督

公众作为最广大的监督力量，其参与度必须得到扩展。在河长制政策的执行过程中，应提升公众的政治参与和监督意识，激发他们主动投身到河长制的监督工作，确保公众监督的合法权益得到保障。同时，也应对社会中各类积极向上的政治团体发出鼓励之声，让他们选派代表与党政领导交流，发表对河长制工作的见解；社会组织之间也应保持平等交流，加强沟通协调，相互扶持。

三、加强舆论监督

舆论监督是一种新形式的监督机制，在这种模式下，传媒从业者通过多种媒介，以变化多端的方式表达观点和意见，传播覆盖广泛且效果显著。舆论监督能对政府行为产生压迫力，有效抑制其失职行为。舆论监督的意义在于，通过媒体人对河长制工作持续的报道和追踪，使河长制工作的最新情况得以公之于众。这样一来，广大群众能及时掌握河长制工作的进展和发展情况，社会各阶层都能共享舆论监督的力量。同时强化网络舆论监督。网络监督以其便利、广覆盖以及高效的特性，超越了传统监督的局限。政府单位应积极优化网络监督体系，充分利用互联网的优势，结合网络监督与传统媒体监督的优点，实现河长制信息和政务一体化的公开透明，更全面地接受公众的监督。

第五节　社会公众环境参与机制

根据共同治理理论，河长制的实行需要政府、企业、社会组织、公众等多元主体的共同参与。这些主体在互惠互利的基础上，通过对话、沟通和协商，相互理解和尊重各方的需求和利益，从而在平衡的关系中实现公共利益。在这一过程中，政府应以实现公益为核心，利用宣传教育、政策激励、监督管理等手段，确保各方主体在规范框架内的积极投入，同时采取有效措施解决责任分散和“搭便车”等问题。总的来说，“集腋成裘”，需要充分激励并引导企业、社会组织、公民、志愿者等加入水环境治理行列，塑造多元主体共参与的治理格局。

一、鼓励企业、社会组织参与

在水生态治理的合作过程中，企业和社会组织是关键参与者。逐步将企业从环境破坏者改变成环境守护者，是通过将环境效应从外部转为内部，以及将环保纳入企业生产标准，在市场调节中，才能实现企业可持续发展和区域水环境持久改良。应邀请建筑企业参与水利基础设施，如大坝、水库、河道等的建设，引入科技企业为水污染治理、平台建设以及水环境实时监测等方面提供科技保障，引入第三方评估机构进行监督，同期发动媒体宣扬河长制工作，散播正确的经济发展理念，协助企业建立绿色发展思路，引导企业转向环保生产，激励企业推进绿色产业，培育绿色经济。在企业和社会组织的参与过程中，通过制定激励性政策以鼓励其参与，同时改善生态环境并达到投入输出的最大化，将生态目标与经济增长目标融为一体，互相推动。不应设立强制性要求。

二、呼吁公众、志愿者参与

水环境治理不仅是一项环保项目，也是最重要的民生事业。公众的参与是这项事业不可或缺的一环。首先，宣传河长制的重要性，打造社会中的河湖保护氛围，激励公众主动参与抗击污染。实施垃圾分类，避免乱丢乱排，在科学种植的指导下，引导农户减少化学用品的使用，积极鼓励生态作物的种植。其次，通过开设网络和电话等平台，建立公众参与的渠道，利用公开征询意见、听证会等形式，邀请公众参与到河长制的实践过程中。在确保公众的知情权的同时，保证群众对河长制工作有效地监督。另外，支持社会志愿服务组织建立一批专门致力于水环境治理的志愿者队伍。

三、主动接受社会监督

在多元主体共管治理格局中，政府作为主导者，需要面对在河长制实施中依然存在的“人治”现象，应通过有力机制积极接受甚至邀请监督，以防止对共治效果的负面打击。为实现这一目标，需要从以下两方面努力去实现。

首先，在制度的构建上，强化是必然的。完善多元主体参与过程中的民主、法制和舆论等权力监督机制，加强权力运作、利益协调、矛盾调和、权益保护、公开招投标和公众参与保障等各方面的机制建设。同时，强化问责机制，对政府和企业在相关项目中的不当行为进行严肃处置，以确保河长制在适当的监督下正常运转。

其次，需要打破信息封锁。不断强化政务公开，及时披露河长制工作中的政策决策、任务进程和考核结果等信息，保障各主体的知情权。通过市长热线、网站、微信、微博、电视广播媒体等各种方式建立沟通渠道，开辟监督通道，使监督更加深入和及时。

参考文献

[1] 杨志，曹现强．地方政策再创新的策略类型及生成机理——基于从“河长制”到“X长制”演化过程的追踪分析[J]．中国行政管理，2023（7）：100-109.

[2] 蔡长昆，杨哲盈．嵌入、吸纳和脱耦：地方政府环境政策采纳的多重模式[J]．公共行政评论，2022，15（2）：95-114，198.

[3] 郝亚光．自愿性问责：河长制主动接受社会监督的动因分析[J]．广西大学学报（哲学社会科学版），2022，44（1）：89-98.

[4] 何楠，杨丝雯，王军．政府激励下小微水体治理参与方行为演化博弈分析[J]．人民黄河，2021，43（4）：94-99.

[5] 韩志明，李春生．治理界面的集中化及其建构逻辑——以河长制、街长制和路长制为中心的分析[J]．理论探索，2021（2）：61-67.

[6] 曾静平，王欢芳．高校实行“园长制”“湖长制”的构想与管理策略[J]．中国行政管理，2020（4）：155-156.

[7] 郝亚光，万婷婷．共识动员：河长制激活公众责任的框架分析[J]．广西大学学报（哲学社会科学版），2019，41（4）：133-140.

[8] 雷明贵．流域治理公众参与制度化实践：“双河长”模式——以湘江治理保护实践为例[J]．环境保护，2018，46（15）：63-66.

[9] 河长制落实情况将纳入中央环保督察[J]．给水排水，2017，53（2）：110.

[10] 高家军．“河长制”可持续发展路径分析——基于史密斯政策执行模型的视角[J]．海南大学学报（人文社会科学版），2019，37（3）：39-48.
[11] 李波，于水．达标压力型体制：地方水环境河长制治理的运作逻辑研究[J]．宁夏社会科学，2018（2）：41-47.
[12] 龚家国，唐克旺，王浩．中国水危机分区与应对策略[J]．资源科学，2015，37（7）：1314-1321.
[13] 吕志奎，侯晓菁．超越政策动员：“合作治理”何以有效回应竞争性制度逻辑——基于X县流域治理的案例研究[J]．江苏行政学院学报，2021（3）：98-105.
[14] 曹普华．湖南持续推进“一江一湖四水”系统联治的思路与对策研究[J]．湖南社会科学，2023（2）：115-123.
[15] 李强，刘庆发．环境分权与长江经济带经济增长质量——影响机理与实证检验[J]．南开经济研究，2022（4）：120-138.
[16] 杨明一，秦海波，乔海娟，等．如何完善河长制——基于与流域综合管理比较的视角[J]．中国环境管理，2022，14（1）：78-84.
[17] 罗平安，罗布，沙志贵，等．河湖长制下跨界河湖联合管理保护对策研究——以太湖为例[J]．长江科学院院报，2022，39（5）：10-14，21.
[18] 胡玉，饶咬成，孙勇，等．河长制背景下公众参与河湖治理对策研究——以湖北省为例[J]．人民长江，2021，52（1）：1-5，75.